国家自然科学基金项目（11901320）资助出版

二阶锥互补问题求解方法研究

王国欣　著

WUHAN UNIVERSITY PRESS
武汉大学出版社

图书在版编目(CIP)数据

二阶锥互补问题求解方法研究/王国欣著.—武汉:武汉大学出版社,2023.6

ISBN 978-7-307-23671-4

Ⅰ.二…　Ⅱ.王…　Ⅲ.随机优化—研究　Ⅳ.O224

中国国家版本馆 CIP 数据核字(2023)第 054332 号

责任编辑:任仕元　　责任校对:汪欣怡　　版式设计:马　佳

出版发行:**武汉大学出版社**　(430072　武昌　珞珈山)

(电子邮箱:cbs22@ whu.edu.cn 网址:www.wdp.com.cn)

印刷:湖北恒泰印务有限公司

开本:787×1092　1/16　印张:10.5　字数:214 千字　插页:1

版次:2023 年 6 月第 1 版　2023 年 6 月第 1 次印刷

ISBN 978-7-307-23671-4　定价:39.00 元

前　　言

互补问题最先于 1963 年由著名运筹学家、数学规划的创始人 Dantzig 和他的学生 Cottle 提出，是指在非负约束下，两组决策变量满足一种“ 互补”关系. 互补问题在力学、经济、工程、交通、博弈与供应链管理等许多领域有广泛的应用. 由于很多实际优化问题，比如鲁棒最小二乘问题、三维摩擦接触问题、最优选址问题、天线阵列设计问题等，它们的约束条件变成了二阶锥约束，不再是非负约束，如果用互补问题来求解是非常困难的，甚至根本就无法转化为互补问题，于是人们就把互补问题推广到二阶锥互补问题. 二阶锥互补问题是指在二阶锥约束的条件下，两组决策变量之间满足一种“ 互补”关系. 二阶锥互补问题是一类均衡优化问题，是指在二阶锥约束的条件下两组变量之间满足一种“互补”关系，是互补问题和二阶锥规划的推广. 借助于欧几里得若当代数理论，其理论方面的研究取得了很大的进展，同时该问题在工程、经济等领域有着广泛的应用. 然而，实际问题中通常含有不确定的因素，忽视这些不确定因素可能会导致决策的失误，造成不可估量的损失，于是在二阶锥互补问题中引入了随机变量，形成了随机二阶锥互补问题. 由于随机变量的存在，满足所有约束条件的解一般是不存在的，因此研究随机二阶锥互补问题的首要任务是要建立较为合理的确定性模型，从而得到一定意义下的满意解.

本书在前人工作的基础上，研究了随机二阶锥互补问题的求解方法. 受到随机互补问题中的期望残差极小化方法和期望值模型的启发，利用二阶锥互补函数和期望残差极小化模型或期望值模型，把随机二阶锥互补问题转化成无约束最优化问题. 由于目标函数中含有数学期望，再利用蒙特卡罗近似方法来近似期望残差极小化问题或期望值模型，讨论了近似问题解的存在性以及收敛性，证明了在一定的条件下，近似问题的解序列会依概率 1 地收敛于期望残差极小化问题的解. 然后，由于近似问题是非凸最优化问题，因此又对近似问题稳定点序列的收敛性进行了探讨.

此外，电力系统中的最优潮流是数学最优化理论在电力系统中的应用，它能统一地用数学模型来描述电力系统的安全性和经济性等问题. 随着电力系统运行方式的改变，特别是可再生新能源的直接并网，节点处注入功率的不稳定性也更加明显，这给电力系统的调度与运行也带来了极大的挑战. 如风能是一种清洁的可再生能源，全球可利用的风能比地球上可开发利用的水能大很多，并且利用风力发电非常环保，能够产生巨大的电能，因此越来越受到国家的重视. 但是风能的不可预知性导致了风电的不稳定，增加了风力发电的随机性，从而产生了具有不确定性的最优潮流问题. 目前被应用于随机最优潮流问题的方法有可信性理论、鲁棒优化、机会约束、区间数方法等. 由于约束条件中的潮流方程具有非线性性，要对随机潮流求出精确解是很不容易的，故有很多文献都是把潮流方程线性化之后再求解. 但这种方法不适用于线路电阻高、电压与标准值相差很大的配电网，也不适用于无功潮流或电压偏差需要明确优化的问题. 除此之外，还可以把潮流方程进行凸松弛，可以把潮流问题凸松弛为半定规划问题或者二阶锥规划问题. 但在辐射状网络最优潮流问题中，由于二阶锥规划松弛和半定规划松弛的可行集之间存在着一一对应，并且半定规划松弛问题的计算比较复杂，因此此种情况通常采用二阶锥规划松弛来求解最优潮流. 对于具有辐射状网络结构的电力系统随机最优潮流问题，当把约束条件中的潮流方程凸松弛为二阶锥约束，即半定锥规划问题时，用一般的二阶锥规划算法不易求解，但是在一定的条件下可以把问题转化为混合随机线性二阶锥互补问题. 本书利用随机二阶锥互补问题的求解方法来求解具有辐射状网络结构的电力系统随机最优潮流问题，以期为大规模新能源并网的新环境下电力系统的实用化技术提供理论指导.

本书的结构和主要内容如下：

第 1 章 绪论. 主要概述了互补问题、二阶锥规划问题、二阶锥互补问题、随机互补问题以及最优潮流问题的一些基础知识，包括相关研究的历史、主要的文献以及研究的主要方法，并在文中给出了后文需要的一些基础知识——欧几里得若当代数的基本定义和结论、常见二阶锥互补函数的定义及性质.

第 2 章 线性二阶锥互补问题的矩阵分裂法. 针对对称半正定矩阵二阶锥互补问题，提出了一种正则化并行矩阵分裂法. 该方法中的正则化参数是单调递减趋于零的，并且该方法中所选取的矩阵分裂使得算法可以并行计算，而且子问题能够精确求解，这不仅大大降低了算法的误差，也缩短了运行时间. 数值实验表明新算法对大规模的问题，特别是对稠密的病态对称正定矩阵或半正定矩阵问题都是适用的. 同以前的同类算法相比，新算法具有以下几个优势：(1) 可以并行计算；(2) 在适当条件下求解对称半正定问题是收敛的；(3) 子问题的解具有解析表达式.

第 3 章 随机线性二阶锥互补问题的期望残差极小化模型. 研究了随机线性二阶锥互补问题. 受到随机互补问题中的期望残差极小化方法的启发，首先利用二阶锥互补函数和期望残差极小化模型，把随机线性二阶锥互补问题转化成无约束最优化问题. 由于目标函数中含有数学期望，再利用蒙特卡罗近似方法来近似期望残差极小化问题. 接着讨论了期望残差极小化问题和近似问题解的存在性以及收敛性，并在一定的条件下，近似问题的解序列会依概率 1 地以指数速率收敛于期望残差极小化问题的解. 然后, 由于近似问题是非凸最优化问题, 因此又对近似问题稳定点序列的收敛性和指数收敛速率进行了探讨. 最后讨论了期望残差极小化问题的解对原问题随机线性二阶锥互补问题的鲁棒性.

第 4 章 随机线性二阶锥互补问题的实值隐拉格朗日法. 利用实值隐拉格朗日法来求解随机线性二阶锥互补问题. 通过借助于对称锥互补问题中实值隐拉格朗日函数的性质和随机问题的期望残差最小化方法, 探讨了所得问题解的存在性. 由于问题的目标函数中含有数学期望, 故对该问题进行了近似. 证得近似问题最优解序列的收敛点是依概率 1 地收敛于期望残差最小化问题的最优解, 对于稳定点也有类似结论.

第 5 章 混合随机线性二阶锥互补问题. 探讨了混合随机线性二阶锥互补问题. 由于应用问题中往往会含有其他的约束条件, 得到的模型是混合互补问题, 因此本章讨论了混合随机线性二阶锥互补问题. 首先讨论了该问题的期望残差极小化模型及其蒙特卡罗近似问题的强制性和鲁棒性, 然后给出了近似问题解序列的收敛性及其指数收敛速率. 由于近似问题是非凸优化, 因此也给出了近似问题稳定点序列的收敛性及其指数收敛速率.

第 6 章 随机最优潮流问题. 考虑了具有辐射状网络结构的电力系统随机最优潮流问题. 由于非线性潮流方程的凸松弛与旋转二阶锥的形式一致, 故可以把随机最优潮流问题转化成随机二阶锥规划. 在一定的条件下, 随机二阶锥规划问题可以通过其 Karush-Kuhn-Tucker 条件来求解. 由于随机二阶锥规划最优潮流问题的 KKT 条件是一个混合随机线性二阶锥互补问题, 因此利用混合随机线性二阶锥互补问题的求解方法对随机二阶锥规划最优潮流问题进行了求解. 数值结果表明了所提方法的有效性, 并且由于所选取的二阶锥互补函数带有某些参数, 所以决策者可以根据实际情况和实际需要, 在可接受的误差水平上, 通过选取不同的参数值来达到他们的最优策略.

第 7 章 随机二阶锥互补问题期望残差极小化模型及其应用. 考虑了一类随机二阶锥互补问题, 该问题是随机互补问题的推广, 也可看作是一些随机二阶锥规划问题的 KKT 条件. 由于随机变量的存在, 随机二阶锥互补问题可能不存在对所有情况都成立的解. 受到随机互补问题求解方法的启发, 本章利用其中一种确定模型——期望残差极小化模型来求解随机二阶锥互补问题, 并采用蒙特卡罗近似, 讨论了期望残差极小化问题和近似问题解的存在性及收敛性. 最后给出了随机二阶锥互补问题在随机天然气运输问题和具有辐射状网络结构的电力系统随机最优潮流问题中的实际应用. 与第 3 章采用的二阶锥互补函数不同, 本章利用的是经典的二阶锥互补函数——Fischer-Burmeister 函数和自然残差函数, 并对自然残差函数进行了光滑化处理.

第 8 章 随机二阶锥互补问题的期望值模型. 利用自然残差互补函数和 Fischer-Burmeister 互补函数, 建立了随机二阶锥互补问题的期望值模型, 给出了它的误差界分析,并借助光滑化技术和蒙特卡罗近似方法得到了期望值模型的近似问题，证明了近似问题的全局最优解序列和稳定点序列会依概率 1 收敛到期望值模型的全局最优解和稳定点，并且收敛速度也可以达到指数收敛.

本书适合于具有一定数学基础的数学优化研究者参阅.

目　　录

第 1 章　绪　　论

本书主要研究的是二阶锥互补问题的求解方法. 为了更好地理解本书后面的章节, 本章介绍二阶锥互补问题的相关知识. 1.1 节介绍互补问题及其研究历史, 1.2 节简要介绍二阶锥规划问题及其研究现状, 1.3 节介绍二阶锥互补问题及其研究现状, 1.4 节介绍随机互补问题的研究现状, 1.5 节介绍电力系统中最优潮流问题及其研究历史, 1.6 节介绍欧几里得若当代数的相关知识和一些常见的二阶锥互补函数及其主要性质, 1.7 节介绍本书拟研究的内容.

1.1　互补问题

互补问题最早出现在文献[1]中, 其中主要考察和寻找线性不等式组的极小元, 但当时并未引起人们的重视. 互补问题真正受到关注是由于 20 世纪 60 年代初著名运筹学家、数学规划创始人 Dantzig 和他的学生 Cottle 的研究, 他们在研究中指出, 在非负约束下, 两组决策变量满足一种“互补”关系的问题为互补问题. 1964 年, Cottle[2] 在他的博士论文中第一次提出求解互补问题的非线性规划算法. 很快, 互补问题引起了运筹学界和应用数学界的广泛关注和浓厚兴趣, 很多学者加入这一领域的研究之中. 互补问题是数学规划中的一个重要分支, 同时也是运筹学和计算数学的一个交叉研究领域, 与最优化、对策论、变分不等式、平衡问题、不动点理论都有着密切联系, 在经济、力学、工程、交通、博弈与供应链管理等领域具有十分广泛的实际应用.

互补问题为寻找 $\boldsymbol{x}\in\mathbf{R}^n$, 使得

$$\boldsymbol{x}\geqslant 0,\ f(\boldsymbol{x})\geqslant 0,\ \boldsymbol{x}^{\mathrm{T}}f(\boldsymbol{x})=0,$$

其中, $f(\boldsymbol{x})$ 为 n 维实值函数.

如果互补问题中的函数 $f(\boldsymbol{x})$ 为线性函数, 即 $f(\boldsymbol{x})=\boldsymbol{M}\boldsymbol{x}+\boldsymbol{q}$, 其中矩阵 $\boldsymbol{M}\in\mathbf{R}^{n\times n}$, 向量 $\boldsymbol{q}\in\mathbf{R}^n$, 则称其为线性互补问题(Linear Complementarity Problem, LCP); 如果函数 $f(\boldsymbol{x})$ 为非线性函数, 则称其为非线性互补问题(Nonlinear Complementarity Problem, NCP). 线性互补问题包括竖直线性互补问题、广义竖直线性互补问题、水平线性互补问题、广义水平线性

互补问题、广义线性互补问题、一般的广义线性互补问题等. 非线性互补问题有广义非线性互补问题、混合非线性互补问题、隐互补问题、竖直互补问题、半定互补问题、隐混合半定互补问题、非线性微分互补问题、集值互补问题等. 具体内容可详阅文献[3].

Cottle 在文献[4]、Dantzig-Cottle 在文献[5]中指出线性规划和二次规划是线性互补问题的特例, Cottle-Dantzig 在文献[6]中更指出双矩阵对策问题也是线性互补问题的一个特例. 线性互补问题还包括最优停止问题和市场均衡问题等. 经过 50 余年的发展, 线性互补问题的研究已经取得了丰硕的成果, 20 世纪 90 年代的著作(文献[7])极大地推动了线性互补问题的普及与发展. 线性互补问题的理论研究与所涉及矩阵的性质密切相关, 不同类型矩阵的性质是线性互补问题理论研究的基石, 主要的矩阵类包括正定矩阵、半正定矩阵、$P(P_0)$矩阵、$Q(Q_0)$矩阵等. 根据矩阵的性质建立了线性互补问题的理论, 如解的存在性、唯一性、误差界理论、极小解的存在性等. 线性互补问题的算法研究成果也很丰富, 早期的主要算法包括转轴算法、矩阵分裂迭代算法等.

文献[8]中给出了求解大型稀疏对称正定线性互补问题的一个快速迭代法, 如果问题是非退化的, 在解的一个邻域内迭代就简化为线性迭代, 该方法的变分设置保证了全局收敛性, 并且与通常的迭代方法相比, 观察到的收敛速度不会随着步长的增大而恶化. 文献[9]中提出了一个求解对称线性互补问题的两阶段并行迭代法, 当在并行计算环境中实现时, 该方法将问题分解为子问题, 子问题通过一定的迭代过程在独立的处理器上并发解决, 并在内部迭代如何终止的适当假设下, 建立了整体方法的收敛性, 最后讨论了该方法在求解严格凸二次规划问题中的应用, 并给出了在序列计算机和超级计算机上的数值结果. 文献[10]中研究了线性互补问题的矩阵分裂算法, 其中矩阵是对称半正定的, 证明了如果分裂是正则的, 则算法生成的迭代是定义良好的, 并且收敛到解; 这一结果解决了一个长期存在的关于求解该问题的点连续超松弛方法收敛性的问题, 并且这个结果也可以推广到相关的迭代方法. 文献[11]将求解线性方程组的一种多重分裂法的平行迭代法推广到对称线性互补问题中来, 并且可以有效地实现该方法; 特别地, 研究者们建立了多重分裂方法的一些收敛结果, 推广了线性互补问题分裂方法的收敛结果. 文献[12]通过引入松弛矩阵, 得到了线性互补问题的一种新的等价不动点形式, 并建立了一类基于松弛模的矩阵分裂迭代法来求解线性互补问题, 给出了基于松弛模的矩阵分裂迭代法收敛的充分条件, 数值算例表明了该方法的有效性. 文献[13]将基于模的矩阵分裂迭代方法推广到水平线性互补问题, 考虑了标准方法和加速方法并分析了它们的收敛性; 学者们还推广了现有的(非水平)线性互补问题基于模的矩阵分裂迭代方法的结果, 最后, 通过对称矩阵和非对称矩阵的数值实验对所提出的方法进行了分析.

20 世纪 80 年代内点算法被成功用来求解线性互补问题, 不但得到了理论上的多项式复杂性，也得到了很好的数值计算结果. 后来线性互补问题被重构成一个方程组，基于此提出了光滑牛顿法、半光滑牛顿法等，这类算法收敛速度快且实施方便. 近年来，有很多学者在研究加权线性互补问题，该问题作为修正互补方程线性互补问题的一个推广而被引入，其中右侧的零被非负权向量代替. 对于零权向量，问题归结为线性互补问题. 加权线性互补问题的重要性在于它可以用来建模一大类来自科学、工程和经济学的问题. 文献[14]针对非负正交上的特殊加权线性互补问题，提出了一种全牛顿步不可行内点法，该算法的一次迭代由一个可行步骤和几个中心步骤组成，所有步骤都是全牛顿步骤，因此不需要计算步长，算法的迭代界与线性最优化问题的最佳多项式复杂度一样好. 文献[15]设计并分析了求解单调线性加权互补问题的全牛顿步内点算法，由于该算法只需要全牛顿步长，避免了步长的计算，并且在适当的条件下，该算法对中心路径上的目标点具有二次收敛速度，且算法的迭代界与这些类型问题的最佳迭代界相吻合. 文献[16]考虑了稀疏线性互补问题，研究了解集的存在性和有界性，并引入一个新的价值函数，使问题转化为稀疏约束优化问题，然后探讨稀疏约束优化的稀疏线性互补问题解集与稳定点之间的关系，最后采用牛顿硬阈值追踪算法求解稀疏约束模型，数值实验表明，新的价值函数可以有效地解决这一问题. 文献[17]介绍和分析了求解水平线性互补问题的一种基于模的非光滑牛顿方法，提出了该方法的标准形式和参数化形式，证明了方法的局部收敛性；该方法推广了现有的求解标准线性互补问题的基于模的非光滑牛顿方法，并用基于模的矩阵分裂迭代法分析了耦合，通过数值实验验证了该方法在多种情况下的有效性.

非线性互补问题的主要理论研究包括解的存在性、唯一性、解集的非空有界性、稳定性分析、误差界理论、极小模解和极小元素解等. 早期解的存在性结果密切相关于所涉及映射的性质，如单调性、伪单调与拟单调性质、强单调性等. 后来，Smith 在文献[18]中首次提出了连续映射的例外序列的概念并用来研究互补问题解的存在性. 此后，学者们利用拓扑度为工具对连续映射提出了更广的例外簇概念，并用以研究互补问题解的存在性和解集的有界性. 非线性互补问题的算法研究一直备受关注，主要有投影法、邻近点算法、交替方向法、增广拉格朗日法、内点法等. 后来，求解线性互补问题的重构算法被推广到求解非线性互补问题中来，包括非内部连续化算法、光滑牛顿法、半光滑牛顿法等. 文献[19]引入了一类新的单参数非线性互补函数，利用这类新的非线性互补函数将非线性互补问题转化为一个非光滑方程组，并详细研究了方程算子的性质、相应的价值函数以及适用的半光滑牛顿型方法，最后又给出了该方法应用于若干试验问题的数值结果. 文献[20]中提出了一种求解非线性互补问题的新算法，该算法是基于互补问题的半光滑方程重构的，利用牛顿法对半光滑方程组的扩展以及与方程重构相关的自然价值函数是连续可微的这一事实，构造了这种算法，它的全局收敛性和二次收敛性可以在非常温和的假设下建立；有趣的是新算法极其简单，每次迭代计算量低. 文献[21]基于非光滑方程的变换，提出了求解非线性互补问题的广义阻尼高斯-牛顿方法的一个新方法，该方法等价于一些无约束最佳化问题；文中提出了两类半光滑算法(常规算法和非精确算法），它们具有超线性收敛性和全局收敛性，并且在适当的假设条件下这些结果可有效地求解非线性互补问题的所有解. 文献[22]和文献[3,23]给出了很好的总结，极大地推动了互补问题的发展.

1.2 二阶锥规划问题

二阶锥规划问题是一类凸优化问题，是在一个仿射空间和有限个二阶锥的笛卡尔积的交集上极小化或者极大化一个线性函数问题，其约束是非光滑的. 许多数学规划问题，如线性规划、凸二次规划和二次约束的凸二次规划等，都可转化为二阶锥规划求解. 近年来，由于其在工程、控制与设计、机器学习、组合优化等诸多领域的广泛应用[24-25]，二阶锥规划已成为数学规划领域的一个重要的研究方向.

标准的二阶锥规划问题的模型为

$$\begin{aligned}&\min\ \boldsymbol{c}_1^{\mathrm{T}}\boldsymbol{x}_1+\boldsymbol{c}_2^{\mathrm{T}}\boldsymbol{x}_2+\cdots+\boldsymbol{c}_l^{\mathrm{T}}\boldsymbol{x}_l\\&\text{s.t. } \boldsymbol{A}_1\boldsymbol{x}_1+\boldsymbol{A}_2\boldsymbol{x}_2+\cdots+\boldsymbol{A}_l\boldsymbol{x}_l=\boldsymbol{b},\\&\boldsymbol{x}_i\in K^{n_i}, i=1,2,\cdots,r,\end{aligned}$$

其中，$\boldsymbol{A}_i\in\mathbf{R}^{m\times n_i}$，$\boldsymbol{c}_i\in\mathbf{R}^{n_i}$，$\boldsymbol{b}\in\mathbf{R}^m$ 已知，$n_i,r\geqslant 1,n_1+n_2+\cdots+n_r=n$，$\boldsymbol{x}_i\in K^{n_i}$ 为决策变量，集合 K^{n_i} 是 n_i 维的二阶锥，其定义为

$$K^{n_i}=\{(\boldsymbol{x}_{i1},\boldsymbol{x}_{i2})\mid \boldsymbol{x}_{i1}\in\mathbf{R},\boldsymbol{x}_{i2}\in\mathbf{R}^{n_i-1},\boldsymbol{x}_{i1}\geqslant\|\boldsymbol{x}_{i2}\|\},$$

这里$\|\cdot\|$表示欧氏范数. 与二阶锥的笛卡尔积相对应，令

$$\begin{aligned}K&=K^{n_1}\times K^{n_2}\times\cdots\times K^{n_l},\\\boldsymbol{A}&=(\boldsymbol{A}_1,\boldsymbol{A}_2,\cdots,\boldsymbol{A}_l)\in\mathbf{R}^{m\times n},\\\boldsymbol{c}&=(\boldsymbol{c}_1,\boldsymbol{c}_2,\cdots,\boldsymbol{c}_l)\in\mathbf{R}^n,\\\boldsymbol{x}&=(\boldsymbol{x}_1,\boldsymbol{x}_2,\cdots,\boldsymbol{x}_l)\in K,\\\boldsymbol{s}&=(\boldsymbol{s}_1,\boldsymbol{s}_2,\cdots,\boldsymbol{s}_l)\in K,\end{aligned}$$

则二阶锥规划问题可简写为

$$\begin{aligned}&\min\ \boldsymbol{c}^{\mathrm{T}}\boldsymbol{x}\\&\text{s.t. } \boldsymbol{A}\boldsymbol{x}=\boldsymbol{b},\\&\boldsymbol{x}\in K,\end{aligned}$$

该问题的对偶问题可简写为

$$\begin{aligned}&\min\ \boldsymbol{b}^{\mathrm{T}}\boldsymbol{y}\\&\text{s.t. } \boldsymbol{A}^{\mathrm{T}}\boldsymbol{y}+\boldsymbol{s}=\boldsymbol{c},\\&\boldsymbol{s}\in K.\end{aligned}$$

二阶锥规划作为数学规划领域的一个重要分支，有着非常重要而又广泛的应用背景和实际意义，其研究问题涉及工程技术、组合优化、金融、控制、神经网络、机器学习等诸多领域. 日常生活中的许多问题，如鲁棒最小二乘问题、范数极小化问题、鲁棒线性规划问题、分式优化问题、天线阵列的设计、滤波器设计、带损失风险的金融优化问题、带有平衡约束的优化问题等[26-28]都可以利用二阶锥规划进行有效求解.

二阶锥规划的研究是建立在欧几里得若当代数[29-31]基础上的. Faraut 和 Korányi 在文献[32]中详细论述了欧几里得若当代数及对称锥的概念和理论. Faybusovich 在文献[30]中将线性规划的原始-对偶非退化和严格互补概念推广到对称锥优化问题中，并利用欧几里得若当代数给出了二阶锥规划的内点算法. Alizadeh 和 Goldfarb 在综述性文献[24]中详细介绍了二阶锥的代数性质，给出了二阶锥规划的对偶理论、最优性条件、非退化以及互补性质，这些理论结果为二阶锥规划算法的研究提供了坚实的基础. 二阶锥规划问题可以用原始-对偶内点算法在多项式时间内求解. Nemirovskii 和 Scheinberg 在文献[33]中首先证明了线性规划的原始或对偶内点法可以直接推广到二阶锥规划中来. 接着，Nesterov 和 Todd 在文献[34-35]中给出了二阶锥规划的第一个多项式时间原始-对偶内点算法，并提出了著名的 Nesterov-Todd 搜索方向. Adler 和 Alizadeh 在文献[36]中研究了半定规划和二阶锥规划的原始-对偶内点算法，并提出了二阶锥规划的搜索方向. 与半定规划相似，二阶锥规划的内点法对扰动互补松弛条件采取不同的对称方法就可以得到不同的原始-对偶搜索方向，进而得到不同的算法，庆幸的是这些算法都具有多项式时间复杂性[37-38].

求解二阶锥规划的另一种方法是光滑牛顿法，该方法的思想来源于互补问题. 光滑牛顿法的基本思想是利用一个光滑函数把问题等价转化成一个参数化的光滑方程组，然后利用牛顿法求解该方程组，再令参数趋于零求得原问题的最优解. 该类算法不仅在理论上具有较好的收敛性，而且在实施过程中也有很好的计算效果. 文献[39]中学者们通过光滑化对称摄动的 Fischer-Burmeister 函数，给出了一个新的光滑化函数，并提出了一种求解二阶锥优化问题的光滑牛顿法，该方法只求解一个线性方程组，每次迭代只进行一次线性搜索，在不需要严格互补假设的情况下，证明了算法的全局收敛性和局部二次收敛性. 文献[40]中研究者们提出了一种求解二阶锥规划的一步光滑化牛顿法，利用 Fischer-Burmeister 函数的一个新的光滑函数，用一簇参数化光滑方程逼近二阶锥规划问题，该算法只用解决一个线性方程组，并且在每次迭代中只执行一次线搜索，它可以从任意初始点开始，并且不要求迭代点在严格可行解集合中；在不需要严格互补的情况下，证明了该算法在适当的假设下是全局收敛和局部二次收敛的，数值实验表明了该算法的可行性和有效性. 文献[41]中引入了一类单参数光滑函数，作为特殊情形，它包含了 Fischer-Burmeister 光滑函数和 CHKS 光滑函数，基于这类光滑函数，将光滑牛顿算法推广到求解对称锥上的线性规划，并在适当的假设条件下，得到了算法的全局和局部二次收敛结果.

求解二阶锥规划问题除了内点法和光滑牛顿法，文献[42]中还提出了一种求解非线性二阶锥规划问题的 SQP 型算法，该算法在每次迭代时，都要求解一个凸二阶锥规划子问题，该子问题的目标函数为凸二次函数，约束条件中包含原问题约束函数的线性逼近；这些子问题可以转化为线性二阶锥规划问题，可以利用有效的内点求解器来求解；并在适当的假设下，建立了算法的全局收敛性和局部二次收敛性. 文献[43]中给出了一种求解二阶锥规划问题的 Q-方法，该方法是把求解半定规划问题的 Q-方法和原始-对偶内点算法结合起来并加以改进得来的，文中利用二阶锥规划的特殊代数结构建立了该 Q-方法，并讨论了该算法的收敛性.

国内学者在二阶锥规划方面也做了很多研究工作. 白延琴教授等在文献[44]中提出了二阶锥规划的一类带两个新参数的核函数的多项式原始-对偶内点算法，并给出了一些新的分析算法的工具. 白延琴教授等在文献[45]中提出了一个基于更广泛核函数的二阶锥优化的原始-对偶内点算法；这类核函数针对线性优化的情况已经进行了研究，文中分别推导了大步校正方法的迭代界和小步校正方法的迭代界，这些迭代边界是当时此类方法最好的结果. 刘三阳教授的学生在文献[46]中着重研究了二阶锥规划的算法和二阶锥互补函数的光滑函数，给出二阶锥规划的几种不可行内点算法和非精确不可行内点算法，提出了二阶锥规划的两种新光滑函数并研究其性质，给出了二阶锥规划的两类光滑化方法——带光滑参数的光滑方法和带光滑变量的光滑方法. 张襄松等在文献[47]中通过在 Fischer-Burmeister 平滑函数中引入一个参数，提出了求解二阶锥规划问题的预测校正平滑牛顿法，利用该方法将系统重构为一个非线性方程组，然后用牛顿法对该方程组进行扰动处理；在适当的假设条件下，证明了该方法是全局和局部二次收敛的，数值结果表明了该方法的有效性. 关于二阶锥规划的更多研究成果可参考文献[48-50].

1.3　二阶锥互补问题

由于很多实际问题比如鲁棒最小二乘问题、三维摩擦接触问题、最优选址问题、天线阵列设计问题等[51-54]，它们的约束条件变成了二阶锥约束，不再是非负约束，如果用互补问题来求解是非常困难的，甚至根本就无法转化为互补问题，于是人们就把互补问题推广到二阶锥互补问题. 二阶锥互补问题是一类均衡优化问题，是指在二阶锥约束的条件下两组变量之间满足一种“互补”关系，是互补问题和二阶锥规划的推广，包括线性二阶锥互补问题和非线性二阶锥互补问题. 其核心是运用数学方法并利用计算机和网络工具研究存在这种互补关系的各种复杂系统及相应方案，为决策者提供科学决策的依据,以便最终达到和谐均衡的目标. 借助于欧几里得若当代数理论，其理论方面的研究取得了很大的进展，同时该问题在工程、经济等领域有着广泛的应用.

二阶锥互补问题是互补问题的推广，互补问题研究中的很多理论结果和方法都可以推广到基于欧几里得若当代数基础上的二阶锥互补问题中来. 此外，由于二阶锥规划问题可以通过 Karush-Kuhn-Tucker 条件转化成二阶锥互补问题，使得二阶锥互补问题开始成为解决一些实际问题的有力手段，因此国内外许多专家致力于二阶锥互补问题的研究，在理论研究和算法实现方面都取得了很大进展. 在求解二阶锥互补问题的算法方面，代表性的有光滑牛顿算法、半光滑牛顿算法、价值函数法、矩阵分裂法等.

关于光滑牛顿算法，2002 年，Fukushima 等[55]把互补问题中的两类光滑函数推广到二阶锥互补问题中来，研究了这些函数的利普希茨连续性和可微性，推导出了它们的计算表达式以及雅可比矩阵，并利用这些性质提出了求解相应最优化和互补问题的非内点连续方法. 特别地，当所考虑的映射是单调映射时，他们证明了牛顿方向的存在性以及唯一性. 2003 年，Chen 等[56]证明了平方光滑函数的强半光滑性，并且基于带有惩罚因子的自然互补函数，当二阶锥互补问题具有单调性和严格可行点时，又证明了二阶锥互补问题解集的有界性. 2005 年，Chen 等[57]把求解非线性互补问题的常用方法，即利用某个价值函数把非线性互补问题转化成全局最小化问题，推广到二阶锥互补问题，并证明了所采用价值函数(Fischer-Burmeister 互补函数的范数平方)的连续可微性. 2006 年，Hayashi 等[58]基于光滑和正则化方法，提出了一个能够求解单调二阶锥互补问题的全局二次收敛算法，并利用数值实验验证了该算法的有效性. 2009 年，Zhang 等[59]基于一个在适当条件下具有强制性的对称摄动光滑函数，提出一个求解二阶锥互补问题的光滑牛顿法，该算法对初始点没有限制，初步的数值结果表明了该算法的有效性. 2011 年，Narushima 等[60]利用光滑化的 Fischer-Burmeister 函数，提出了一个光滑牛顿法来求解二阶锥互补问题，并进行了数值实验. 2013 年，Tang 等[61]提出了一个新的光滑函数，并证明了在合适的假设下，该函数是强制的. 利用这个新函数，他们提出了一个光滑牛顿法来求解二阶锥互补问题，该算法在每次迭代时只用求解一个线性方程组并只用执行一次线搜索. 他们证明了在一定的条件下，算法所生成的迭代序列是有界的，迭代序列的任一聚点都是二阶锥互补问题的一个解；在非奇异的假设下，无须严格互补条件，又证明了算法的局部二次收敛性.

关于半光滑牛顿算法，2009 年，Pan 等[62]通过研究二阶锥上 Fischer-Burmeister 函数的广义牛顿法的性质，把二阶锥互补问题转化成一个半光滑的方程组，证明了所提出价值函数的强制性，并提出了一个具有全局超线性收敛性的阻尼 Gauss-Newton 算法. 2010 年，他们又证明了一类具有一个参数的二阶锥互补函数的全局利普希茨连续性、强半光滑性以及它们的 B-次微分的特征，提出了一个半光滑牛顿型方法来求解非光滑方程组，并得到了该方法的全局超线性收敛性[63]. 2011 年，Pan 等[64]基于 Fischer-Burmeister 函数和取正函数，给出了二阶锥互补问题的非线性最小二乘公式，并提出了一种半光滑的 Levenberg-Marquardt 方法来求解超定方程组，还建立了该方法的全局和局部收敛性结果. 2016 年，Cruz 等[65]研究了一类与二阶锥相关的特殊半光滑方程，并利用半光滑牛顿法来求解，证明了在一定的假设下，该方法具有全局和 Q-线性收敛性，然后他们又把该方法用于研究带有正定矩阵特殊情形的线性二阶锥互补问题.

关于价值函数法，2006 年，Chen[66]把一类价值函数推广到二阶锥互补问题，该类价值函数是由 Luo 和 Tseng 于 1997 年提出用来求解非线性互补问题的，1998 年，Tseng[67]又把它推广到半定互补问题中. Chen[68]在二阶锥互补问题中同样也讨论了该类价值函数在非线性互补问题和半定互补问题中相似的性质，并经过一个轻微的改动，又构造了另外一类价值函数，研究发现这两类价值函数都可以为二阶锥互补问题提供误差界以及都具有有界的水平集. 2006 年，Chen[69]把由 Yamada、Yamashita 和 Fukushima[70]在非线性互补问题中提出的价值函数推广到二阶锥互补问题，利用该价值函数，证明了二阶锥互补问题等价于一个无约束光滑最小化问题，并研究了新价值函数能够提供全局误差界和有界水平集的条件. 2010 年，Chen 等[71]研究了一类单参数价值函数，该类价值函数与比较受欢迎的 Fischer-Burmeister 价值函数和自然残差价值函数密切相关. 作者证明了该类函数具有一些 Fischer-Burmeister 价值函数所拥有的一些好的性质，并且数值结果显示，对稀疏的线性二阶锥规划问题来说，当参数取值 2.5 或 3 时，该类价值函数要比 Fischer-Burmeister 价值函数表现得好. 2013 年，Chi 等[72]基于二阶锥互补问题中的单参数价值函数类，提出了一类两参数价值函数，把二阶锥互补问题转化成无约束最小化问题，证明了在一定的条件下，该函数能够提供全局误差界并具有有界的水平集，数值结果表明了该价值函数的有效性.

近年来，随着大数据时代的到来，一类迭代方法——矩阵分裂法受到了学者们的关注. 矩阵分裂法最开始是为了求解线性方程组而提出的[73-74]，随后被推广到线性变分不等式和互补问题中来[75-76]，之后矩阵分裂法又被推广到线性二阶锥互补问题中. 2005 年，Hayashi 等[77]把矩阵分裂法推广到带有对称正定矩阵的线性二阶锥互补问题中，并提出了一个分块逐次超松弛法. 2008 年，Xu 等[78]把对称线性互补问题中的多分裂法推广到具有对称正定矩阵的线性二阶锥互补问题，该方法利用了系数矩阵的不同分裂法，并讨论了算法的收敛性. 2009 年，Duan 等[79]为了求解仿射二阶锥互补问题，提出了一个并行松弛多分裂算法，并讨论了算法的全局收敛性以及收敛速率. 2014 年，Zhang 等[80]针对带有正定矩阵的对称线性二阶锥互补问题，提出了另一个分块逐次超松弛法；当矩阵为半正定时，他们又提出了一个带有常值正则化参数的方法来求解对称线性二阶锥互补问题.

国内文献方面，也有很多学者对二阶锥互补问题进行了研究. 2008 年，段班祥等[81]基于矩阵分裂法的思想，提出了求解对称仿射二阶锥互补问题的二级迭代算法，给出了算法的全局收敛性，并在一定条件下分析了算法的收敛速度. 2009 年，黄勇等[82]在二阶锥上引入一类新的映射，讨论了涉及这类映射的二阶锥互补问题的解的存在性和解集的有界性. 2011 年，张杰等[83]在光滑算法的框架下，就线性二阶锥互补问题，给出了一种非精确光滑算法.

在实际应用方面，2004 年，Kanno 等[84]考虑了准静态增量单边摩擦接触问题，在一定的假设下，构造了一个包含双线性函数定义的互补条件和二阶锥约束的二阶锥线性互补问题，并利用二阶锥互补问题中的光滑化和正则化相结合的方法得到了均衡配置. 2005 年，Hayashi 等[85]考虑了一类双矩阵博弈，其中，玩家既不能精确估算出自己的成本函数，也不能精确推算出对手的策略，他们利用鲁棒优化中的理论提出了每一个玩家的鲁棒纳什均衡并证明了它的存在性，而且证明了双矩阵博弈中的鲁棒纳什均衡可以通过一个二阶锥互补问题来得到，最后利用数值实验给出了鲁棒纳什均衡的特点. 2009 年，李建宇等[86]考虑了三维摩擦接触问题的求解，首先，由于三维 Coulomb 摩擦锥在数学表示上属于二阶锥，根据二阶锥规划对偶理论，建立了三维 Coulomb 摩擦接触条件的参变量二阶锥线性互补模型，然后，利用参变量变分原理与有限元方法，建立了求解三维摩擦接触问题的二阶锥线性互补法，由于该法无需对三维 Coulomb 摩擦锥进行线性化，因而所求解问题的规模小了很多，最后通过算例说明了该方法的可行性. 2010 年，他们又提出了正交各向异性摩擦接触分析的一个二阶锥线性互补模型，由于该模型的变量个数较线性互补模型少很多，且解的精度也非常高，因此该方法对正交各向异性摩擦接触分析非常有效，最后的数值算例也验证了该方法的有效性[87]. 2011 年，Zhang 等[88]为了根据参数变分原理对三维摩擦接触问题进行有限元数值分析，提出了一个新的二阶锥线性互补问题，并利用一类含有一个参数的二阶锥互补函数将二阶锥线性互补问题转化为半光滑方程组，然后应用非光滑牛顿法求解该系统，数值结果表明了该二阶锥线性互补问题的有效性和鲁棒性. 2013 年，Zhang 等[89]提出了一个二阶锥互补方法来求解弹塑性问题，首先，将经典弹塑性本构方程等价地转化为二阶锥互补条件；其次，采用有限元方法和处理节点位移以及高斯积分点的塑性乘子向量作为未知变量，得到了弹塑性分析的标准二阶锥互补问题，这使得数学规划领域已发展成熟的一般的二阶锥互补问题求解器可以直接用来计算塑性；最后，利用半光滑牛顿算法对所得的二阶锥互补问题进行求解，几个经典塑性基准问题的数值实验验证了该方法的有效性和鲁棒性.

除了上面这些关于二阶锥互补问题的研究成果，更多其他的理论研究和方法详见文献[90-97].

1.4 随机互补问题

在很多情况下，实际问题中往往会含有不确定因素. 例如在供应链网络中，人们的需求一般都是很难确定的，它会随着收入水平、个人喜好等因素的变化而变化. 由于随机变量的存在，通常情况下，很难找到一个解使得随机问题对几乎所有的随机变量都成立，这就意味着随机问题通常情况下无解，但是在实际应用中，求解这类问题又是相当重要的. 这就使得我们考虑要构造一个确定性模型，然后再对这个确定性问题求解. 常用的确定性模型主要有期望值(EV)模型、期望残差极小化(ERM)模型、均衡约束下随机数学规划(SMPEC)模型.

随机互补问题的经典模型为：寻找 $\boldsymbol{x}\in\mathbf{R}_+^n$，使得

$$\boldsymbol{x}\geqslant 0, F(\boldsymbol{x},\omega)\geqslant 0,\ \boldsymbol{x}^{\mathrm{T}}F(\boldsymbol{x},\omega)=0, \omega\in\Omega,\ \text{a.s.},$$

其中，ω 为一个随机变量，$(\Omega,\wp,\mathcal{P})$ 为一个概率空间，"a.s." 是"几乎真"(almost surely)的缩写. 当 $F(\boldsymbol{x},\omega)=\boldsymbol{M}(\omega)\boldsymbol{x}+\boldsymbol{q}(\omega)$ 时，上述问题为随机线性互补问题；当 $F(\boldsymbol{x},\omega)$ 关于 $\boldsymbol{x}$ 为非线性函数时，问题则为随机非线性互补问题.

随机互补问题的期望值模型为

$$x\geqslant 0,\ E[F(x,\omega)]\geqslant 0,\ x^{\mathrm{T}}E[F(x,\omega)]=0, \omega\in\Omega,\ \text{a.s.},$$

其中，E 表示数学期望.

期望残差极小化模型最早是 2005 年 Chen 和 Fukushima[98] 为求解随机线性互补问题提出的，该模型需要借助于互补函数.

定义 若函数 $\phi:\mathbf{R}^2\to\mathbf{R}$ 满足条件

$$\phi(x,y)=0\Leftrightarrow x\geqslant 0,\ y\geqslant 0,\ xy=0,$$

则称 ϕ 为互补函数.

首先利用互补函数 ϕ 将随机互补问题转化为

$$\Phi(\boldsymbol{x},\omega)=0, \omega\in\Omega,\ \text{a.s.},$$

其中，

$$\Phi(\boldsymbol{x},\omega)=\begin{pmatrix}\phi(x_1,\ \mathcal{F}_1(\boldsymbol{x},\omega))\\ \vdots\\ \phi(x_n,\mathcal{F}_n(\boldsymbol{x},\omega))\end{pmatrix},$$

则期望残差极小化模型为

$$\min_{x \in \mathbf{R}_+^n} g(\boldsymbol{x}) = \mathscr{E}\left[\|\boldsymbol{\Phi}(\boldsymbol{x},\omega)\|^2\right].$$

2006 年，Lin 和 Fukushima[99]提出了一个随机均衡约束数学规划模型来求解随机非线性互补问题，该模型为

$$\begin{aligned} &\min E[\boldsymbol{d}^{\mathrm{T}} z(\omega)] \\ &\text{s.t. } \boldsymbol{x} \geqslant 0,\ F(\boldsymbol{x},\omega) + z(\omega) \geqslant 0, \\ &\qquad \boldsymbol{x}^{\mathrm{T}}[F(\boldsymbol{x},\omega) + z(\omega)] = 0, \\ &\qquad z(\omega) \geqslant 0,\ \omega \in \Omega,\ \text{a.s.}, \end{aligned}$$

其中，$\boldsymbol{d} \geqslant 0$ 是一个加权向量，$z(\omega)$ 为补偿变量.

1940 年，Val 最先研究了互补问题，当时主要研究了寻找线性不等式组的极小元，但并未引起学者们的重视. 互补问题作为一个新的数学模型，真正引起人们的关注是从 20 世纪 60 年代开始的. 1964 年，Cottle 在其博士学位论文中首次提出了非线性规划算法来求解互补问题. 由于互补问题和数学规划、对策论、变分不等式、广义方程、不动点理论及平衡问题等有密切的联系，并在经济、交通、工程、力学、金融、控制等领域有着广泛的应用，因此受到了学者们的高度重视. 关于互补问题的研究主要有解的存在性、唯一性、解集的有界性、解的稳定性、误差界、灵敏性分析以及不同的算法研究等[100]. 但在实际问题中，有很多因素如供应、需求、天气、路况等具有随机性，忽略这些不确定因素可能会导致决策的失误，因此随机互补问题的研究越来越受欢迎.

1996 年，Gürkan 等[101]最先把随机最优化中的理论与确定的变分不等式问题结合在一起，研究了随机变分不等式问题，并利用样本路径优化的一个变形来进行求解，开启了随机变分不等式以及随机互补问题的研究征程. 1997 年，Wolf 等[102]考虑了 Stackelberg-Nash-Cournot 均衡模型的随机形式. 1999 年，Gürkan 等[103]采用期望值模型，利用样本路径优化方法求解随机变分不等式问题，讨论了收敛的一般条件，并把该方法应用于欧洲天然气市场随机经济均衡模型. 2000 年，Belknap 等[104]利用梯度的方法分析了具有一个不确定参数的随机变分不等式问题，该方法大大降低了随机变量所生成的样本空间求解的计算量. 2002 年，Haurie 和 Moresino[105]讨论了一类动态博弈，用于模拟具有随机扰动离散时间下的寡头竞争，回顾了 S 适应信息结构和自适应均衡的概念，提出了平衡点作为变分不等式解的特征，并给出了平衡点存在的唯一性条件，同时为了处理变分不等式维数庞大的问题，提出了一种基于事件树随机场景采样的近似方法.

2007 年，Fang 等[106]考虑了随机 R_0 矩阵线性互补问题的期望残差极小化模型，证明了期望残差极小化问题解集非空有界的一个充分必要条件是问题中的矩阵是一个随机 R_0 矩

阵，给出了所考虑问题的局部与全局误差界，利用随机近似方法求解了期望残差极小化模型，并给出了交通均衡和系统控制的数值例子及其应用. 2008 年，Zhou 和 Caccetta[107] 考虑了一类具有有限多个实现的随机线性互补问题，把该类问题定义成约束极小化问题，并提出了一个可行的半光滑牛顿算法来求解. 2008 年，Zhang 和 Chen[108] 研究了随机非线性互补问题的期望残差极小化模型，证明了所涉及函数是一个随机 R_0 函数当且仅当期望残差极小化模型中的目标函数在温和的假设下是强制的，并把具有不确定性的交通均衡问题建模成随机非线性互补问题来求解. 2009 年，Zhang 和 Chen[109] 提出了一个光滑投影梯度算法，用该方法求解了随机线性互补问题，研究了由方向导数定义的稳定点性质，并讨论了随机线性互补问题的期望残差极小化模型局部极小点的充分必要条件. 同年，Chen 等[110] 考虑了随机矩阵的期望矩阵是半正定的随机线性互补问题，证明了当问题的期望值模型(即半正定矩阵线性互补问题)有一个非空有界解集时，则该问题的期望残差极小化模型的解集也是非空有界的，而且给出了单调线性互补问题一个新的误差界，并由此证明了期望残差极小化模型的解是鲁棒的. 2009 年，Lin[111] 考虑了一类随机非线性互补问题的一种带有补偿的新定义，证明了这个新定义等价于一个不再包含补偿变量的光滑半定规划，并提出了一个蒙特卡罗抽样与惩罚相结合的方法来求解样本空间假设为紧集的问题. 2010 年，Lin 和 Fukushima[112] 对随机变分不等式问题、随机互补问题以及随机均衡约束数学规划的最近研究成果进行了总结.

2010 年，Wang 和 Ali[113] 考虑了一类随机非线性互补问题，首先把问题转化成随机规划模型，然后提出了一个基于惩罚的样本平均近似方法并证明了该算法的收敛性，数值结果表明了算法的有效性. 2011 年，Xie 和 Ma[114] 考虑了一类具有有限多元素的随机线性互补问题，提出了一个光滑 Levenberg-Marquardt 算法来求解该类问题，并在合适的条件下，给出了该算法的全局收敛性和局部二次收敛性. 同年，Liu 等[115] 把一类具有有限多个实现的随机线性互补问题定义成最小化问题，提出了一个部分投影牛顿法，并在一定假设下证明了该方法的全局收敛性和二次收敛性. 2011 年，李向利等[116] 研究了当随机线性互补问题的矩阵为随机 P 矩阵时，期望残差方法解集的有界性，得到了当期望矩阵为 P 矩阵时，期望残差模型解集非空有界，并且研究了离散情形期望残差方法与期望值方法解的关系，给出了期望残差方法解唯一的条件.

2011 年，Hamatani 和 Fukushima[117] 研究了基于随机线性互补模型的不确定波动率美式期权定价问题，利用期望值模型和期望残差极小化模型来求解随机互补问题，给出了这些确定问题的解存在的充分条件，并进行了数值实验，根据数值结果讨论了所提方法的有效性. 2012 年，Wang 等[118] 考虑了一类随机非线性互补问题，针对该问题提出了一个新的定义——两阶段随机数学规划模型，利用该模型，提出了一种基于光滑的样本均值近似方法并证明了该方法的收敛性，最后给出了所考虑问题在一个供应链超级网络均衡中的数值实验. 2014 年，Huang 等[119]考虑了随机线性互补问题的期望残差极小化模型，借助于 Barzilai-Borwein 步长和有效集策略，提出了一个 Barzilai-Borwein 类型算法来求解期望残差极小化模型，并在一定的条件下证明了该算法的全局收敛性. 2014 年，Xu 等[120]提出了一个随机互补问题的分布式鲁棒优化方法，应用锥对偶理论和 S 程序，证明了不确定互补问题的分布式鲁棒模型可以用双线性矩阵不等式优化来保守近似，初步数值结果表明了所提方法的解是可取的. 2015 年，瑛瑛与韩金桩[121]提出了一种基于光滑 Fischer-Burmeister 函数的光滑化样本均值逼近方法，用该方法求解随机非线性互补问题，并在适当的条件下证明了光滑化样本均值逼近问题的最优解几乎处处指数收敛到真问题的最优解. 2016 年，吴丹和韩继业[122]引入了不确定线性互补问题鲁棒解的概念，证明了如果不确定二次规划问题的鲁棒优化问题存在最优解，并且最优值为 0，则该最优解就是不确定线性互补问题的鲁棒解，然后他们还讨论了当不确定集为随机对称分布时线性互补问题的求解.

1.5 电力系统最优潮流问题

电力系统最优潮流问题[123]通常是一个大规模的非线性多约束优化问题，不同的目标函数和约束条件可以构成不同应用的最优潮流数学模型. 在最优潮流数学模型中，变量可分为两类：状态变量 x 与控制变量 y. 控制变量是指调度人员能够控制、调整的变量，状态变量是等控制变量确定后通过潮流模型计算确定的变量. 状态变量一般为除平衡节点外所有其他节点的电压相角以及具有可调无功补偿设备节点和发电机节点之外所有其他节点的电压模值. 控制变量通常为发电机和调相机的端电压、带负荷调压变压器的变比以及除平衡节点外其他发电机的有功出力.

最优潮流数学模型的目标函数，可以根据不同的目的，如系统交换功率最小、功率调整量最小等，选取不同的目标函数. 常见的目标函数有总的发电费用或耗量、有功网损. 发电总费用

$$f=\sum_{i=1}^{m} f_i(p_i),$$

其中，m 表示发电机的数量，包括平衡节点的发电机组；$f_i(p_i)$ 为发电机 i 的消耗特性；p_i 为发电机 i 的有功发电功率；$f_i(p_i)$ 通常用二次函数表示，$f_i(p_i)=a_ip_i^2+b_ip_i+c_i$，其中 a_i，b_i，c_i 为系数. 有功网损函数 $f=\sum_{(i,j)\in\Xi}(P_{ij}+P_{ji})$，其中，$\Xi$ 表示所有配电线路集合，P_{ij} 表示线路 (i,j) 上的正向有功功率，P_{ji} 表示线路 (i,j) 上的反向有功功率.

最优潮流问题中的约束条件一般有潮流方程和系统运行限制. 基本潮流方程为

$$P_{Gi}-P_{Di}-P_i(x,y)=0,\quad i=1,2,\cdots,m,$$
$$Q_{Gi}-Q_{Di}-Q_i(x,y)=0,\quad i=1,2,\cdots,m,$$

其中，P_{Gi}，Q_{Gi} 分别表示节点 i 处的可调度的有功和无功电源；P_{Di}，Q_{Di} 分别表示节点 i 处的有功和无功负荷；$P_i(x,y)$，$Q_i(x,y)$ 分别表示由 x，y 计算出的节点 i 处的有功和无功注入功率.

系统运行限制为

$$\underline{V_i}\leqslant V_i\leqslant\overline{V_i},\quad i=1,2,\cdots,m,$$
$$\underline{P_{Gi}}\leqslant P_{Gi}\leqslant\overline{P_{Gi}},\quad i\in S_G,$$
$$\underline{Q_{Ri}}\leqslant Q_{Ri}\leqslant\overline{Q_{Ri}},\quad i\in S_R,$$
$$\underline{P_{ij}}\leqslant P_{ij}\leqslant\overline{P_{ij}},\quad i,j=1,2,\cdots,m,$$

其中，S_G，S_R 分别表示有功和无功电源的集合；P_{ij} 表示节点 i 和 j 之间配电线路上的功率限制.

把等式约束表示为 $h(x,y)=0$，不等式约束表示为 $g(x,y)\leqslant 0$，则最优潮流数学模型可简化为

$$\begin{aligned}&\min f=f(x,y)\\&\text{s.t. } h(x,y)=0,\\&\qquad g(x,y)\leqslant 0.\end{aligned}$$

20世纪60年代之前，电力系统最优化研究主要考虑经济性，即纯粹的经济调度问题. 随着电力系统规模的日益增大，系统的安全性问题不得不引起人们的重视. 随着社会的发展，一次供电中断所造成的经济损失甚至超过电力系统运行十年所获得的经济收益，所以电力系统的安全性研究就变得至关重要，其重要性甚至要超过系统的经济性. 最优潮流问题应运而生，它是由 Carpentier 在 1962 年最先提出来的，电力系统最优化研究从此开启了新的征程. 最优潮流问题[124]是指在满足各节点正常功率平衡及各种安全性不等式约束条件下，以发电费用(或损耗量)或网损为目标函数的最优化问题，它是数学最优化理论在电力系统中的应用，与经典的经济调度方法相比，它具有统筹兼顾、全面规划的优点，能将电力系统的安全性和经济性等问题统一地用数学模型来描述，从而把安全监控和经济调度结合起来. 一般来说，最优潮流问题比单纯的经济调度问题要复杂得多，计算量也很大，因此要利用数学最优化理论来求解.

最优潮流问题是一个多约束非线性规划问题，从 20 世纪 60 年代开始，有许多学者对这一问题进行了大量的研究. 目前为止，最优潮流问题的主要研究方法有简化梯度法、牛顿法、内点法和解耦法. 1962 年，Carpentier 在文献[125]中提出了经济调度问题的强化学习方法，将经济调度问题作为一个多阶段决策问题，提出了两种强化学习算法，还介绍了考虑传输损耗的第三种算法，通过给出发电成本表的 3 台发电机系统、具有二次成本函数的 IEEE 30 母线系统、具有分段二次成本函数的 10 台发电机系统和考虑输电损耗的 20 台发电机系统，利用拉格朗日乘子法和 KKT 条件求解最优潮流问题，验证了所提算法的有效性和灵活性. 1968 年，Dommel 和 Tinney[126]考虑了以实时成本或损耗最小为控制变量的实时潮流问题，利用牛顿拉乎逊潮流程序，用梯度法进行搜索求解最优潮流问题，但问题只含有等式约束. 1971 年，Mehra 和 Peschon[127]将广义简约梯度法应用到求解带有不等式约束的最优潮流问题. 1974 年，Rashed 和 Kelly[128]提出了一种求解最优潮流问题的最小算法，采用拉格朗日乘子和牛顿法对梯度法进行了改进，即引入了海森矩阵的逆来修正简约梯度，不仅改善了收敛性，还提高了收敛速度.

1973 年，Reid 和 Hasdor[129]将最优潮流问题转化为二次规划问题，用 Wolfe 算法求解；该方法既能处理等式约束，又能处理不等式约束，既能解决潮流问题，又能解决经济调度问题；二次规划算法不需要使用惩罚因子或确定梯度步长等导致收敛困难的因素，对于所有考虑的测试系统，在三次迭代中获得了收敛性，且求解时间足够小，可用于实际时间区间的在线调度. 1978 年，Bala 和 Thanikachalam[130]提出了以牛顿法为基础、采用降维后的简化海森矩阵的最优算法求解最优潮流问题. 与其他方法不同的是，该算法不依赖于正确选择加速因子，并且具有较好的收敛性和较高的精度，通过对样本系统的应用，验证了该方法的有效性.

1981 年，Talukdar 和 Giras[131]提出了一种基于 Han-Powell 算法的二次牛顿法求解最优潮流问题. 1984 年，Sun 等[132]人的研究使得牛顿法在最优潮流问题中取得了实质性的进展，他们利用拉格朗日目标函数的稀疏海森矩阵，采用主迭代和试探迭代相结合的方法来处理不等约束条件，由于该算法成功地解决了实际 912 个节点系统的最优潮流问题，成为 20 世纪 80 年代最为成功的求解最优潮流问题的一种规化算法.

内点法是一种可以用来求解线性规划或非线性凸规划的方法，它是在 1984 年由学者 Karmarkar[133]提出的用来求解线性规划的一种算法. 求解线性规划的经典算法是单纯形法，此算法是沿着可行域的边界来寻找最优点；而内点法是从可行域的一个初始内点出发，沿着最速下降方向，从可行域内部寻求最优解. 由于内点法的计算时间比单纯形法快 50 倍，因此在当时引起了很大的轰动，开启了内点理论革命. 随后有很多学者对内点法进行了深入的研究，由于寻找最优点的方法不同，又可分为投影尺度法、仿射尺度法和路径跟踪法[134]. 用内点法求解最优潮流问题是从20世纪90年代开始的. 由于内点法收敛速度快、精度高、具有多项式时间特性, 适合求解大型系统, 因此内点法在最优潮流问题中得到了迅速的发展. 文献[135]中给出了一种对偶仿射算法, 该算法是Karmarkar内点法的一个变形; 在对偶仿射算法中, 所解决的问题通常是原线性规划问题的对偶, 适用于线性和非线性优化问题; 文中给出了该优化技术在水力调度中的应用, 最大的问题包含880个变量和3680个约束, 解决速度比有效的单纯形代码快9倍以上. 文献[136]描述了最优潮流的二次内点法的实现, 所提出的方案解决了受线性约束的二次或线性优化问题, 并对该算法在14总线系统上进行了验证, 验证了算法的准确性和速度. 文献[137]采用改进的二次内点方法求解具有多种目标函数的综合最优潮流问题, 包括经济调度、VAr规划和损失最小化, 该方法具有一般的起始点(而不是一般的内点法所选的好点)和快速收敛的特点; 文中描述的OPF包在解决多目标和多约束优化问题时, 在速度、准确性和收敛性方面提供了巨大的改进. 文献[138]从原问题的摄动KKT条件出发, 提出了一种求解水热最优潮流问题的内点算法; 此外, 该算法还被成功地扩展到求解近似的水热最优潮流问题, 以在更短的执行时间内找到一个次优解; 对于大规模的系统, 近似的水热最优潮流问题可以减少一半的CPU时间, 并且在大多数情况下可以保证99%以上的准确性.

每一个算法都各有各的优点和缺点, 由于最优潮流问题的约束条件涉及不同类型的函数, 因此有些学者把不同的算法结合在一起, 取长补短, 产生了一些混合算法. 而且, 从20世纪90年代开始, 最优化理论又涌现出很多新的算法, 如模糊优化算法、遗传算法等, 这些算法都迅速地被应用到更为实际的最优潮流问题中来. 文献[139]将模糊集理论和非线性原始-对偶路径跟踪内点法应用于求解具有可伸缩约束的多目标最优潮流问题, 选择合适的加速因子以改善算法的收敛性, 并与单目标非线性最优潮流问题的计算结果进行了比较; 对几个试验系统的计算表明, 该算法具有稳定的收敛性能, 优化结果精确, 灵活方便, 处理变量不等式约束和函数不等式约束的能力很强, 适合于求解大规模电力系统的多目标优化问题. 文献[140]提出了一种基于遗传算法的最优潮流求解方法; 提出了求解加速的概念, 改进了基本遗传算法; 这种加速是通过使用最速下降法获得的梯度信息执行局部搜索来实现的, 该方法能够在一定的约束条件和目标函数范围内确定最优潮流的全局最优解, 并且该算法对起始点不敏感, 能够处理非凸的发电机成本曲线.

用解耦法也可以解决最优潮流问题. 解耦法可以求解具有"耦合"现象的问题, "耦合"是一个物理概念, 它指的是两个或两个以上的体系或者两种运动形式之间通过相互作用而对彼此产生影响的现象. 解耦法是指先用数学方法将两种运动分离开来再进行处理, 常见的解耦法是忽视或简化对所考虑问题影响较小的一种运动, 主要分析影响较大的运动. 最优潮流问题一般可分为有功经济分配子问题和无功经济分配子问题. 用解耦法求解的优点是可大大降低矩阵的维数，还可以依据不同的问题特点设计不同的方法，从而提高了计算速度. 1982 年，Shoults 等[141]就用解耦法求解了一类最优潮流问题，不仅简化了模型，缩短了计算时间，而且还允许在所需的计算类型中具有一定的灵活性. 1986 年，El-Kady 等[142]为了求解带有电压约束的最优潮流问题，设计了一种解耦二次规划算法，他们在 Ontario 水电系统中对这个算法进行了测试，结果表明，此算法能够解决一天一夜的负荷最优分配问题.

除了上述方法，2015 年，Gan 等[143]证明了对于非凸的径向电网中的最优潮流问题，通过在温和条件下轻微地收缩其可行集，就可以通过求解一个二阶锥规划得到最优潮流问题的一个全局最优解，该条件可以预先检查，而且对 IEEE 13，34，37，123 总线网络和两个现实世界的网络都成立.

国内关于最优潮流问题的研究相对晚了一些. 1982 年，李文沅[144]建立了一个用全部节点电压实部和虚部作为状态定量的最优潮流计算模型，通过罚函数法将最优潮流问题由一个约束优化问题变为一个序列的无约束优化问题，然后用 Broyden-Fletcher-Shanno 法求解，并用实例验证了该方法的有效性. 1986 年，胡珠光[145]等应用矩阵代数及矩阵分析方法，根据 PQ 解耦条件，建立了有功和无功功率优化的数学模型，并且利用对偶有界线性规划算法，按照不同的用途，对应不同的目标函数，就可以计算电力系统最优潮流、有功无功功率的安全对策、无功功率和电压的优化. 1993 年，蔡兴国等[146]提出了一个将机组组合方法与最优潮流相结合，通过调整变量的可行域，使机组组合、可靠性与最优潮流三者协调一致的方法，数值结果表明该方法可保证系统的运行安全性与经济可靠性. 1994 年，王宪荣等[147]利用拉格朗日乘子的特点，根据电力系统支路参数特性，解决了最优潮流问题牛顿法中海森矩阵元素常数化的问题，并提出了一种快速解耦牛顿法. 1995 年，孙洪波等[148]建立了一种以发电费用最小和网损最小为目标的双目标模糊优化模型，并提出一个基于神经网络模型的新算法，且对算法进行了数值验证. 1996 年，李胜渊[149]在其硕士学位论文中改进了牛顿最优潮流算法，并设计出了最优潮流程序和电网调度员培训仿真系统实时数据库的输入输出接口程序. 2001 年，林声宏等[150]研究了包含 UPFC 的电力系统最优潮流模型，由于模型中既有等式约束又有不等式约束，所以他们利用非线性原始-对偶路径跟踪内点算法对模型进行求解，并验证了算法的有效性. 同年，薛志方等[151]根据分布式母线解耦最优潮流问题，提出了一个新的实时电价最优潮流问题，并利用遗传算法求解；同时，他们又根据潮流分解计算出各个母线的注入功率所引起的实际潮流分布，利用实际分布来平均网络输电的固定费用. 同样，在 2001 年，侯芳等[152]通过利用快速解耦的思想来修正方程系数矩阵常数化，设计了一种最优潮流问题快速解耦内点法，该方法计算速度快、鲁棒性好. 2002 年，袁越等[153]提出的最优潮流模型中含有暂态稳定约束，考虑了多个预想事故，并利用原始-对偶内点法求解，通过充分利用修正矩阵的稀疏性，设计出了高性能的计算程序. 2003 年，卓俊峰等[154]利用混沌搜索与模糊集理论相结合的方法来求解最优潮流问题，数值实验表明该法使用灵活，求解精度高，速度快，并具有全局收敛性.

近年来，随着电力系统运行方式的改变特别是可再生新能源的直接并网，节点处注入功率的不稳定性也更加明显，这给电力系统的调度与运行也带来了极大的挑战，原来的最优潮流问题已不能解决新的确定性问题. 关于具有不确定因素的最优潮流的研究主要可分为两类：概率最优潮流和随机最优潮流. 概率最优潮流主要是根据不确定性因素的概率分布来得到变量的概率分布函数，一般情况下对最优潮流的计算没有影响. 而随机最优潮流不同，它是在模型建立和优化过程中考虑不确定因素的影响，不确定因素对计算过程和结果都是有影响的. 1998 年，Madrigal 等[155]针对一个概率最优潮流问题提出了一种新的定义和解决方法，在新定义中把系统需求视为一个相关变量的随机向量，考虑负载类型和位置之间的依赖关系，把最优性条件作为一个一般的非线性概率变换，并利用一个一次二阶矩方法来求解统计特性. 2005 年，Schellenberg 等[156]利用基于 Gram-Charlier 级数展开的方法求解了带有 Gaussian 分布和 Gamma 分布的概率最优潮流问题. 2006 年，Verbic 和 Canizares[157]利用两点估计法求解了具有竞争性电力市场中的概率最优潮流问题.

目前被应用于随机最优潮流问题的方法有可信性理论[158]、鲁棒优化[159]、机会约束[160-161]、区间数方法[162-164]等. 2007 年，胡泽春等[165]考虑了负荷概率分布的随机最优潮流问题，建立了相应的机会约束规划模型，并设计了一种以确定性负荷最优潮流计算结果为基础，通过求取受机会约束的变量的概率分布判断概率约束是否满足的方法求解模型. 2013 年，易驰韡等[166]考虑了负荷与风电出力的随机性，以期望发电成本和机组的出力调整费用最小为目标，建立了含机会约束的随机最优潮流模型. 2014 年，郭小璇等[167]提出了一个适用新能源接入的机会约束最优潮流问题，将该问题转化为二阶锥规划问题，并利用内点算法进行求解，数值结果表明了所提出的模型与算法的可行性与有效性. 同年，王彬等[168]考虑了运行状态不确定下的随机最优潮流模型，利用场景分析法将模型转化为确定的优化模型，并采用原始-对偶内点算法进行求解，数值实验表明该模型能够在随机情况下保证控制策略的安全性和经济性. 同样，在 2014 年，卫春峰等[169]在研究多种集成模式的基础上，从配电公司角度建立了以经济性最优为目标函数的 DG 渗透率规划数学模型，并定义了集成度和削减率两个 DG 集成指标，其中随机潮流采用蒙特卡罗模拟法. 2014 年，Gong 等[161]基于机会约束规划，建立了带有不确定负荷和风电性的随机最优潮流模型，求解该模型的难点是非线性和概率约束，利用限制松弛方法和迭代学习控制方法相结合的方法对模型进行了求解，并对 IEEE 14 总线系统进行了测试.

1.6 欧几里得若当代数与二阶锥互补函数

二阶锥互补问题的研究是建立在欧几里得若当代数基础上的，为了后面研究方便，本节首先介绍欧几里得若当代数的基础知识，再介绍一些常见的二阶锥互补函数及其主要性质.

1.6.1 欧几里得若当代数

本小节给出的基本结果主要由 Faraut 和 Koranyi 给出，详细内容可参见文献[32].

定义 1.6.1.1 （欧几里得若当代数）设 J 是实数域上的一个 n 维向量空间，在 J 上定义一个双线性映射“∘”，使得对于任意的 $\boldsymbol{x},\boldsymbol{y}\in J$，$\circ:(\boldsymbol{x},\boldsymbol{y})\mapsto\boldsymbol{x}\circ\boldsymbol{y}\in J$. 若对于所有的 $\boldsymbol{x},\boldsymbol{y},\boldsymbol{z}\in J$，都满足：

(i) $\boldsymbol{x}\circ\boldsymbol{y}=\boldsymbol{y}\circ\boldsymbol{x}$；

(ii) $\boldsymbol{x}\circ(\boldsymbol{y}\circ\boldsymbol{x}^2)=(\boldsymbol{x}\circ\boldsymbol{y})\circ\boldsymbol{x}^2$，其中，$\boldsymbol{x}^2=\boldsymbol{x}\circ\boldsymbol{x}$；

(iii) 在 J 上存在一个对称正定的二次型 Q，使得

$$Q(\boldsymbol{x}\circ\boldsymbol{y},\boldsymbol{z})=Q(\boldsymbol{x},\boldsymbol{y}\circ\boldsymbol{z});$$

(iv) 存在一个单位元 $\boldsymbol{e}\in J$，即对于所有的 $\boldsymbol{x}\in J$，都有 $\boldsymbol{e}\circ\boldsymbol{x}=\boldsymbol{x}\circ\boldsymbol{e}=\boldsymbol{x}$，则称 $(J,\circ)$ 是一个带有单位元的欧几里得若当代数，简称 J 是一个欧几里得若当代数，$\boldsymbol{x}\circ\boldsymbol{y}$ 称为 $\boldsymbol{x}$ 与 $\boldsymbol{y}$ 的若当积.

定义 1.6.1.2 （平方锥）设 J 是一个欧几里得若当代数，它的平方锥定义为：

$$K:=\{\boldsymbol{x}^2\mid\boldsymbol{x}\in J\}.$$

定义 1.6.1.3 （齐次锥和对称锥）设 $G(K)$ 是 K 的自同构群，若对于任意 $\boldsymbol{x},\boldsymbol{y}\in\operatorname{int}(K)$，都存在 $g\in G(K)$，使得 $\boldsymbol{y}=g(\boldsymbol{x})$，则称 K 是一个齐次锥. 自对偶的齐次锥称为对称锥.

由文献[32]中的定理 Ⅲ.2.1 知，欧几里得若当代数的平方锥必是一个对称锥.

定义 1.6.1.4 （幂等元）元素 $c\in J$ 若满足 $\boldsymbol{c}^2=\boldsymbol{c}\circ\boldsymbol{c}=\boldsymbol{c}$，则称元素 $\boldsymbol{c}$ 是 J 中的幂等元. 如果幂等元不能表述为两个其他幂等元之和，则称其为基本幂等元.

定义 1.6.1.5 （基底）幂等元集合 $\{\boldsymbol{c}_1,\boldsymbol{c}_2,\cdots,\boldsymbol{c}_k\}$ 称为一个幂等元正交完备系，如果对任意的 $i,j\in\{1,2,\cdots,k\},i\neq j,\sum_{i=1}^{k}\boldsymbol{c}_i=\boldsymbol{e}$，都有 $\boldsymbol{c}_i\circ\boldsymbol{c}_j=0$；特别地，如果对任意的 $i\in\{1,2,\cdots,k\}$，$\boldsymbol{c}_i$ 都是基本幂等元，则称此正交完备系为欧几里得代数 J 的一个基底.

定义 1.6.1.6 （秩）对于任意的 $\boldsymbol{x}\in J$，设 $m(\boldsymbol{x})$ 是使得 $\{\boldsymbol{e},\boldsymbol{x},\boldsymbol{x}^2,\cdots,\boldsymbol{x}^k\}$ 线性相关的最小正整数，则 J 的秩定义为 $r(J):=\max\{m(\boldsymbol{x})\mid\boldsymbol{x}\in J\}$.

一般来说，J 的秩不会超过 J 的维数. 下面介绍重要的谱分解理论和算子.

定理 1.6.1.7 （谱分解定理[32]）设 J 是一个秩为 r 的欧几里得若当代数，则对于任意的 $\boldsymbol{x} \in J$，必存在一个若当基底 $\{\boldsymbol{c}_1(\boldsymbol{x}), \boldsymbol{c}_2(\boldsymbol{x}), \cdots, \boldsymbol{c}_r(\boldsymbol{x})\}$ 和一组实数 $\lambda_1(\boldsymbol{x}), \lambda_2(\boldsymbol{x}), \cdots, \lambda_r(\boldsymbol{x})$，使得

$$\boldsymbol{x} = \lambda_1(\boldsymbol{x})\boldsymbol{c}_1(\boldsymbol{x}) + \lambda_2(\boldsymbol{x})\boldsymbol{c}_2(\boldsymbol{x}) + \cdots + \lambda_r(\boldsymbol{x})\boldsymbol{c}_r(\boldsymbol{x}).$$

每一个 $\lambda_i(\boldsymbol{x})(i = 1, 2, \cdots, r)$ 称为 $\boldsymbol{x}$ 的一个特征值. 定义 $\operatorname{tr}(\boldsymbol{x}) := \sum_{i=1}^{r} \lambda_i(\boldsymbol{x})$ 和 $\det(\boldsymbol{x}) = \prod_{i=1}^{r} \lambda_i(\boldsymbol{x})$，其中，$\operatorname{tr}(\boldsymbol{x})$ 表示 $\boldsymbol{x}$ 的迹，$\det(\boldsymbol{x})$ 表示 $\boldsymbol{x}$ 的行列式.

定义 1.6.1.8 （Löwner 算子）令 $\boldsymbol{x} = \lambda_1(\boldsymbol{x})\boldsymbol{c}_1(\boldsymbol{x}) + \lambda_2(\boldsymbol{x})\boldsymbol{c}_2(\boldsymbol{x}) + \cdots + \lambda_r(\boldsymbol{x})\boldsymbol{c}_r(\boldsymbol{x})$，$g: R \to R$ 为一实值函数，定义相应的 Löwner 算子 $G(\boldsymbol{x}): J \to J$ 满足

$$G(\boldsymbol{x}) := g(\lambda_1(\boldsymbol{x}))\boldsymbol{c}_1(\boldsymbol{x}) + g(\lambda_2(\boldsymbol{x}))\boldsymbol{c}_2(\boldsymbol{x}) + \cdots + g(\lambda_r(\boldsymbol{x}))\boldsymbol{c}_r(\boldsymbol{x}).$$

特别地，若 $g(t)$ 分别取 $t_+ := \max\{0, t\}$ 和 $t_- := \min\{0, t\}$，则相应的 Löwner 算子 $G(\boldsymbol{x})$ 分别是如下的投影算子：

$$\boldsymbol{x}_+ := \sum_{i=1}^{r} (\lambda_i(\boldsymbol{x}))_+ c_i(\boldsymbol{x}), \quad \boldsymbol{x}_- := \sum_{i=1}^{r} (\lambda_i(\boldsymbol{x}))_- c_i(\boldsymbol{x}).$$

由于 $\boldsymbol{x} \in K$ 当且仅当 $\lambda_i(\boldsymbol{x}) \geqslant 0 (i = 1, 2, \cdots r)$，容易证明 $\boldsymbol{x}_+ \in K, \boldsymbol{x}_- = -(-\boldsymbol{x})_+ \in -K$，这说明 $\boldsymbol{x}_+$ 是 $\boldsymbol{x}$ 在 K 上的投影，$\boldsymbol{x}_-$ 是 $\boldsymbol{x}$ 在 $-K$ 上的投影. 同时还可验证如下性质成立：

$$\boldsymbol{x} = \boldsymbol{x}_+ + \boldsymbol{x}_-, \quad \boldsymbol{x}_+ \circ \boldsymbol{x}_- = 0, \quad \boldsymbol{x} \circ \boldsymbol{x}_+ = (\boldsymbol{x}_+)^2, \quad \boldsymbol{x} \circ \boldsymbol{x}_- = (\boldsymbol{x}_-)^2.$$

对每个 $\boldsymbol{x} \in J$，定义一个 Lyapunov 变换 $L(\boldsymbol{x}): J \to J$，满足对任意的 $\boldsymbol{y} \in J$，有 $L(\boldsymbol{x})\boldsymbol{y} = \boldsymbol{x} \circ \boldsymbol{y}$. 根据文献[32] 中的性质 Ⅲ.1.15 知，在内积意义下，$L(\boldsymbol{x})$ 具有对称性

$$\langle L(\boldsymbol{x})\boldsymbol{y}, \boldsymbol{z}\rangle = \langle \boldsymbol{y}, L(\boldsymbol{x})\boldsymbol{z}\rangle, \boldsymbol{y}, \boldsymbol{z} \in J,$$

即

$$\langle \boldsymbol{x} \circ \boldsymbol{y}, \boldsymbol{z}\rangle = \langle \boldsymbol{y}, \boldsymbol{z} \circ \boldsymbol{x}\rangle = \langle \boldsymbol{z}, \boldsymbol{x} \circ \boldsymbol{y}\rangle, \boldsymbol{x}, \boldsymbol{y}, \boldsymbol{z} \in J.$$

利用内积定义，对每一个 $\boldsymbol{x} \in J$，其范数可表示为

$$\|\boldsymbol{x}\| = \sqrt{\langle \boldsymbol{x}, \boldsymbol{x}\rangle} = \sqrt{\operatorname{tr}(\boldsymbol{x}^2)} = \sqrt{\sum_{i=1}^{r} (\lambda_i(\boldsymbol{x}))^2}.$$

利用范数 $\|\cdot\|$ 以及迹 $\operatorname{tr}(\cdot)$ 的定义可以得到下面不等式：

$$\langle \boldsymbol{x}, \boldsymbol{y}\rangle = \operatorname{tr}(\boldsymbol{x} \circ \boldsymbol{y}) \leqslant r\lambda_{\max}(\boldsymbol{x} \circ \boldsymbol{y}) \leqslant r\|\boldsymbol{x} \circ \boldsymbol{y}\|, \boldsymbol{x}, \boldsymbol{y} \in J,$$

其中，$\lambda_{\max}(\boldsymbol{x})$ 表示 $\boldsymbol{x}$ 的极大特征值. 此外，由柯西施瓦茨不等式可得

$$\|\boldsymbol{x} \circ \boldsymbol{y}\| \leqslant \|\boldsymbol{x}\|\|\boldsymbol{y}\|, \boldsymbol{x}, \boldsymbol{y} \in J.$$

由于二阶锥问题是建立在欧几里得若当代数基础上的，接下来介绍在二阶锥里若当代数的一些具体性质. 当 $J = \mathbf{R} \times \mathbf{R}^{n-1}$ 时，$K^n := \{\boldsymbol{x} = (\boldsymbol{x}_1, \boldsymbol{x}_2) \in \mathbf{R} \times \mathbf{R}^{n-1} \mid \boldsymbol{x}_1 \geqslant \|\boldsymbol{x}_2\|\}$ 是一个二

阶锥，也称为冰激凌锥.

定义 1.6.1.9 （若当积）对任意的向量 $\boldsymbol{x}=(\boldsymbol{x}_1,\boldsymbol{x}_2)\in\mathbf{R}\times\mathbf{R}^{n-1}$，$\boldsymbol{y}=(\boldsymbol{y}_1,\boldsymbol{y}_2)\in\mathbf{R}\times\mathbf{R}^{n-1}$，称

$$\boldsymbol{x}\circ\boldsymbol{y}=(\boldsymbol{x}^{\mathrm{T}}\boldsymbol{y},\boldsymbol{y}_1\boldsymbol{x}_2+\boldsymbol{x}_1\boldsymbol{y}_2)$$

为 $\boldsymbol{x}$ 与 $\boldsymbol{y}$ 的若当积.

规定若当积中的单位向量为 $\boldsymbol{e}=(1,0,\cdots,0)\in\mathbf{R}^n$. 为了简单起见，记 $\boldsymbol{x}^2=\boldsymbol{x}\circ\boldsymbol{x}$. 当 $\boldsymbol{x}\in K$ 时，$\sqrt{\boldsymbol{x}}$ 表示使得 $(\sqrt{\boldsymbol{x}})^2=\boldsymbol{x}$ 的唯一平方根. $\boldsymbol{x}+\boldsymbol{y}$ 表示两个向量之和，与一般的向量之和定义一致. 若当积具有下列基本性质：

性质 1.6.1.10[32] 对任意的 $\boldsymbol{x},\boldsymbol{y}\in\mathbf{R}^n$，有

(1) $\boldsymbol{e}\circ\boldsymbol{x}=\boldsymbol{x}$;

(2) $\boldsymbol{x}\circ\boldsymbol{y}=\boldsymbol{y}\circ\boldsymbol{x}$;

(3) $\boldsymbol{x}\circ(\boldsymbol{x}^2\circ\boldsymbol{y})=\boldsymbol{x}^2\circ(\boldsymbol{x}\circ\boldsymbol{y})$;

(4) $(\boldsymbol{x}+\boldsymbol{y})\circ\boldsymbol{z}=\boldsymbol{x}\circ\boldsymbol{z}+\boldsymbol{y}\circ\boldsymbol{z}$.

需要注意的是，若当积一般不具有结合律. 例如，当 $n=3$，$\boldsymbol{x}=(1,0,-1)$，$\boldsymbol{y}=(1,1,0)$，$\boldsymbol{z}=(1,0,1)$ 时，有

$$(1,0,1)=(\boldsymbol{x}\circ\boldsymbol{y})\circ\boldsymbol{z}\neq\boldsymbol{x}\circ(\boldsymbol{y}\circ\boldsymbol{z})=(1,0,-1).$$

事实上，这个例子也表明一般情况下未必有 $(\boldsymbol{x}\circ\boldsymbol{y})\circ\boldsymbol{y}=\boldsymbol{x}\circ\boldsymbol{y}^2$. 另一方面，我们可以证得在内积意义下结合律是成立的，即对任意的 $\boldsymbol{x},\boldsymbol{y},\boldsymbol{z}\in\mathbf{R}^n$，有

$$\langle\boldsymbol{x},\boldsymbol{y}\circ\boldsymbol{z}\rangle=\langle\boldsymbol{y},\boldsymbol{z}\circ\boldsymbol{x}\rangle=\langle\boldsymbol{z},\boldsymbol{x}\circ\boldsymbol{y}\rangle.$$

在二阶锥 K^n 中，对任意的 $\boldsymbol{x}=(\boldsymbol{x}_1,\boldsymbol{x}_2)\in\mathbf{R}\times\mathbf{R}^{n-1}$，$\boldsymbol{x}$ 的行列式和迹分别定义为

$$\det(\boldsymbol{x})=x_1^2-\|\boldsymbol{x}_2\|^2,\mathrm{tr}(\boldsymbol{x})=2x_1.$$

不同于矩阵，一般情况下 $\det(\boldsymbol{x}\circ\boldsymbol{y})\neq\det(\boldsymbol{x})\det(\boldsymbol{y})$.

设向量 $\boldsymbol{x}=(\boldsymbol{x}_1,\boldsymbol{x}_2)\in\mathbf{R}\times\mathbf{R}^{n-1}$，当 $\det(\boldsymbol{x})\neq 0$ 时称 $\boldsymbol{x}$ 是可逆的. 如果 $\boldsymbol{x}$ 可逆，则存在唯一的向量 $\boldsymbol{y}=(\boldsymbol{y}_1,\boldsymbol{y}_2)\in\mathbf{R}\times\mathbf{R}^{n-1}$，使得 $\boldsymbol{x}\circ\boldsymbol{y}=e$，称 $\boldsymbol{y}$ 为 $\boldsymbol{x}$ 的逆，记为 $\boldsymbol{x}^{-1}$，且有

$$\boldsymbol{x}^{-1}=\frac{1}{x_1^2-\|\boldsymbol{x}_2\|^2}(x_1,-\boldsymbol{x}_2)=\frac{\mathrm{tr}(\boldsymbol{x})\boldsymbol{e}-\boldsymbol{x}}{\det(\boldsymbol{x})}.$$

显然，有 $\boldsymbol{x}\in\mathrm{int}K^n\Leftrightarrow\boldsymbol{x}^{-1}\in\mathrm{int}K^n$.

如果 $\boldsymbol{x}=(x_1,\boldsymbol{x}_2)\in\mathbf{R}\times\mathbf{R}^{n-1}\in K^n$，则 K^n 中存在唯一的向量，记为 $\sqrt{\boldsymbol{x}}$ 或 $\boldsymbol{x}^{1/2}$，使得 $(\sqrt{\boldsymbol{x}})^2=\sqrt{\boldsymbol{x}}\circ\sqrt{\boldsymbol{x}}=\boldsymbol{x}$，并且当 $\boldsymbol{x}\neq 0$ 时，有

$$\sqrt{\boldsymbol{x}}=\left(s,\frac{\boldsymbol{x}_2}{2s}\right),\ s=\sqrt{\frac{x_1+\sqrt{x_1^2-\|\boldsymbol{x}_2\|^2}}{2}},$$

当 $\boldsymbol{x}=0$ 时，规定 $\sqrt{\boldsymbol{x}}=0$.

对任意的 $\boldsymbol{x}\in\mathbf{R}^n$，都有 $\boldsymbol{x}^2\in K^n$. 因此，存在唯一的向量 $\sqrt{\boldsymbol{x}^2}\in K^n$，记为 $|\boldsymbol{x}|$，显然有 $\boldsymbol{x}^2=|\boldsymbol{x}|^2$.

注意，二阶锥 K^n 在若当积意义下是不封闭的. 如 $\boldsymbol{x}=(\sqrt{2},1,1)\in K^3$，$\boldsymbol{y}=(\sqrt{2},1,-1)\in K^3$，但是 $\boldsymbol{x}\circ\boldsymbol{y}=(2,2\sqrt{2},0)\notin K^3$.

下面来介绍二阶锥中向量的谱分解定义.

定义 1.6.1.11 （二阶锥谱分解）对任意的向量 $\boldsymbol{x}=(x_1,\boldsymbol{x}_2)\in\mathbf{R}\times\mathbf{R}^{n-1}$，$\boldsymbol{x}\in K^n$，则 $\boldsymbol{x}$ 可分解为

$$\boldsymbol{x}=\lambda_1\boldsymbol{u}_1+\lambda_2\boldsymbol{u}_2,$$

其中，λ_1,λ_2 和 $\boldsymbol{u}_1,\boldsymbol{u}_2$ 分别称为 $\boldsymbol{x}$ 的谱值和相应的谱向量，对 $i=1,2$,

$$\lambda_i=x_1+(-1)^i\|\boldsymbol{x}_2\|,$$

$$\boldsymbol{u}_i=\begin{cases}\dfrac{1}{2}\left(1,(-1)^i\dfrac{\boldsymbol{x}_2}{\|\boldsymbol{x}_2\|}\right), & \boldsymbol{x}_2\neq 0,\\[2ex] \dfrac{1}{2}(1,(-1)^i\boldsymbol{w}), & \boldsymbol{x}_2=0,\end{cases}$$

并且 w 为 $\mathbf{R}^{n-1}$ 中的任一单位向量.

显然，当 $\boldsymbol{x}_2\neq 0$ 时，上面的谱分解是唯一的. 谱分解具有下列性质：

性质 1.6.1.12 二阶锥 K^n 中，对任意的 $\boldsymbol{x}=(\boldsymbol{x}_1,\boldsymbol{x}_2)\in\mathbf{R}\times\mathbf{R}^{n-1}$，在若当积运算下，谱分解具有性质：

(1) $\boldsymbol{u}_1$ 和 $\boldsymbol{u}_2$ 是幂等的，即

$$\boldsymbol{u}_i\circ\boldsymbol{u}_i=\boldsymbol{u}_i,i=1,2;$$

(2) $\boldsymbol{u}_1$ 和 $\boldsymbol{u}_2$ 是正交的，且范数为 $1/\sqrt{2}$，即

$$\boldsymbol{u}_1\circ\boldsymbol{u}_2=0,\|\boldsymbol{u}_1\|=\|\boldsymbol{u}_2\|=1/\sqrt{2};$$

(3) λ_1，λ_2 非负 $\Leftrightarrow\boldsymbol{x}\in K^n$,

$$\lambda_1>0,\ \lambda_2>0\Leftrightarrow\boldsymbol{x}\in\operatorname{int}K^n;$$

(4) $\det(\boldsymbol{x})=\lambda_1\lambda_2$，$\operatorname{tr}(\boldsymbol{x})=\lambda_1+\lambda_2$，$2\|\boldsymbol{x}\|^2=\lambda_1^2+\lambda_2^2$.

对于给定的向量 $\boldsymbol{x}=(\boldsymbol{x}_1,\boldsymbol{x}_2)\in\mathbf{R}\times\mathbf{R}^{n-1}$，定义箭形矩阵

$$\boldsymbol{L}_x=\begin{pmatrix}x_1 & \boldsymbol{x}_2^{\mathrm{T}}\\ \boldsymbol{x}_2 & x_1\boldsymbol{I}\end{pmatrix},$$

其中，$\boldsymbol{I}$ 为 $(n-1)\times(n-1)$ 维单位矩阵. 容易证明，对于任意的 $\boldsymbol{s}\in\mathbf{R}^n$，有

$$x \circ s = L_x s = L_s x = L_x L_s e.$$

根据谱分解和性质1.6.1.12，可以得到$|x| = \sqrt{x^2} = |\lambda_1| u_1 + |\lambda_2| u_2$，以及下面这些性质成立.

性质 1.6.1.13[55]　对任意的$x = (x_1, x_2) \in \mathbf{R} \times \mathbf{R}^{n-1}$，下面的结论成立：

(i) $x^2 = \lambda_1^2 u_1 + \lambda_2^2 u_2 \in K^n$；

(ii) 如果$x \in K^n$，则$0 \leqslant \lambda_1 \leqslant \lambda_2$，并且有$\sqrt{x} = \sqrt{\lambda_1} u_1 + \sqrt{\lambda_2} u_2$；

(iii) 如果$x \in \mathrm{int}(K^n)$，则$0 < \lambda_1 \leqslant \lambda_2$，$\det(x) = \lambda_1 \lambda_2$，$L_x$可逆，并且有

$$L_x^{-1} = \frac{1}{\det(x)} \begin{pmatrix} x_1 & -x_2^{\mathrm{T}} \\ -x_2 & \dfrac{\det(x)}{x_1} I + \dfrac{1}{x_1} x_2 x_2^{\mathrm{T}} \end{pmatrix};$$

(iv) L_x是对称正定矩阵的充分必要条件是$x \in \mathrm{int}(K^n)$.

2002年，Fukushima等[55]证明了向量x在锥K上的投影$[x]_+$可以写成

$$[x]_+ = [\lambda_1]_+ u_1 + [\lambda_2]_+ u_2 = \frac{x + |x|}{2},$$

其中，对任意的数值$\lambda \in \mathbf{R}$，$[\lambda]_+ = \max\{\lambda, 0\}$. 而且对任意的$x, y \in \mathbf{R}^n$，有

$$x \in K^n, y \in K^n, x^{\mathrm{T}} y = 0 \Leftrightarrow x \in K^n, y \in K^n, x \circ y = 0.$$

借助二阶锥上的若当积运算和投影定义，容易证明下面的结论成立.

性质 1.6.1.14　对任意的$x, y \in \mathbf{R}^n$，有

(i) $\|x \circ y\| \leqslant \sqrt{2} \|x\| \|y\|$；

(ii) $\|x_+\| \leqslant \|x\|$，$\|x_-\| \leqslant \|x\|$.

1.6.2　二阶锥互补函数及价值函数

为了研究二阶锥互补问题的数值算法，学者们常用的方法是利用二阶锥互补函数或价值函数把互补问题转化成方程组或无约束最优化问题来求解.

定义 1.6.2.1　称满足条件

$$\phi(x, y) = 0 \Leftrightarrow x \in K^n, y \in K^n, x^{\mathrm{T}} y = 0$$

的映射$\phi: \mathbf{R}^n \times \mathbf{R}^n \to \mathbf{R}^n$为二阶锥互补函数.

定义 1.6.2.2　称满足条件

$$\psi(x, y) = 0 \Leftrightarrow x \in K^n, y \in K^n, x^{\mathrm{T}} y = 0$$

的映射$\psi: \mathbf{R}^n \times \mathbf{R}^n \to \mathbf{R}_+$为二阶锥价值函数.

为了后面内容理解方便，下面再介绍几个相关的概念.

定义 1.6.2.3 对任意有界集 $S \subset \mathbf{R}^n$，若存在常数 $\kappa > 0$ 满足

$$\|F(\boldsymbol{x}) - F(\boldsymbol{y})\| \leqslant \kappa \|\boldsymbol{x} - \boldsymbol{y}\|, \boldsymbol{x}, \boldsymbol{y} \in S,$$

则称函数 $F:\mathbf{R}^n \to \mathbf{R}^m$ 为局部利普希茨(Lipschitz)连续. 特别地，当 κ 不依赖于 S 时，称函数 F 为全局利普希茨连续.

例如，仿射函数为利普希茨连续函数，而二次函数一般不是利普希茨连续，但却是局部利普希茨连续的. 众所周知，连续可微函数以及处处取有限值的凸函数均为局部利普希茨连续函数. 另外，由 Rademacher 定理知，局部利普希茨连续函数 $f:\mathbf{R}^n \to \mathbf{R}$ 是几乎处处可微的.

若 $F_i:\mathbf{R}^n \to \mathbf{R}(i = 1,2,\cdots,m)$ 为局部利普希茨连续函数，则称以它们为分量的向量值函数 $F:\mathbf{R}^n \to \mathbf{R}^m$ 为局部利普希茨连续的. 由 Rademacher 定理，局部利普希茨连续的向量值函数也是几乎处处可微的.

定义 1.6.2.4[170] 称映射 $F:\mathbf{R}^n \to \mathbf{R}^n$ 在集合 S 上是强制的(coercive)，如果存在 $\boldsymbol{x}^0 \in S$，使得

$$\lim_{\substack{\|\boldsymbol{x}\| \to \infty \\ \boldsymbol{x} \in S}} \frac{\langle F(\boldsymbol{x}), \boldsymbol{x} - \boldsymbol{x}^0 \rangle}{\|\boldsymbol{x}\|} = +\infty.$$

半光滑性是光滑性的推广，它最初是在文献[171]中针对实值函数提出的，而后在文献[172]中被推广到向量值函数. 半光滑函数包括光滑函数和分段光滑函数等. 半光滑(强半光滑)函数的复合函数仍然是半光滑(强半光滑)函数.

定义 1.6.2.5 假设 $F:\mathbf{R}^n \to \mathbf{R}^m$ 为一个局部利普希茨连续函数. F 称为在 $\boldsymbol{x} \in \mathbf{R}^n$ 处是半光滑的，如果 F 在 $\boldsymbol{x}$ 处方向可导并且对于任意的 $V \in \partial F(\boldsymbol{x} + \Delta \boldsymbol{x})$，有

$$F(\boldsymbol{x} + \Delta \boldsymbol{x}) - F(\boldsymbol{x}) - V(\Delta \boldsymbol{x}) = o(\|\Delta \boldsymbol{x}\|).$$

F 称为在 $\boldsymbol{x} \in \mathbf{R}^n$ 处是 p - 阶($0 < p < \infty$)半光滑的，如果 F 在 $\boldsymbol{x}$ 处半光滑且

$$F(\boldsymbol{x} + \Delta \boldsymbol{x}) - F(\boldsymbol{x}) - V(\Delta \boldsymbol{x}) = o(\|\Delta \boldsymbol{x}\|^{1+p}).$$

特别地，如果 F 在 $\boldsymbol{x}$ 处是 1 - 阶半光滑的，则称 F 在 $\boldsymbol{x}$ 点处是强半光滑的.

如果函数 F 在任意点 $\boldsymbol{x} \in \mathbf{R}^n$ 处是半光滑(p - 阶半光滑)的，则称函数 $F:\mathbf{R}^n \to \mathbf{R}^m$ 为半光滑(p - 阶半光滑)函数.

下面的非可微函数的光滑函数这一概念最初是由 Hayashi 等[58]提出来的.

定义 1.6.2.6 对于非可微函数 $g:\mathbf{R}^n \to \mathbf{R}^m$，考虑含有参数 $\mu > 0$ 的函数 $g_\mu:\mathbf{R}^n \to \mathbf{R}^m$，它具有下列性质：

(i) 对于任意的 $\mu > 0$，g_μ 是可微的；

(ii) 对于任意的 $\boldsymbol{x} \in \mathbf{R}^n$，$\lim\limits_{\mu \downarrow 0} g_\mu(\boldsymbol{x}) = g(\boldsymbol{x})$，

则称函数 g_μ 是 g 的光滑函数.

下面介绍几种常见的二阶锥互补函数及价值函数.

1. Fischer-Burmeister 互补函数及其价值函数

向量值 Fischer-Burmeister(简记为 FB) 函数 $\phi_{\mathrm{FB}}(\boldsymbol{x},\boldsymbol{y}):\mathbf{R}^n\times\mathbf{R}^n\to\mathbf{R}^n$

$$\phi_{\mathrm{FB}}(\boldsymbol{x},\boldsymbol{y})=\boldsymbol{x}+\boldsymbol{y}-\sqrt{\boldsymbol{x}^2+\boldsymbol{y}^2}$$

满足性质

$$\phi_{\mathrm{FB}}(\boldsymbol{x},\boldsymbol{y})=0\Leftrightarrow\boldsymbol{x}\in K^n,\boldsymbol{y}\in K^n,\boldsymbol{x}\circ\boldsymbol{y}=0,$$

即函数 $\phi_{\mathrm{FB}}(\boldsymbol{x},\boldsymbol{y})$ 是一个二阶锥互补函数. 根据若当代数理论, 对任意向量 $\boldsymbol{w}\in\mathbf{R}^{n-1}(\|\boldsymbol{w}\|=1)$, ϕ_{FB} 可以表示为

$$\phi_{\mathrm{FB}}(\boldsymbol{x},\boldsymbol{y})=\boldsymbol{x}+\boldsymbol{y}-\sqrt{\boldsymbol{x}^2+\boldsymbol{y}^2}=\boldsymbol{x}+\boldsymbol{y}-(\sqrt{\lambda_1}\boldsymbol{u}^{(1)}+\sqrt{\lambda_2}\boldsymbol{u}^{(2)}),$$

其中, 对 $i=1,2$,

$$\lambda_i=\|\boldsymbol{x}\|^2+\|\boldsymbol{y}\|^2+2(-1)^i\|x_1\boldsymbol{x}_2+y_1\boldsymbol{y}_2\|,$$

$$\boldsymbol{u}^{(i)}=\begin{cases}\dfrac{1}{2}\left(1,(-1)^i\dfrac{x_1\boldsymbol{x}_2+y_1\boldsymbol{y}_2}{\|x_1\boldsymbol{x}_2+y_1\boldsymbol{y}_2\|}\right), & x_1\boldsymbol{x}_2+y_1\boldsymbol{y}_2\neq 0;\\[2ex] \dfrac{1}{2}(1,(-1)^i\boldsymbol{w}), & x_1\boldsymbol{x}_2+y_1\boldsymbol{y}_2=0.\end{cases}$$

函数 $\phi_{\mathrm{FB}}(\boldsymbol{x},\boldsymbol{y})$ 的二次范数

$$\psi_{\mathrm{FB}}(\boldsymbol{x},\boldsymbol{y}):=\frac{1}{2}\|\phi_{\mathrm{FB}}(\boldsymbol{x},\boldsymbol{y})\|^2$$

是一个二阶锥价值函数. 下面的引理总结了向量值函数 $\phi_{\mathrm{FB}}(\boldsymbol{x},\boldsymbol{y})$ 及其价值函数 $\psi_{\mathrm{FB}}(\boldsymbol{x},\boldsymbol{y})$ 的性质.

引理 1.6.2.7 对于任意的 $\boldsymbol{x},\boldsymbol{y}\in\mathbf{R}^n$, 有

(a) $\psi_{\mathrm{FB}}(\boldsymbol{x},\boldsymbol{y})=0\Leftrightarrow\phi_{\mathrm{FB}}(\boldsymbol{x},\boldsymbol{y})=0\Leftrightarrow\boldsymbol{x}\in K^n,\boldsymbol{y}\in K^n,\boldsymbol{x}\circ\boldsymbol{y}=0$.

(b) 向量值函数 $\phi_{\mathrm{FB}}(\boldsymbol{x},\boldsymbol{y})$ 是全局利普希茨连续, 并且是强半光滑的.

(c) 令 $v=(v_1,\boldsymbol{v}_2):=\boldsymbol{x}^2+\boldsymbol{y}^2$, 当 $v_1\neq\|\boldsymbol{v}_2\|$时, 函数 $\phi_{\mathrm{FB}}(\boldsymbol{x},\boldsymbol{y})$ 连续可微.

(d) 价值函数 $\psi_{\mathrm{FB}}(\boldsymbol{x},\boldsymbol{y})$ 在 $\mathbf{R}^n\times\mathbf{R}^n$ 上是处处光滑的, 并且 $\nabla_{\boldsymbol{x}}\psi_{\mathrm{FB}}(\boldsymbol{0},\boldsymbol{0})=\nabla_{\boldsymbol{y}}\psi_{\mathrm{FB}}(\boldsymbol{0},\boldsymbol{0})=0$. 当 $(\boldsymbol{x},\boldsymbol{y})\neq(\boldsymbol{0},\boldsymbol{0})$ 并且 $\boldsymbol{x}^2+\boldsymbol{y}^2\in\mathrm{int}(K^n)$ 时, 有

$$\nabla_{\boldsymbol{x}}\psi_{\mathrm{FB}}(\boldsymbol{x},\boldsymbol{y})=(\boldsymbol{L}_{\boldsymbol{x}}\boldsymbol{L}^{-1}_{\sqrt{\boldsymbol{x}^2+\boldsymbol{y}^2}}-\boldsymbol{I})\phi_{\mathrm{FB}}(\boldsymbol{x},\boldsymbol{y})=\boldsymbol{x}-\boldsymbol{L}_{\boldsymbol{x}}\boldsymbol{L}^{-1}_{\sqrt{\boldsymbol{x}^2+\boldsymbol{y}^2}}(\boldsymbol{x}+\boldsymbol{y})-\phi_{\mathrm{FB}}(\boldsymbol{x},\boldsymbol{y}),$$

$$\nabla_{\boldsymbol{y}}\psi_{\mathrm{FB}}(\boldsymbol{x},\boldsymbol{y})=(\boldsymbol{L}_{\boldsymbol{y}}\boldsymbol{L}^{-1}_{\sqrt{\boldsymbol{x}^2+\boldsymbol{y}^2}}-\boldsymbol{I})\phi_{\mathrm{FB}}(\boldsymbol{x},\boldsymbol{y})=\boldsymbol{y}-\boldsymbol{L}_{\boldsymbol{y}}\boldsymbol{L}^{-1}_{\sqrt{\boldsymbol{x}^2+\boldsymbol{y}^2}}(\boldsymbol{x}+\boldsymbol{y})-\phi_{\mathrm{FB}}(\boldsymbol{x},\boldsymbol{y}).$$

当 $(\boldsymbol{x},\boldsymbol{y})\neq(\boldsymbol{0},\boldsymbol{0})$ 并且 $\boldsymbol{x}^2+\boldsymbol{y}^2\notin\mathrm{int}(K^n)$ 时, 则有 $x_1^2+y_1^2\neq 0$, 并且有

$$\nabla_{\boldsymbol{x}}\psi_{\mathrm{FB}}(\boldsymbol{x},\boldsymbol{y})=\left(\frac{x_1}{\sqrt{x_1^2+y_1^2}}-1\right)\phi_{\mathrm{FB}}(\boldsymbol{x},\boldsymbol{y}),$$

$$\nabla_y \psi_{\mathrm{FB}}(\boldsymbol{x},\boldsymbol{y}) = \left(\frac{y_1}{\sqrt{x_1^2 + y_1^2}} - 1\right)\phi_{\mathrm{FB}}(\boldsymbol{x},\boldsymbol{y}).$$

(e) $\langle \boldsymbol{x}, \nabla_x \psi_{\mathrm{FB}}(\boldsymbol{x},\boldsymbol{y})\rangle + \langle \boldsymbol{y}, \nabla_y \psi_{\mathrm{FB}}(\boldsymbol{x},\boldsymbol{y})\rangle = \|\boldsymbol{\phi}_{\mathrm{FB}}(\boldsymbol{x},\boldsymbol{y})\|^2$.

(f) $\langle \nabla_x \psi_{\mathrm{FB}}(\boldsymbol{x},\boldsymbol{y}), \nabla_y \psi_{\mathrm{FB}}(\boldsymbol{x},\boldsymbol{y})\rangle \geqslant 0$，当且仅当 $\boldsymbol{\phi}_{\mathrm{FB}}(\boldsymbol{x},\boldsymbol{y}) = 0$ 时等号成立.

(g) 当 $(\boldsymbol{x},\boldsymbol{y}) \neq (\boldsymbol{0},\boldsymbol{0})$ 时，$\nabla \psi_{\mathrm{FB}}(\boldsymbol{x},\boldsymbol{y})$ 是连续可微的.

(h) 对任意的 $(\boldsymbol{x},\boldsymbol{y}) \neq (\boldsymbol{0},\boldsymbol{0})$，$\|\nabla^2 \psi_{\mathrm{FB}}(\boldsymbol{x},\boldsymbol{y})\|$ 是一致有界的，而且有

$$\nabla_{xx}^2 \psi_{\mathrm{FB}}(\boldsymbol{x},\boldsymbol{y}) = \boldsymbol{I} - \nabla_x (\boldsymbol{L}_x \boldsymbol{L}_{\sqrt{\boldsymbol{x}^2+\boldsymbol{y}^2}}^{-1}(\boldsymbol{x}+\boldsymbol{y})) - (\boldsymbol{L}_x \boldsymbol{L}_{\sqrt{\boldsymbol{x}^2+\boldsymbol{y}^2}}^{-1} - \boldsymbol{I}),$$

$$\nabla_{xy}^2 \psi_{\mathrm{FB}}(\boldsymbol{x},\boldsymbol{y}) = - \nabla_y (\boldsymbol{L}_x \boldsymbol{L}_{\sqrt{\boldsymbol{x}^2+\boldsymbol{y}^2}}^{-1}(\boldsymbol{x}+\boldsymbol{y})) - (\boldsymbol{L}_y \boldsymbol{L}_{\sqrt{\boldsymbol{x}^2+\boldsymbol{y}^2}}^{-1} - \boldsymbol{I}),$$

$$\nabla_{yx}^2 \psi_{\mathrm{FB}}(\boldsymbol{x},\boldsymbol{y}) = - \nabla_x (\boldsymbol{L}_y \boldsymbol{L}_{\sqrt{\boldsymbol{x}^2+\boldsymbol{y}^2}}^{-1}(\boldsymbol{x}+\boldsymbol{y})) - (\boldsymbol{L}_x \boldsymbol{L}_{\sqrt{\boldsymbol{x}^2+\boldsymbol{y}^2}}^{-1} - \boldsymbol{I}),$$

$$\nabla_{yy}^2 \psi_{\mathrm{FB}}(\boldsymbol{x},\boldsymbol{y}) = \boldsymbol{I} - \nabla_y (\boldsymbol{L}_y \boldsymbol{L}_{\sqrt{\boldsymbol{x}^2+\boldsymbol{y}^2}}^{-1}(\boldsymbol{x}+\boldsymbol{y})) - (\boldsymbol{L}_y \boldsymbol{L}_{\sqrt{\boldsymbol{x}^2+\boldsymbol{y}^2}}^{-1} - \boldsymbol{I}).$$

(i) $\nabla \psi_{\mathrm{FB}}(\boldsymbol{x},\boldsymbol{y})$ 是全局利普希茨连续的，即存在一个常数 C，使得对所有的 $(\boldsymbol{x},\boldsymbol{y})$，$(\boldsymbol{a},\boldsymbol{b}) \in \mathbf{R}^n \times \mathbf{R}^n$，有

$$\|\nabla_x \psi_{\mathrm{FB}}(\boldsymbol{x},\boldsymbol{y}) - \nabla_x \psi_{\mathrm{FB}}(\boldsymbol{a},\boldsymbol{b})\| \leqslant C\|(\boldsymbol{x},\boldsymbol{y}) - (\boldsymbol{a},\boldsymbol{b})\|,$$

$$\|\nabla_y \psi_{\mathrm{FB}}(\boldsymbol{x},\boldsymbol{y}) - \nabla_y \psi_{\mathrm{FB}}(\boldsymbol{a},\boldsymbol{b})\| \leqslant C\|(\boldsymbol{x},\boldsymbol{y}) - (\boldsymbol{a},\boldsymbol{b})\|,$$

并且 $\nabla \psi_{\mathrm{FB}}(\boldsymbol{x},\boldsymbol{y})$ 是半光滑的.

证明　性质(a) 可由文献[55] 得到. 性质 (b) ~ (c) 的证明是由文献 [173] 中的 Corollary 3.3 给出的；性质 (d) ~ (f) 的推导可详看文献 [57]；性质 (g) ~ (i) 的证明可详读文献 [174].

2. 一类单参数二阶锥互补函数及其价值函数

一类带有一个参数的二阶锥互补函数

$$\boldsymbol{\phi}_\tau(\boldsymbol{x},\boldsymbol{y}) = \sqrt{\boldsymbol{x}^2 + \boldsymbol{y}^2 + (\tau - 2)(\boldsymbol{x} \circ \boldsymbol{y})} - \boldsymbol{x} - \boldsymbol{y},$$

其中，$\tau \in (0,4)$ 是一个任意但固定的参数，该函数是由 Kanzow 和 Kleinmichel 提出并用来求解非线性互补问题的[19]，后来 Chen 和 Pan 把它推广到了二阶锥中来[71]. 函数 $\boldsymbol{\phi}_\tau(\boldsymbol{x},\boldsymbol{y})$ 的价值函数为

$$\psi_\tau(\boldsymbol{x},\boldsymbol{y}) := \frac{1}{2}\|\boldsymbol{\phi}_\tau(\boldsymbol{x},\boldsymbol{y})\|^2.$$

显然，当 $\tau = 2$ 时，$\psi_\tau(\boldsymbol{x},\boldsymbol{y})$ 就是 FB 价值函数 $\psi_{\mathrm{FB}}(\boldsymbol{x},\boldsymbol{y})$. 下面的引理总结了向量值函数 $\boldsymbol{\phi}_\tau(\boldsymbol{x},\boldsymbol{y})$ 及其价值函数 $\psi_\tau(\boldsymbol{x},\boldsymbol{y})$ 的性质.

引理 1.6.2.8　对任意固定的 $\tau \in (0,4)$，以及所有的 $\boldsymbol{x},\boldsymbol{y} \in \mathbf{R}^n$，下列结论成立.

(a) $\psi_\tau(\boldsymbol{x},\boldsymbol{y}) = 0 \Leftrightarrow \boldsymbol{\phi}_\tau(\boldsymbol{x},\boldsymbol{y}) = 0 \Leftrightarrow \boldsymbol{x} \in K^n, \boldsymbol{y} \in K^n, \boldsymbol{x} \circ \boldsymbol{y} = 0$.

(b) 函数 $\psi_\tau(\boldsymbol{x},\boldsymbol{y})$ 处处连续可微，且$\nabla_x\psi_\tau(\boldsymbol{0},\boldsymbol{0})=\nabla_y\psi_\tau(\boldsymbol{0},\boldsymbol{0})=0$.令

$$\boldsymbol{w}=(\boldsymbol{x}-\boldsymbol{y})^2+\tau(\boldsymbol{x}\circ\boldsymbol{y}),$$

当 $\boldsymbol{w}\in\mathrm{int}(K^n)$ 时，有

$$\nabla_x\psi_\tau(\boldsymbol{x},\boldsymbol{y})=(\boldsymbol{I}-\boldsymbol{L}_{\boldsymbol{x}+\frac{\tau-2}{2}\boldsymbol{y}}\boldsymbol{L}_{\sqrt{\boldsymbol{w}}}^{-1})\,\phi_\tau(\boldsymbol{x},\boldsymbol{y}),$$

$$\nabla_y\psi_\tau(\boldsymbol{x},\boldsymbol{y})=(\boldsymbol{I}-\boldsymbol{L}_{\boldsymbol{y}+\frac{\tau-2}{2}\boldsymbol{x}}\boldsymbol{L}_{\sqrt{\boldsymbol{w}}}^{-1})\,\phi_\tau(\boldsymbol{x},\boldsymbol{y});$$

当 $\boldsymbol{w}\in\mathrm{bd}(K^n)$ 且$(\boldsymbol{x},\boldsymbol{y})\neq(\boldsymbol{0},\boldsymbol{0})$ 时，有

$$\nabla_x\psi_\tau(\boldsymbol{x},\boldsymbol{y})=\left[1-\frac{x_1+\dfrac{\tau-2}{2}y_1}{\sqrt{x_1^2+y_1^2+(\tau-2)x_1y_1}}\right]\phi_\tau(\boldsymbol{x},\boldsymbol{y}),$$

$$\nabla_y\psi_\tau(\boldsymbol{x},\boldsymbol{y})=\left[1-\frac{y_1+\dfrac{\tau-2}{2}x_1}{\sqrt{x_1^2+y_1^2+(\tau-2)x_1y_1}}\right]\phi_\tau(\boldsymbol{x},\boldsymbol{y}),$$

其中，$\mathrm{bd}(K^n)$ 表示 K^n 的边界.

(c) $\langle\boldsymbol{x},\nabla_x\psi_\tau(\boldsymbol{x},\boldsymbol{y})\rangle+\langle\boldsymbol{y},\nabla_y\psi_\tau(\boldsymbol{x},\boldsymbol{y})\rangle=2\psi_\tau(\boldsymbol{x},\boldsymbol{y})$.

(d) $\langle\nabla_x\psi_\tau(\boldsymbol{x},\boldsymbol{y}),\nabla_y\psi_\tau(\boldsymbol{x},\boldsymbol{y})\rangle\geqslant 0$，当且仅当 $\psi_\tau(\boldsymbol{x},\boldsymbol{y})=0$ 时等号成立.

(e) 梯度函数$\nabla\psi_\tau(\boldsymbol{x},\boldsymbol{y})$ 是全局利普希茨连续的.

(f) $\psi_\tau(\boldsymbol{x},\boldsymbol{y})=0\Leftrightarrow\nabla_x\psi_\tau(\boldsymbol{x},\boldsymbol{y})=0\Leftrightarrow\nabla_y\psi_\tau(\boldsymbol{x},\boldsymbol{y})=0$.

(g) 存在不依赖于 $\boldsymbol{x},\boldsymbol{y}$ 的常数 $c_1>0,c_2>0$，使得

$$c_1\|\phi_{\mathrm{NR}}(\boldsymbol{x},\boldsymbol{y})\|\leqslant\|\phi_\tau(\boldsymbol{x},\boldsymbol{y})\|\leqslant c_2\|\phi_{\mathrm{NR}}(\boldsymbol{x},\boldsymbol{y})\|,$$

其中，$\phi_{\mathrm{NR}}(\boldsymbol{x},\boldsymbol{y})=\boldsymbol{x}-[\boldsymbol{x}-\boldsymbol{y}]_+$ 是自然残差函数.

证明　性质 (a) ~ (d) 的证明可参看文献[71]；文献[175] 中的定理3.1 给出了性质 (e) 的证明；性质 (f) 可由性质 (a)、(b)、(d) 推导出来；性质 (g) 的证明可参看文献[176].

3. 自然残差函数及光滑化函数

根据若当代数理论，自然残差函数 ϕ_{NR} 可以表示为

$$\phi_{\mathrm{NR}}(\boldsymbol{x},\boldsymbol{y})=\boldsymbol{x}-[\boldsymbol{x}-\boldsymbol{y}]_+=\boldsymbol{x}-([\lambda_1]_+\boldsymbol{u}^{(1)}+[\lambda_2]_+\boldsymbol{u}^{(2)}),$$

其中，对 $i=1,2$，

$$\lambda_i=x_1-y_1+(-1)^i\|\boldsymbol{x}_2-\boldsymbol{y}_2\|,$$

$$\boldsymbol{u}^{(i)}=\begin{cases}\dfrac{1}{2}\left(1,(-1)^i\dfrac{\boldsymbol{x}_2-\boldsymbol{y}_2}{\|\boldsymbol{x}_2-\boldsymbol{y}_2\|}\right), & \boldsymbol{x}_2\neq\boldsymbol{y}_2;\\[2ex] \dfrac{1}{2}(1,(-1)^i\boldsymbol{w}), & \boldsymbol{x}_2=\boldsymbol{y}_2.\end{cases}$$

自然残差函数 $\phi_{NR}(\boldsymbol{x},\boldsymbol{y})$ 及其范数平方都是不可微的，但具有强半光滑性[58]. 为了利用互补函数来求解互补问题，通常将不可微的互补函数进行光滑化.

设 $\hat{g}:\mathbf{R}\to\mathbf{R}_+$ 是一个任意的连续可微的凸函数，满足条件

$$\lim_{t\to-\infty}\hat{g}(t)=0,\ \lim_{t\to+\infty}(\hat{g}(t)-t)=0,$$

且对所有的 $t\in\mathbf{R}$ 有 $\hat{g}'(t)\in(0,1)$. 对任意的 $\boldsymbol{x}=(x_1,\boldsymbol{x}_2)\in\mathbf{R}\times\mathbf{R}^{n-1}$，定义

$$g(\boldsymbol{x})=\hat{g}(\lambda_1)\boldsymbol{u}_1+\hat{g}(\lambda_2)\boldsymbol{u}_2,$$

其中，λ_1,λ_2 和 $\boldsymbol{u}_1,\boldsymbol{u}_2$ 分别称为 $\boldsymbol{x}$ 的谱值和相应的谱向量. 下面给出函数 $g(\boldsymbol{x})$ 的性质.

引理 1.6.2.9[177]　令 J 表示函数 $\hat{g}$ 的值域，令 S 表示函数 g 的值域. 如果 $\hat{g}$ 在 $\mathrm{int}(J)$ 内是可微的，则 g 在 $\mathrm{int}(S)$ 内也是可微的，并且对任意的 $\boldsymbol{x}=(\boldsymbol{x}_1,\boldsymbol{x}_2)\in\mathrm{int}(S)$，

$$\nabla g(\boldsymbol{x})=\begin{cases}\hat{g}'(\boldsymbol{x}_1)\boldsymbol{I}, & \boldsymbol{x}_2=0,\\ \begin{bmatrix} b(\boldsymbol{x}) & c(\boldsymbol{x})\dfrac{\boldsymbol{x}_2^{\mathrm{T}}}{\|\boldsymbol{x}_2\|}\\ c(\boldsymbol{x})\dfrac{\boldsymbol{x}_2}{\|\boldsymbol{x}_2\|} & a(\boldsymbol{x})\boldsymbol{I}+(b(\boldsymbol{x})-a(\boldsymbol{x}))\dfrac{\boldsymbol{x}_2\boldsymbol{x}_2^{\mathrm{T}}}{\|\boldsymbol{x}_2\|^2}\end{bmatrix}, & \boldsymbol{x}_2\neq 0,\end{cases}$$

其中，

$$a(\boldsymbol{x})=\frac{\hat{g}(\lambda_2)-\hat{g}(\lambda_1)}{\lambda_2-\lambda_1},\ b(\boldsymbol{x})=\frac{\hat{g}'(\lambda_2)+\hat{g}'(\lambda_1)}{2},\ c(\boldsymbol{x})=\frac{\hat{g}'(\lambda_2)-\hat{g}'(\lambda_1)}{2}.$$

若在 $\boldsymbol{x}\in\mathrm{int}(S)$ 处 ∇g 是可逆的，令 $d(\boldsymbol{x})=b^2(\boldsymbol{x})-c^2(\boldsymbol{x})$，则有

$$(\nabla g(\boldsymbol{x}))^{-1}=\begin{cases}(\hat{g}'(\boldsymbol{x}_1))^{-1}\boldsymbol{I}, & \boldsymbol{x}_2=0,\\ \begin{bmatrix} \dfrac{b(\boldsymbol{x})}{d(\boldsymbol{x})} & -\dfrac{c(\boldsymbol{x})}{d(\boldsymbol{x})}\dfrac{\boldsymbol{x}_2^{\mathrm{T}}}{\|\boldsymbol{x}_2\|}\\ -\dfrac{c(\boldsymbol{x})}{d(\boldsymbol{x})}\dfrac{\boldsymbol{x}_2}{\|\boldsymbol{x}_2\|} & \dfrac{1}{a(\boldsymbol{x})}\boldsymbol{I}+\left(\dfrac{b(\boldsymbol{x})}{d(\boldsymbol{x})}-\dfrac{1}{a(\boldsymbol{x})}\right)\dfrac{\boldsymbol{x}_2\boldsymbol{x}_2^{\mathrm{T}}}{\|\boldsymbol{x}_2\|^2}\end{bmatrix}, & \boldsymbol{x}_2\neq 0.\end{cases}$$

二阶锥中自然残差函数 $\phi_{NR}(\boldsymbol{x},\boldsymbol{y})$ 及 CM 类光滑函数[55] 为

$$\phi_{CM}(\boldsymbol{x},\boldsymbol{y},\varepsilon):=\boldsymbol{x}-\varepsilon g\left(\frac{\boldsymbol{x}-\boldsymbol{y}}{\varepsilon}\right),\ \forall\boldsymbol{x},\boldsymbol{y}\in\mathbf{R}^n,\varepsilon>0,$$

该函数是互补问题中的互补函数 CM 类光滑函数[178] 在二阶锥互补问题中的一个自然推广. CM 类光滑函数中比较著名的两个光滑函数分别是 CHKS 光滑函数[179]、对数指数光滑函数[178]，其中的函数 $\hat{g}:\mathbf{R}\to\mathbf{R}_+$ 分别为

$$\hat{g}(t)=\frac{\sqrt{t^2+4}+t}{2},\ \hat{g}(t)=\ln(\exp(t)+1).$$

自然残差函数 $\phi_{\mathrm{NR}}(\boldsymbol{x},\boldsymbol{y})$ 的另一个比较受欢迎的光滑函数是平方光滑函数：

$$\phi_{\mathrm{SQ}}(\boldsymbol{x},\boldsymbol{y},\varepsilon):=\frac{1}{2}\left[\boldsymbol{x}+\boldsymbol{y}-\sqrt{(\boldsymbol{x}-\boldsymbol{y})^2+4\varepsilon^2\boldsymbol{e}}\right],\ \forall\boldsymbol{x},\boldsymbol{y}\in\mathbf{R}^n,\varepsilon>0.$$

该函数在文献[56]中被用来构造了一个光滑牛顿法.

二阶锥中 FB 函数 $\phi_{\mathrm{FB}}(\boldsymbol{x},\boldsymbol{y})$ 的一个光滑函数为

$$\phi_{\mathrm{FB}}(\boldsymbol{x},\boldsymbol{y},\varepsilon):=\boldsymbol{x}+\boldsymbol{y}-\sqrt{\boldsymbol{x}^2+\boldsymbol{y}^2+2\varepsilon^2\boldsymbol{e}},\ \forall\boldsymbol{x},\boldsymbol{y}\in\mathbf{R}^n,\varepsilon>0.$$

下面的引理总结了上面给出的三个光滑函数的性质. 为了表述方便，对任意的 $\boldsymbol{x}\in\mathbf{R}^n$，用 $\boldsymbol{x}\succeq_{K^n}0$ 表示 $\boldsymbol{x}\in K^n$，$\boldsymbol{x}\succ_{K^n}0$ 表示 $\boldsymbol{x}\in\mathrm{int}(K^n)$.

引理 1.6.2.10 令 φ 表示上面三个光滑函数 $\varphi_{\mathrm{CM}}(\boldsymbol{x},\boldsymbol{y}),\varphi_{\mathrm{SQ}}(\boldsymbol{x},\boldsymbol{y}),\varphi_{\mathrm{FB}}(\boldsymbol{x},\boldsymbol{y})$ 中的任意一个，则下列性质成立：

(a) φ 是正齐次的，即 $\varphi(t\boldsymbol{x},t\boldsymbol{y},t\varepsilon)=t\varphi(\boldsymbol{x},\boldsymbol{y},\varepsilon),\ \forall\boldsymbol{x},\boldsymbol{y}\in\mathbf{R}^n,\varepsilon,t>0.$

(b) 对任意的 $\boldsymbol{x},\boldsymbol{y}\in\mathbf{R}^n,\varepsilon_2>\varepsilon_1>0$，有

$$\kappa(\varepsilon_2-\varepsilon_1)\boldsymbol{e}\succeq_{K^n}\varphi(\boldsymbol{x},\boldsymbol{y},\varepsilon_2)-\varphi(\boldsymbol{x},\boldsymbol{y},\varepsilon_1)\succ_{K^n}0,$$

$$\kappa\varepsilon_1\boldsymbol{e}\succeq_{K^n}\varphi(\boldsymbol{x},\boldsymbol{y},0)-\varphi(\boldsymbol{x},\boldsymbol{y},\varepsilon_1)\succ_{K^n}0,$$

其中，$\varphi(\boldsymbol{x},\boldsymbol{y},0)=\lim\limits_{\varepsilon\downarrow 0}\varphi(\boldsymbol{x},\boldsymbol{y},\varepsilon)$；当 $\varphi=\varphi_{\mathrm{CM}}$ 时 $\kappa=g(0)$，其他情况时 $\kappa=\sqrt{2}$.

(c) φ 在空间 $\mathbf{R}^n\times\mathbf{R}^n\times\mathbf{R}_{++}$ 上是处处连续可微的，而且有

$$\varphi'_{\mathrm{CM}}(\boldsymbol{x},\boldsymbol{y},\varepsilon)=\left[\boldsymbol{I}-\nabla g(z)\quad \nabla g(z)\quad \nabla g(z)^{\mathrm{T}}z-g(z)\right],\ z=\frac{\boldsymbol{x}-\boldsymbol{y}}{\varepsilon};$$

$$\varphi'_{\mathrm{SQ}}(\boldsymbol{x},\boldsymbol{y},\varepsilon)=\frac{1}{2}\left[\boldsymbol{I}-\boldsymbol{L}_z^{-1}\boldsymbol{L}_{\boldsymbol{x}-\boldsymbol{y}}\quad \boldsymbol{I}+\boldsymbol{L}_z^{-1}\boldsymbol{L}_{\boldsymbol{x}-\boldsymbol{y}}\quad -4\varepsilon\boldsymbol{L}_z^{-1}\boldsymbol{e}\right],\ z=\sqrt{(\boldsymbol{x}-\boldsymbol{y})^2+4\varepsilon^2\boldsymbol{e}};$$

$$\varphi'_{\mathrm{FB}}(\boldsymbol{x},\boldsymbol{y},\varepsilon)=\left[\boldsymbol{I}-\boldsymbol{L}_z^{-1}\boldsymbol{L}_x\quad \boldsymbol{I}-\boldsymbol{L}_z^{-1}\boldsymbol{L}_y\quad -2\varepsilon\boldsymbol{L}_z^{-1}\boldsymbol{e}\right],\ z=\sqrt{\boldsymbol{x}^2+\boldsymbol{y}^2+2\varepsilon^2\boldsymbol{e}}.$$

(d) φ 的偏导 φ'_x,φ'_y 在空间 $\mathbf{R}^n\times\mathbf{R}^n\times\mathbf{R}_{++}$ 上是非奇异的.

(e) 矩阵 $(\varphi'_x)^{-1}\varphi'_y$ 和 $(\varphi'_y)^{-1}\varphi'_x$ 在空间 $\mathbf{R}^n\times\mathbf{R}^n\times\mathbf{R}_{++}$ 上是正定的.

证明 由 φ 的定义可直接推出性质 (a). 当 $\varphi=\varphi_{\mathrm{CM}},\varphi_{\mathrm{FB}}$ 时，可由文献[55]中的命题 5.1 得到性质(b)；利用类似的方法可证出当 $\varphi=\varphi_{\mathrm{SQ}}$ 时性质(b) 也成立. 性质(c) 可由文献[180]中的命题2推得. 当 $\varphi=\varphi_{\mathrm{CM}}$ 时，可由文献[55]中的命题6.1得到性质(d)；当 $\varphi=\varphi_{\mathrm{SQ}},\varphi_{\mathrm{FB}}$ 时，性质(d) 可由 φ'_x,φ'_y 的表达式得到. 当 $\varphi=\varphi_{\mathrm{CM}},\varphi_{\mathrm{FB}}$ 时，可分别由文献[55]中的命题6.1和6.2得到性质(e)；当 $\varphi=\varphi_{\mathrm{SQ}}$ 时，由于 $z^2\succ_{K^n}(\boldsymbol{x}-\boldsymbol{y})^2,z\succ_{K^n}0$，由文献[55]中的命题3.4可得 $\boldsymbol{L}_z^2-\boldsymbol{L}_{\boldsymbol{x}-\boldsymbol{y}}^2$ 是正定的，又因为 $\boldsymbol{L}_z^2-\boldsymbol{L}_{\boldsymbol{x}-\boldsymbol{y}}^2=(\boldsymbol{L}_z-\boldsymbol{L}_{\boldsymbol{x}-\boldsymbol{y}})(\boldsymbol{L}_z+\boldsymbol{L}_{\boldsymbol{x}-\boldsymbol{y}})+(\boldsymbol{L}_z+\boldsymbol{L}_{\boldsymbol{x}-\boldsymbol{y}})(\boldsymbol{L}_z-\boldsymbol{L}_{x-}\boldsymbol{y})$，由此可得性质(e).

利用上面给出的函数 $\varphi=\varphi_{\mathrm{CM}},\varphi_{\mathrm{FB}},\varphi_{\mathrm{SQ}}$，定义函数 $\theta:\mathbf{R}^n\times\mathbf{R}^n\times\mathbf{R}\to\mathbf{R}^n$，

$$\theta(\boldsymbol{x},\boldsymbol{y},\varepsilon):=\begin{cases}\varphi(\boldsymbol{x},\boldsymbol{y}\,|\,\varepsilon\,|),\varepsilon\neq 0,\\ \phi(\boldsymbol{x},\boldsymbol{y}), \quad \varepsilon=0.\end{cases}$$

下面的引理总结了函数 θ 的非常好的性质[171].

引理 1.6.2.11　令 φ 表示上面三个光滑函数 $\varphi_{\mathrm{CM}}(\boldsymbol{x},\boldsymbol{y}),\varphi_{\mathrm{SQ}}(\boldsymbol{x},\boldsymbol{y}),\varphi_{\mathrm{FB}}(\boldsymbol{x},\boldsymbol{y})$ 中的任意一个，则下列性质成立：

(a) 当 $\varepsilon\neq 0$ 时，θ 在任意的 $(\boldsymbol{x},\boldsymbol{y},\varepsilon)$ 处是连续可微的，并且有

$$\|\theta'(\boldsymbol{x},\boldsymbol{y},\varepsilon)\|\leqslant C,$$

其中，$C>0$ 是一个与 $\boldsymbol{x},\boldsymbol{y},C$ 均无关的常数.

(b) θ 是全局利普希茨连续的并且处处方向可微.

(c) θ 是强半光滑的.

证明　(a) 第一部分可由引理 1.6.2.9 (c) 得出. 对于第二部分，当 $\varphi=\varphi_{\mathrm{CM}}$ 时，根据函数 $\hat{g}$ 的性质以及引理 1.6.2.9 中 ∇g 的表达式，很容易可证得 θ' 的有界性.

(b) 利用(a) 的结论和引理 1.6.2.10 (b)，以及函数 ϕ_{NR} 和 ϕ_{FB} 都是全局利普希茨连续并且处处方向可导，可得出结论.

(c) 设 $\hat{g}(t)=\dfrac{\sqrt{t^2+4}+t}{2},\hat{g}(t)=\ln(\exp(t)+1)$，当 $\varphi=\varphi_{\mathrm{CM}}$ 时，令 $h:\mathbf{R}^2\to\mathbf{R}$，分别设

$$h(t,\varepsilon):=\frac{\sqrt{t^2+4\varepsilon^2}+t}{2},h(t,\varepsilon):=\varepsilon\ln(1+\exp(-t/\varepsilon)),\forall t,\varepsilon\in\mathbf{R},$$

不难得出，对任意的 $\boldsymbol{x},\boldsymbol{y}\in\mathbf{R}^n,\varepsilon\in\mathbf{R}$，有

$$\theta(\boldsymbol{x},\boldsymbol{y},\varepsilon)=\boldsymbol{x}-[h(\lambda_1(\boldsymbol{z}),\varepsilon)\boldsymbol{u}_z^{(1)}+h(\lambda_2(\boldsymbol{z}),\varepsilon)\boldsymbol{u}_z^{(2)}],$$

其中，$\lambda_1(\boldsymbol{z})\boldsymbol{u}_z^{(1)}+\lambda_2(\boldsymbol{z})\boldsymbol{u}_z^{(2)}$ 是 $\boldsymbol{z}=\boldsymbol{x}-\boldsymbol{y}$ 的谱分解. 根据文献[181] 中的命题1和命题2，函数 h 是强半光滑的，因此，由文献[180] 中的命题7可知在 $\mathbf{R}^n\times\mathbf{R}^n\times\mathbf{R}$ 上函数 θ 是处处强半光滑的. 当 $\varphi=\varphi_{\mathrm{SQ}},\varphi_{\mathrm{FB}}$ 时，可分别由文献[56] 中的定理4.2 和文献[173] 中的定理3.2 得到结论.

4. 向量值隐拉格朗日函数及其价值函数

向量值隐拉格朗日函数

$$\phi_{\mathrm{MS}}(\boldsymbol{x},\boldsymbol{y})=\boldsymbol{x}\circ\boldsymbol{y}+\frac{1}{2\alpha}[(\boldsymbol{x}-\alpha\boldsymbol{y})_+^2-\boldsymbol{x}^2+(\boldsymbol{y}-\alpha\boldsymbol{x})_+^2-\boldsymbol{y}^2],\forall\boldsymbol{x},\boldsymbol{y}\in\mathbf{R}^n,\alpha>1,$$

它是一个二阶锥互补函数. 由它的迹构成的价值函数 $\psi_{\mathrm{MS}}:\mathbf{R}^n\times\mathbf{R}^n\to\mathbf{R}_+$ 为

$$\begin{aligned}\psi_{\mathrm{MS}}(\boldsymbol{x},\boldsymbol{y}):&=\max_{\boldsymbol{u},\boldsymbol{v}\in K^n}\left\{\langle\boldsymbol{x},\boldsymbol{y}-\boldsymbol{v}\rangle-\langle\boldsymbol{y},\boldsymbol{u}\rangle-\frac{1}{2\alpha}(\|\boldsymbol{x}-\boldsymbol{u}\|^2+\|\boldsymbol{y}-\boldsymbol{v}\|^2)\right\}\\&=\langle\boldsymbol{x},\boldsymbol{y}\rangle+\frac{1}{2\alpha}[\|(\boldsymbol{x}-\alpha y)_+\|^2-\|\boldsymbol{x}\|^2+\|(\boldsymbol{y}-\alpha x)_+\|^2-\|\boldsymbol{y}\|^2],\end{aligned}$$

其中，$\alpha>1$.

该函数最早是由 Mangasarian 和 Solodov 提出用来求解非线性互补问题的[182]. 接着 Tseng 把它推广到半定互补问题中[67]，随后 Kong 等又把该函数推广到了对称锥互补问题[183]. 函数 ϕ_{MS} 和 ψ_{MS} 具有下列性质.

引理 1.6.2.12 对任意固定的 $\alpha>1$ 和任意的 $\boldsymbol{x},\boldsymbol{y}\in\mathbf{R}^n$，有

(a) $\psi_{\mathrm{MS}}(\boldsymbol{x},\boldsymbol{y})=0\Leftrightarrow\boldsymbol{x}\in K^n,\boldsymbol{y}\in K^n,\langle\boldsymbol{x},\boldsymbol{y}\rangle=0\Leftrightarrow\phi_{\mathrm{MS}}(\boldsymbol{x},\boldsymbol{y})=0$.

(b) ϕ_{MS} 是处处连续可微的，并且具有强半光滑的 Jacobian：

$$\phi'_{\mathrm{MS}}(\boldsymbol{x},\boldsymbol{y})=(\nabla_{\boldsymbol{x}}^{\mathrm{T}}\phi_{\mathrm{MS}}(\boldsymbol{x},\boldsymbol{y}),\nabla_{\boldsymbol{y}}^{\mathrm{T}}\phi_{\mathrm{MS}}(\boldsymbol{x},\boldsymbol{y})),$$

其中，

$$\begin{aligned}\nabla_{\boldsymbol{x}}^{\mathrm{T}}\phi_{\mathrm{MS}}(\boldsymbol{x},\boldsymbol{y})\boldsymbol{e}&=\left\{\boldsymbol{L}(\boldsymbol{y})+\frac{1}{\alpha}[\boldsymbol{L}((\boldsymbol{x}-\alpha\boldsymbol{y})_+)-\boldsymbol{L}(\boldsymbol{x})]-\boldsymbol{L}((\boldsymbol{y}-\alpha\boldsymbol{x})_+)\right\}\boldsymbol{e}\\&=\boldsymbol{y}+\frac{1}{\alpha}[(\boldsymbol{x}-\alpha\boldsymbol{y})_+-\boldsymbol{x}]-(\boldsymbol{y}-\alpha\boldsymbol{x})_+,\\\nabla_{\boldsymbol{y}}^{\mathrm{T}}\phi_{\mathrm{MS}}(\boldsymbol{x},\boldsymbol{y})\boldsymbol{e}&=\left\{\boldsymbol{L}(\boldsymbol{x})+\frac{1}{\alpha}[\boldsymbol{L}((\boldsymbol{y}-\alpha\boldsymbol{x})_+)-\boldsymbol{L}(\boldsymbol{y})]-\boldsymbol{L}((\boldsymbol{x}-\alpha\boldsymbol{y})_+)\right\}\boldsymbol{e}\\&=\boldsymbol{y}+\frac{1}{\alpha}[(\boldsymbol{y}-\alpha\boldsymbol{x})_+-\boldsymbol{y}]-(\boldsymbol{x}-\alpha\boldsymbol{y})_+.\end{aligned}$$

(c) ψ_{MS} 是处处连续可微的，并且有

$$\nabla_{\boldsymbol{x}}\psi_{\mathrm{MS}}(\boldsymbol{x},\boldsymbol{y})=\boldsymbol{y}+\frac{1}{\alpha}((\boldsymbol{x}-\alpha\boldsymbol{y})_+-\boldsymbol{x})-(\boldsymbol{y}-\alpha\boldsymbol{x})_+,$$

$$\nabla_{\boldsymbol{y}}\psi_{\mathrm{MS}}(\boldsymbol{x},\boldsymbol{y})=\boldsymbol{x}+\frac{1}{\alpha}((\boldsymbol{y}-\alpha\boldsymbol{x})_+-\boldsymbol{y})-(\boldsymbol{x}-\alpha\boldsymbol{y})_+.$$

(d) 梯度 $\nabla\psi_{\mathrm{MS}}$ 是全局利普希茨连续的.

(e) $\langle\boldsymbol{x},\nabla_{\boldsymbol{x}}\psi_{\mathrm{MS}}(\boldsymbol{x},\boldsymbol{y})\rangle+\langle\boldsymbol{y},\nabla_{\boldsymbol{y}}\psi_{\mathrm{MS}}(\boldsymbol{x},\boldsymbol{y})\rangle=2\psi_{\mathrm{MS}}(\boldsymbol{x},\boldsymbol{y})$.

(f) $\langle\nabla_{\boldsymbol{x}}\psi_{\mathrm{MS}}(\boldsymbol{x},\boldsymbol{y}),\nabla_{\boldsymbol{y}}\psi_{\mathrm{MS}}(\boldsymbol{x},\boldsymbol{y})\rangle\geqslant 0$.

(g) $\langle\nabla_{\boldsymbol{x}}\psi_{\mathrm{MS}}(\boldsymbol{x},\boldsymbol{y}),\nabla_{\boldsymbol{y}}\psi_{\mathrm{MS}}(\boldsymbol{x},\boldsymbol{y})\rangle=0\Leftrightarrow\nabla\psi_{\mathrm{MS}}(\boldsymbol{x},\boldsymbol{y})\circ\nabla_{\boldsymbol{y}}\psi_{\mathrm{MS}}(\boldsymbol{x},\boldsymbol{y})=0$,

其中，

$$\nabla\psi_{\mathrm{MS}}(\boldsymbol{x},\boldsymbol{y}):=\begin{pmatrix}\nabla_{\boldsymbol{x}}\psi_{\mathrm{MS}}(\boldsymbol{x},\boldsymbol{y})\\\nabla_{\boldsymbol{y}}\psi_{\mathrm{MS}}(\boldsymbol{x},\boldsymbol{y})\end{pmatrix}.$$

(h) $\nabla_{\boldsymbol{x}}\psi_{\mathrm{MS}}(\boldsymbol{0},\boldsymbol{y})=0$.

(i) $\psi_{\mathrm{MS}}(\boldsymbol{x},\boldsymbol{y})=0$ 当且仅当 $\nabla_{\boldsymbol{x}}\psi_{\mathrm{MS}}(\boldsymbol{x},\boldsymbol{y})=0$，$\nabla_{\boldsymbol{y}}\psi_{\mathrm{MS}}(\boldsymbol{x},\boldsymbol{y})=0$.

(j) $(\alpha-1)\|\phi_{\mathrm{NR}}(\boldsymbol{x},\boldsymbol{y})\|^2\geqslant\psi_{\mathrm{MS}}(\boldsymbol{x},\boldsymbol{y})\geqslant(1-\alpha^{-1})\|\phi_{\mathrm{NR}}(\boldsymbol{x},\boldsymbol{y})\|^2$.

(k) $\alpha^{-1}(\alpha-1)^2\psi_{\mathrm{MS}}(\boldsymbol{x},\boldsymbol{y})\leqslant\|\nabla_{\boldsymbol{x}}\psi_{\mathrm{MS}}(\boldsymbol{x},\boldsymbol{y})+\nabla_{\boldsymbol{y}}\psi_{\mathrm{MS}}(\boldsymbol{x},\boldsymbol{y})\|^2\leqslant 2\alpha(\alpha-1)\psi_{\mathrm{MS}}(\boldsymbol{x},\boldsymbol{y})$.

证明　性质 (a) ~ (c)、(f) ~ (i) 的证明可详看文献[183]; 性质(d) ~ (e) 可由ψ_{MS}和$\nabla\psi_{\mathrm{MS}}$的表达式直接得到; 令文献[184] 中命题 2.2 中的 $\boldsymbol{\pi} = -\psi_{\mathrm{MS}}$ 可得性质 (j); 由文献[185] 中的定理 4.2 和性质(c)、(j) 可推得性质(k).

5. LT 价值函数

LT 价值函数是由 Luo 和 Tseng[66] 提出用来求解非线性互补问题的, 随后又被推广到半定互补问题[67] 中来. 在二阶锥中, LT 价值函数可以定义为

$$\psi_{\mathrm{LT}}(\boldsymbol{x},\boldsymbol{y}) := \psi_0(\langle \boldsymbol{x},\boldsymbol{y}\rangle) + \hat{\psi}(\boldsymbol{x},\boldsymbol{y}), \boldsymbol{x},\boldsymbol{y} \in \mathbf{R}^n, \tag{1.1}$$

其中, $\psi_0:\mathbf{R} \to \mathbf{R}_+$ 是一个任意的光滑函数, 且满足条件

$$\psi_0(0) = 0, \psi_0'(t) = 0(\forall t \leqslant 0), \psi_0'(t) > 0(\forall t > 0), \tag{1.2}$$

$\hat{\psi}:\mathbf{R}^n \times \mathbf{R}^n \to \mathbf{R}_+$ 是一个任意的光滑函数, 且满足条件

$$\hat{\psi}(\boldsymbol{x},\boldsymbol{y}) = 0, \langle \boldsymbol{x},\boldsymbol{y}\rangle \leqslant 0 \Leftrightarrow \boldsymbol{x} \in K^n, \boldsymbol{y} \in K^n, \langle \boldsymbol{x},\boldsymbol{y}\rangle = 0. \tag{1.3}$$

满足条件 (1.2) 的函数有很多, 如多项式函数 $q^{-1}\max(0,t)^q (q \geqslant 2)$、指数函数 $\exp(\max(0,t)^2) - 1$、对数函数 $\ln(1+\max(0,t)^2)(q \geqslant 2)$. 函数$\hat{\psi}$也有多种选择、如函数$\psi_{\mathrm{MS}}, \psi_{\tau}$, 以及

$$\hat{\psi}_1(\boldsymbol{x},\boldsymbol{y}) := \frac{1}{2}(\|\boldsymbol{x}_-\|^2 + \|\boldsymbol{y}_-\|^2), \hat{\psi}_2(\boldsymbol{x},\boldsymbol{y}) := \frac{1}{2}\|(\phi_{\mathrm{FB}}(\boldsymbol{x},\boldsymbol{y}))_+\|^2.$$

函数$\psi_{\mathrm{LT}} = \psi_0 + \psi_{\mathrm{FB}}$与 Yamashita 和 Fukushima 在文献[186] 中研究的价值函数相似, 故可把该函数记作ψ_{YF}. 为了下面讨论方便, 记$\psi_{\mathrm{LT1}} = \psi_0 + \hat{\psi}_1, \psi_{\mathrm{LT2}} = \psi_0 + \hat{\psi}_2$.

引理 1.6.2.13　记ψ为$\psi_{\mathrm{YF}}, \psi_{\mathrm{LT1}}, \psi_{\mathrm{LT2}}$中的任意一个函数, 则对所有的$\boldsymbol{x},\boldsymbol{y} \in \mathbf{R}^n$, 有

(a) $\psi(\boldsymbol{x},\boldsymbol{y}) = 0 \Leftrightarrow \boldsymbol{x} \in K^n, \boldsymbol{y} \in K^n, \langle \boldsymbol{x},\boldsymbol{y}\rangle = 0$.

(b) ψ 是处处连续可微的, 且有

$$\nabla_{\boldsymbol{x}}\psi_{\mathrm{YF}}(\boldsymbol{x},\boldsymbol{y}) = \psi_0'(\langle \boldsymbol{x},\boldsymbol{y}\rangle)\boldsymbol{y} + \nabla_{\boldsymbol{x}}\psi_{\mathrm{FB}}(\boldsymbol{x},\boldsymbol{y}),$$
$$\nabla_{\boldsymbol{y}}\psi_{\mathrm{YF}}(\boldsymbol{x},\boldsymbol{y}) = \psi_0'(\langle \boldsymbol{x},\boldsymbol{y}\rangle)\boldsymbol{x} + \nabla_{\boldsymbol{y}}\psi_{\mathrm{FB}}(\boldsymbol{x},\boldsymbol{y}),$$

其中, $\nabla_{\boldsymbol{x}}\psi_{\mathrm{FB}}$ 和$\nabla_{\boldsymbol{y}}\psi_{\mathrm{FB}}$ 是由引理 1.6.2.7 的 (c) 给出的;

$$\nabla_{\boldsymbol{x}}\psi_{\mathrm{LT1}}(\boldsymbol{x},\boldsymbol{y}) = \psi_0'(\langle \boldsymbol{x},\boldsymbol{y}\rangle)\boldsymbol{y} + \boldsymbol{x}_-,$$
$$\nabla_{\boldsymbol{y}}\psi_{\mathrm{LT1}}(\boldsymbol{x},\boldsymbol{y}) = \psi_0'(\langle \boldsymbol{x},\boldsymbol{y}\rangle)\boldsymbol{x} + \boldsymbol{y}_-;$$

当$\psi = \psi_{\mathrm{LT2}}$时, $\nabla_{\boldsymbol{x}}\psi_{\mathrm{LT2}}(\boldsymbol{0},\boldsymbol{0}) = \nabla_{\boldsymbol{y}}\psi_{\mathrm{LT2}}(\boldsymbol{0},\boldsymbol{0}) = \boldsymbol{0}$, 且当$\boldsymbol{x}^2 + \boldsymbol{y}^2 \in \mathrm{int}(K^n)$时,

$$\nabla_{\boldsymbol{x}}\psi_{\mathrm{LT2}}(\boldsymbol{x},\boldsymbol{y}) = \psi_0'(\langle \boldsymbol{x},\boldsymbol{y}\rangle)\boldsymbol{y} + (\boldsymbol{I} - \boldsymbol{L}_{\boldsymbol{x}}\boldsymbol{L}^{-1}_{\sqrt{\boldsymbol{x}^2+\boldsymbol{y}^2}})\phi_{\mathrm{FB}}(\boldsymbol{x},\boldsymbol{y})_+,$$
$$\nabla_{\boldsymbol{y}}\psi_{\mathrm{LT2}}(\boldsymbol{x},\boldsymbol{y}) = \psi_0'(\langle \boldsymbol{x},\boldsymbol{y}\rangle)\boldsymbol{x} + (\boldsymbol{I} - \boldsymbol{L}_{\boldsymbol{y}}\boldsymbol{L}^{-1}_{\sqrt{\boldsymbol{x}^2+\boldsymbol{y}^2}})\phi_{\mathrm{FB}}(\boldsymbol{x},\boldsymbol{y})_+;$$

当$\boldsymbol{x}^2 + \boldsymbol{y}^2 \in \mathrm{bd}^+(K^n)$时,

$$\nabla_x \psi_{\mathrm{LT2}}(\boldsymbol{x},\boldsymbol{y}) = \psi_0'(\langle \boldsymbol{x},\boldsymbol{y}\rangle)\boldsymbol{y} + \left(1 - \frac{x_1}{\sqrt{x_1^2 + y_1^2}}\right)\phi_{\mathrm{FB}}(\boldsymbol{x},\boldsymbol{y})_+,$$

$$\nabla_y \psi_{\mathrm{LT2}}(\boldsymbol{x},\boldsymbol{y}) = \psi_0'(\langle \boldsymbol{x},\boldsymbol{y}\rangle)\boldsymbol{x} + \left(1 - \frac{y_1}{\sqrt{x_1^2 + y_1^2}}\right)\phi_{\mathrm{FB}}(\boldsymbol{x},\boldsymbol{y})_+.$$

(c) 梯度 $\nabla\psi$ 在 $\mathbf{R}^n \times \mathbf{R}^n$ 的任意有界集上是全局利普希茨连续的.

(d) $\langle \boldsymbol{x}, \nabla_x\psi(\boldsymbol{x},\boldsymbol{y})\rangle + \langle \boldsymbol{y}, \nabla_y\psi(\boldsymbol{x},\boldsymbol{y})\rangle \geqslant 2\psi_0'(\langle \boldsymbol{x},\boldsymbol{y}\rangle)\langle \boldsymbol{x},\boldsymbol{y}\rangle + 2\psi(\boldsymbol{x},\boldsymbol{y}) \geqslant 2\hat{\psi}(\boldsymbol{x},\boldsymbol{y})$.

(e) $\langle \nabla_x\psi(\boldsymbol{x},\boldsymbol{y}), \nabla_y\psi(\boldsymbol{x},\boldsymbol{y})\rangle \geqslant 0$, 且当 $\psi = \psi_{\mathrm{YF}}$ 和 $\psi = \psi_{\mathrm{LT2}}$ 时,

$$\langle \nabla_x\psi(\boldsymbol{x},\boldsymbol{y}), \nabla_y\psi(\boldsymbol{x},\boldsymbol{y})\rangle = 0 \Leftrightarrow \psi(\boldsymbol{x},\boldsymbol{y}) = 0.$$

(f) 当 $\psi = \psi_{\mathrm{YF}}$ 和 $\psi = \psi_{\mathrm{LT2}}$ 时, $\psi(\boldsymbol{x},\boldsymbol{y}) = 0 \Leftrightarrow \nabla_x\psi(\boldsymbol{x},\boldsymbol{y}) = 0 \Leftrightarrow \nabla_y\psi(\boldsymbol{x},\boldsymbol{y}) = 0$; 当 $\psi = \psi_{\mathrm{LT1}}$ 时,

$$\psi(\boldsymbol{x},\boldsymbol{y}) = 0 \Leftrightarrow \nabla_x\psi(\boldsymbol{x},\boldsymbol{y}) = 0,\ \nabla_y\psi(\boldsymbol{x},\boldsymbol{y}) = 0.$$

(g) 如果 ψ_0 在 $\mathbf{R}$ 上是凸函数且是不减的, 则 ψ_{LT1} 在 $\mathbf{R}^n \times \mathbf{R}^n$ 上是一个凸函数.

证明　当 $\psi = \psi_{\mathrm{YF}}$ 时, 根据 ψ_{YF} 的定义和引理1.6.2.7中的性质(a) ~ (b)、(e), 易证得性质(a) ~ (c); 根据性质(b) 和引理1.6.2.7中的性质(f) 以及式(1.2), 易证得性质(d) ~ (e). 当 $\psi = \psi_{\mathrm{LT1}}$ 和 $\psi = \psi_{\mathrm{LT2}}$ 时, 根据文献[68] 中命题 3.1 和 3.2 可证得性质(a) ~ (b)、(d) ~ (e); 根据 $\nabla\psi_{\mathrm{LT1}}$ 和 $\nabla\psi_{\mathrm{LT2}}$ 的表达式以及 $\nabla\hat{\psi}$ 在 $\mathbf{R}^n \times \mathbf{R}^n$ 上的全局利普希茨连续性, 可得性质(c); 当 $\psi = \psi_{\mathrm{YF}}$ 和 $\psi = \psi_{\mathrm{LT2}}$ 时, 根据性质(b) 和(e) 可得性质(f); 当 $\psi = \psi_{\mathrm{LT1}}$ 时, 由性质(b) 和(d) 可得性质(f); 根据文献[68] 中命题3.1可知 $\hat{\psi}_1$ 在 $\mathbf{R}^n \times \mathbf{R}^n$ 上是凸的, 又 ψ_0 在 $\mathbf{R}$ 上是凸函数且是不减的, 易得 $\psi_0(\langle \boldsymbol{x},\boldsymbol{y}\rangle)$ 在 $\mathbf{R}^n \times \mathbf{R}^n$ 上也是凸的, 故可得性质(g).

1.7　本书拟研究的内容

在当今大数据时代, 许多问题都牵涉到大数据, 问题的规模越来越大, 为了求解, 方法的选取就比较重要. 关于互补问题的矩阵分裂法就可以用来求解大规模问题, 其中的一些方法也已经推广到二阶锥互补问题中来, 由于并行矩阵分裂法可以大大提高求解速度, 因此第 2 章研究了线性二阶锥互补问题的一种正则并行矩阵分裂算法. 与同类算法相比, 本书所考虑问题中的矩阵是对称半正定的, 正则化参数是单调递减趋于零的. 在合适的条件下, 新算法具有收敛性, 而且算法可以并行实现, 特别是子问题能够精确求解. 数值实验表明新算法对大规模的问题, 特别是对稠密的病态对称正定矩阵或半正定矩阵问题都是适用的.

实际应用问题中往往含有不确定因素, 问题也就变成了随机问题. 由于互补问题中很

多理论方法可以推广到二阶锥互补问题中来，受到随机互补问题中的期望残差极小化方法的启发，第 3 章首先利用单参数二阶锥互补函数和期望残差极小化模型，把随机线性二阶锥互补问题转化成无约束最优化问题. 由于目标函数中含有数学期望，再利用蒙特卡罗近似方法来近似期望残差极小化问题. 接着讨论了期望残差极小化问题和近似问题解的存在性以及收敛性，并在一定的条件下，近似问题的解序列会依概率 1 地以指数速率收敛于期望残差极小化问题的解. 然后，由于近似问题是非凸最优化问题，因此又对近似问题稳定点序列的收敛性和指数收敛速率进行了探讨. 最后讨论了期望残差极小化问题的解对原问题随机线性二阶锥互补问题的鲁棒性. 第 4 章研究了随机二阶锥互补问题的其他求解方法. 在二阶锥互补问题的研究过程中，学者们提出了很多二阶锥互补函数，不同的函数具有不同的性质. 本章利用隐拉格朗日函数对随机线性二阶锥互补问题进行了求解，首先提出了原问题的期望残差极小化模型，并证明了该问题解的存在性，然后利用蒙特卡罗近似给出了期望残差极小化问题的近似，证明了近似问题解的存在性和收敛性，证得近似问题最优解序列的收敛点是依概率 1 地收敛于期望残差最小化问题的最优解，近似问题稳定点序列的收敛点是依概率 1 地收敛于期望残差最小化问题的稳定点.

因为实际问题中通常会含有其他的约束条件，问题也就成了混合互补问题. 第 5 章首先讨论了混合随机线性二阶锥互补问题的期望残差极小化模型及其蒙特卡罗近似问题的强制性和鲁棒性，然后给出了近似问题解序列的收敛性及其指数收敛速率. 由于近似问题是非凸优化，因此也给出了近似问题稳定点序列的收敛性及其指数收敛速率. 第 6 章给出了混合随机二阶锥互补问题在实际问题中的应用，考虑了具有辐射状网络结构的电力系统随机最优潮流问题. 由于可再生新能源的并网，电力系统中的最优潮流问题变成了不确定问题，即随机最优潮流. 因为非线性潮流方程的凸松弛与旋转二阶锥的形式一致，故可以把随机最优潮流问题转化成随机二阶锥规划. 在一定的条件下，随机二阶锥规划问题可以通过其 KKT 条件来求解. 由于随机二阶锥规划最优潮流问题的 KKT 条件是一个混合随机线性二阶锥互补问题，因此利用混合随机线性二阶锥互补问题的求解方法对随机二阶锥规划最优潮流问题进行了求解. 数值结果表明了所提方法的有效性，并且由于所选取的二阶锥互补函数带有某些参数，所以决策者可以根据实际情况和实际需要，在可接受的误差水平上，通过选取不同的参数值来达到他们的最优策略.

由于不同的二阶锥互补函数具有不同的性质，第 7 章利用经典的互补函数——自然残差函数和 Fischer-Burmeister 互补函数，以及期望残差极小化模型对随机二阶锥互补问题进行了求解. 随机互补问题的另外一种常用的确定性模型是期望值模型. 第 8 章利用自然残差互补函数和 Fischer-Burmeister 互补函数建立了随机二阶锥互补问题的期望值模型，讨论了期望值模型存在局部误差界的条件，借助蒙特卡罗近似技术和光滑化技术相结合的方法，建立期望值模型问题的近似问题，讨论了近似问题的全局最优解序列和稳定点序列的收敛性和收敛速率.

随机互补问题的求解方法主要有样本路径优化方法、样本均值近似方法和随机近似法，其中，样本均值近似方法是一类求解随机规划的有效方法，在样本均值近似方法中，要求样本是随机变量的独立同分布抽样，数学期望由抽样平均值得到，当样本趋于无穷大，大数定律可保证样本均值序列依概率 1 收敛到其数学期望. 而随机二阶锥互补问题是随机互补问题的推广，可以尝试利用随机互补问题的求解方法来求解随机二阶锥互补问题. 本书中主要利用的是样本均值近似方法，后续也可以尝试着利用样本路径优化方法和随机近似法来求解随机二阶锥互补问题. 此外，也可以利用不同的互补函数来求解二阶锥互补问题，并对不同的方法进行比较分析.

第 2 章　线性二阶锥互补问题的矩阵分裂法

2.1　引言

矩阵分裂法最早是用来求解线性方程组的. 在现代科学技术和计算机技术迅猛发展的今天, 数学在解决科技生产重大实际问题的过程中得到了充分的体现, 数学越来越散发出其璀璨的光芒. 科学和工程中的许多重要领域, 如核物理与流体力学计算、结构与非结构问题的有限元分析、电磁场计算、石油地震数据处理以及数值天气预报等都离不开线性方程组的求解. 因此, 解线性方程组所需的时间长短直接决定着整个问题的解决快慢. 求解线性方程组的方法有很多, 通常可分为直接法和迭代法两大类. 直接法是经过有限次运算后可求得方程组的精确解, 一般比较适用于中小型方程组. 对高阶方程组而言, 直接法有存储量大、程序复杂、计算时间长等不足. 特别地, 当系数矩阵条件数很大时, 舍入误差的影响引起所求出的解与准确解相差甚远. 随着线性方程组规模的不断扩大, 用直接法很难高效求解, 因此, 迭代法已经取代直接法成为求解大型稀疏线性方程组的一类重要方法.

后来, 学者们把矩阵分裂法应用到求解线性互补问题中来. 线性互补问题 LCP$(\boldsymbol{M},\boldsymbol{q})$ 为求 $\boldsymbol{x}^* \in \mathbf{R}_+^n$, 使得

$$(\boldsymbol{M}\boldsymbol{x}^* + \boldsymbol{q})^{\mathrm{T}}(\boldsymbol{x} - \boldsymbol{x}^*) \geqslant 0, \ \forall \boldsymbol{x} \in \mathbf{R}_+^n,$$

其中, $\boldsymbol{M} \in \mathbf{R}^{n\times n}$ 是给定矩阵, $\boldsymbol{q} \in \mathbf{R}^n$ 为给定向量. 如果 $\boldsymbol{M}$ 能分解为两个实矩阵 $\boldsymbol{B}$ 和 $\boldsymbol{C}$ 的和, 即 $\boldsymbol{M} = \boldsymbol{B} + \boldsymbol{C}$, 则称矩阵对 $(\boldsymbol{B},\boldsymbol{C})$ 为 $\boldsymbol{M}$ 的一个分裂. 给定 $\boldsymbol{x}^k \in \mathbf{R}_+^n$, 构造一个新的线性互补问题 LCP$(\boldsymbol{B},\boldsymbol{q}^k)$, 其中, $\boldsymbol{q}^k = \boldsymbol{C}\boldsymbol{x}^k + \boldsymbol{q}$, 设其解为 $\boldsymbol{x}^{k+1}$, 如此反复得到一个点列, 该种迭代方法称为矩阵分裂法. 显然, 该种方法的关键在于 $\boldsymbol{B}$, 需保证子问题 LCP$(\boldsymbol{B},\boldsymbol{q}^k)$ 可解、易解, 且有很好的收敛结果.

线性互补问题 LCP$(\boldsymbol{M},\boldsymbol{q})$ 的矩阵分裂法的一般迭代格式为:任给初始点 $\boldsymbol{x}^0 \in \mathbf{R}_+^n$, 对每个迭代指标 k, 如果 $\boldsymbol{x}^k$ 不是 LCP$(\boldsymbol{M},\boldsymbol{q})$ 的解, 则令 $\boldsymbol{x}^{k+1}$ 是 LCP$(\boldsymbol{B},\boldsymbol{q}^k)$ 的一个解, 即

$$\boldsymbol{x}^{k+1} = [\boldsymbol{x}^{k+1} - \boldsymbol{B}\boldsymbol{x}^{k+1} - \boldsymbol{C}\boldsymbol{x}^k - \boldsymbol{q}]_+.$$

该算法虽然比外梯度法计算复杂，但计算效果比较好，故很受欢迎. 在实际计算中，不必判断 $\boldsymbol{x}^k$ 是否为解，只要按上面的格式进行迭代，如果 $\boldsymbol{x}^{k+1}=\boldsymbol{x}^k$，则 $\boldsymbol{x}^k$ 自然是问题的解，并由此决定算法是否终止.

矩阵 $\boldsymbol{M}$ 的不同分裂可得到不同的迭代格式. 最简单的一种分裂是取 $\boldsymbol{B}$ 为单位矩阵，此时迭代公式变为了

$$\boldsymbol{x}^{k+1}=[(\boldsymbol{I}-\boldsymbol{B})\boldsymbol{x}^k-\boldsymbol{q}]_+.$$

如果取 $\boldsymbol{B}$ 为正对角阵 $\boldsymbol{D}$，可得

$$\boldsymbol{x}^{k+1}=[\boldsymbol{x}^k-\boldsymbol{D}^{-1}(\boldsymbol{M}\boldsymbol{x}^k+\boldsymbol{q})]_+.$$

特别当 $\boldsymbol{D}$ 取 $\boldsymbol{M}$ 的对角部分时，所推出的方法称为投影 Jacobian 法，是求解线性方程组的著名 Jacobian 法之推广.

下面主要介绍线性二阶锥互补问题的矩阵分裂法.

2.2 问题描述

考虑线性二阶锥互补问题：寻找 $\boldsymbol{z}\in\mathbf{R}^n$，使得

$$\boldsymbol{z}\in K,\boldsymbol{M}\boldsymbol{z}+\boldsymbol{q}\in K,\boldsymbol{z}^{\mathrm{T}}(\boldsymbol{M}\boldsymbol{z}+\boldsymbol{q})=0. \tag{2.1}$$

这里，$\boldsymbol{M}\in\mathbf{R}^{n\times n}$ 是一个给定矩阵，$\boldsymbol{q}\in\mathbf{R}^n$ 是一个给定向量，

$$K=K^{n_1}\times K^{n_2}\times\cdots\times K^{n_m}$$

是一个凸锥，并且 $n_1+n_2+\cdots+n_m=n$，

$$K^{n_i}=\{(x_1,\boldsymbol{x}_2)\in\mathbf{R}\times\mathbf{R}^{n_i-1}\mid x_1\geqslant\|\boldsymbol{x}_2\|\},\quad i=1,\cdots,m,$$

其中，$\|\cdot\|$表示欧几里得范数. 问题(2.1) 也可记为 SOCCP(q,M,K). 该问题是经典的线性互补问题的推广，在滤波器设计、天线阵列设计、鲁棒纳什均衡、单侧摩擦接触增量的准静态问题等方面有很多实际应用. 而且，线性二阶锥互补问题(2.1) 就是二阶锥二次规划问题的 Karush-Kuhn-Tucker (KKT) 条件，因此，在一定的条件下，可以通过线性二阶锥互补问题来求解二阶锥二次规划问题. 另外，二阶锥二次规划问题在工程设计、组合优化等方面有很多的应用，因此对线性二阶锥互补问题进行研究具有很大的意义.

本章始终假设 $\boldsymbol{M}$ 是一个对称矩阵，且问题(2.1) 有解.

2.3 线性二阶锥互补问题的基本矩阵分裂法

本节介绍文献[77]中所提出的求解对称线性二阶锥互补问题基本的矩阵分裂法，为下节提出新的矩阵分裂法做准备.

考虑带有正定矩阵的对称线性二阶锥互补问题. 设$(\boldsymbol{B},\boldsymbol{C})$为$\boldsymbol{M}$的一个分裂, 即$\boldsymbol{M}=\boldsymbol{B}+\boldsymbol{C}$, 其中, $\boldsymbol{B}$和$\boldsymbol{C}$不需要是对称矩阵, 则对称线性二阶锥互补问题的基本矩阵分裂法为:

算法 2.1　对称线性二阶锥互补问题的基本矩阵分裂法

初始化　选取$\boldsymbol{M}$的一个分裂$(\boldsymbol{B},\boldsymbol{C})$及一个初始点$z^0 \in K$, 置$k:=0$.

1.求解线性二阶锥互补问题: 寻找$z \in \mathbf{R}^n$, 使得

$$z \in K,\boldsymbol{B}z+\boldsymbol{C}z^k+\boldsymbol{q} \in K,z^{\mathrm{T}}(\boldsymbol{B}z+\boldsymbol{C}z^k+\boldsymbol{q})=0, \tag{2.2}$$

得到一个解z^{k+1}.

2.如果$\| z^{k+1}-z^k \| \leqslant \varepsilon$, 算法终止; 否则, 置$k:=k+1$, 转步骤 1.

为了更好地理解算法 2.1, 需要先了解下面这些概念.

定义 2.1　(Ⅰ) 如果对任意的向量$\boldsymbol{q} \in \mathbf{R}^n$, 线性二阶锥互补问题(2.1)总有一个解, 则称矩阵$\boldsymbol{M}$是一个$K-Q$矩阵.

(Ⅱ) 如果矩阵$\boldsymbol{B}$是一个$K-Q$矩阵, 则称分裂$(\boldsymbol{B},\boldsymbol{C})$是一个$K-Q$分裂.

(Ⅲ) 如果矩阵$\boldsymbol{B}-\boldsymbol{C}$是(半)正定的, 则称分裂$(\boldsymbol{B},\boldsymbol{C})$是(弱)正则的.

(Ⅳ) 若对所有的向量$z \in K\backslash\{0\}$, 都有$z^{\mathrm{T}}\boldsymbol{M}z \geqslant 0(>0)$, 则称矩阵$\boldsymbol{M}$是(严格)$K-$双正的.

由定义 2.1 可知, 如果$(\boldsymbol{B},\boldsymbol{C})$是一个$K-Q$分裂, 则线性二阶锥互补问题(2.2)总有一个解. 在分析算法 2.1 的收敛性时, 分裂的正则性起着至关重要的作用. 另外, 显然有任意的半正定矩阵都是$K-$双正的, 任意正定矩阵都是严格$K-$双正的. 由矩阵$\boldsymbol{M}$的$K-$双正性可以证明算法 2.1 所产生的序列$\{z^k\}$的有界性. 需要注意的是, 子问题(2.2)不需要有一个唯一解, 当有多个解时, 那么任意一个解都可以作为z^{k+1}. 而且, 为了保证算法的有效性, 子问题(2.2)应该相对容易求解.

考虑二次二阶锥规划问题

$$\begin{aligned} \min \quad & f(z)=\frac{1}{2}z^{\mathrm{T}}\boldsymbol{M}z+\boldsymbol{q}^{\mathrm{T}}z \\ \text{s.t.} \quad & z \in K. \end{aligned} \tag{2.3}$$

因为$\boldsymbol{M}$是对称矩阵, 问题(2.3)的 KKT 条件就是线性二阶锥互补问题(2.1). 由于问题(2.3)满足 Slater 约束规范, 根据矩阵$\boldsymbol{M}$的半正定性, 线性二阶锥互补问题(2.1)等价于问题(2.3). 利用这个关系, Hayashi 等得到了下面的引理.

引理 2.2　设$(\boldsymbol{B},\boldsymbol{C})$是对称矩阵$\boldsymbol{M}$的一个弱正则$K-Q$分裂, 序列$\{z^k\}$是由算法 2.1 产

生的, 则对任意的 k, 有

$$\theta(z^k) - \theta(z^{k+1}) \geqslant \frac{1}{2}(z^k - z^{k+1})^{\mathrm{T}}(\boldsymbol{B} - \boldsymbol{C})(z^k - z^{k+1}) \geqslant 0. \tag{2.4}$$

特别地, 如果$(\boldsymbol{B},\boldsymbol{C})$ 是一个正则 $K-Q$ 分裂, 则当 $z^k \neq z^{k+1}$ 时, 式(2.4) 中的第二个不等式严格成立, 并且当且仅当 $z^k = z^{k+1}$ 时有 $\theta(z^k) = \theta(z^{k+1})$.

证明 令 $\boldsymbol{q}^k = \boldsymbol{q} + \boldsymbol{C}z^k$, 根据 $\boldsymbol{M}$ 的对称性, 有

$$\begin{aligned}
\theta(z^k) - \theta(z^{k+1}) &= (z^k - z^{k+1})^{\mathrm{T}}(\boldsymbol{q} + \boldsymbol{M}z^{k+1}) + \frac{1}{2}(z^k - z^{k+1})^{\mathrm{T}}\boldsymbol{M}(z^k - z^{k+1}) \\
&= (z^k - z^{k+1})^{\mathrm{T}}(\boldsymbol{q} + (\boldsymbol{B} + \boldsymbol{C})z^{k+1}) + \frac{1}{2}(z^k - z^{k+1})^{\mathrm{T}}(\boldsymbol{B} - \boldsymbol{C})(z^k - z^{k+1}) \\
&\quad + (z^k - z^{k+1})^{\mathrm{T}}\boldsymbol{C}(z^k - z^{k+1}) \\
&= (z^k - z^{k+1})^{\mathrm{T}}(\boldsymbol{q}^k + \boldsymbol{B}z^{k+1}) + \frac{1}{2}(z^k - z^{k+1})^{\mathrm{T}}(\boldsymbol{B} - \boldsymbol{C})(z^k - z^{k+1}).
\end{aligned}$$

由于 $z^k \in K, \boldsymbol{q}^k + \boldsymbol{B}z^{k+1} \in K$, 故$(z^k)^{\mathrm{T}}(\boldsymbol{q}^k + \boldsymbol{B}z^{k+1}) = 0$. 又因为 z^{k+1} 是问题(2.2) 的一个解, 所以有$(z^{k+1})^{\mathrm{T}}(\boldsymbol{q}^k + \boldsymbol{B}z^{k+1}) = 0$. 因此有$(z^k - z^{k+1})^{\mathrm{T}}(\boldsymbol{q}^k + \boldsymbol{B}z^{k+1}) \geqslant 0$, 从而可得

$$\theta(z^k) - \theta(z^{k+1}) \geqslant \frac{1}{2}(z^k - z^{k+1})^{\mathrm{T}}(\boldsymbol{B} - \boldsymbol{C})(z^k - z^{k+1}).$$

由矩阵 $\boldsymbol{B} - \boldsymbol{C}$ 的半正定性可知式(2.4) 的第二个不等式成立. 当$(\boldsymbol{B},\boldsymbol{C})$ 是一个正则 $K-Q$ 分裂时, 由 $\boldsymbol{B} - \boldsymbol{C}$ 的正定性可知后面的结论成立. 证毕.

该引理说明序列$\{\theta(z^k)\}$ 是不增的. 利用该结论可以推出序列$\{z^k\}$ 的收敛性.

引理 2.3 设$(\boldsymbol{B},\boldsymbol{C})$ 是对称矩阵 $\boldsymbol{M}$ 的一个正则 $K-Q$ 分裂, 则由算法 2.1 生成的序列$\{z^k\}$ 的任一聚点都是线性二阶锥互补问题(2.1) 的一个解.

证明 设 $\tilde{z}$ 为由算法 2.1 生成的序列$\{z^k\}$ 的任一聚点, $\{z^k\}$ 的子序列$\{z^{k_i}\}$ 收敛于 $\tilde{z}$. 由 θ 的连续性可知序列$\{\theta(z^{k_i})\}$ 收敛于 $\theta(\tilde{z})$. 由于序列$\{\theta(z^k)\}$ 是下有界的且是不增的, 因此子序列$\{\theta(z^{k_i})\}$ 收敛, 故序列$\{\theta(z^k)\}$ 也是收敛的.

由 $\boldsymbol{B} - \boldsymbol{C}$ 的正定性和不等式(2.4), 可知$\{z^k - z^{k+1}\}$ 收敛于 0, 从而序列$\{z^{k_i+1}\}$ 也收敛于 $\tilde{z}$. 又因为 z^{k_i+1} 满足

$$\begin{gathered}
z^{k_i+1} \in K, \\
\boldsymbol{B}z^{k_i+1} + \boldsymbol{C}z^{k_i} + \boldsymbol{q} \in K, \\
(z^{k_i+1})^{\mathrm{T}}(\boldsymbol{B}z^{k_i+1} + \boldsymbol{C}z^{k_i} + \boldsymbol{q}) = 0,
\end{gathered}$$

通过取极限, 可得 $\tilde{z}$ 是问题(2.1) 的一个解. 证毕.

上面这些结论说明了算法 2.1 所生成序列的聚点是问题(2.1) 的解, 下面的引理则给出了由算法 2.1 所产生序列的聚点存在性的充分条件.

引理 2.4　设矩阵 $\boldsymbol{M}$ 是对称的且严格 K - 双正的，对任意的初始点 $\boldsymbol{z}^0 \in K$，当分裂$(\boldsymbol{B}, \boldsymbol{C})$ 是 $\boldsymbol{M}$ 的正则 $K-Q$ 分裂时，则由算法 2.1 产生的序列$\{\boldsymbol{z}^k\}$ 有界，并且其任意聚点都是线性二阶锥互补问题(2.1) 的一个解.

证明　根据引理 2.3，算法生成序列如果有一个聚点，则聚点是问题(2.1) 的一个解. 故只需证明序列$\{\boldsymbol{z}^k\}$ 的有界性.

由于 $\boldsymbol{M}$ 是严格 K - 双正的，所以有

$$\sigma := \min_{\substack{\|\boldsymbol{e}\|=1 \\ \boldsymbol{e} \in K}} \boldsymbol{e}^{\mathrm{T}} \boldsymbol{M} \boldsymbol{e} > 0,$$

即对任意的 $\boldsymbol{z} \in K$，

$$\boldsymbol{z}^{\mathrm{T}} \boldsymbol{M} \boldsymbol{z} \geqslant \sigma \|\boldsymbol{z}\|^2. \tag{2.5}$$

因此，对所有的 k，有

$$\begin{aligned} \theta(\boldsymbol{z}^0) &\geqslant \theta(\boldsymbol{z}^k) \\ &= \frac{1}{2}(\boldsymbol{z}^k)^{\mathrm{T}} \boldsymbol{M} \boldsymbol{z}^k + \boldsymbol{q}^{\mathrm{T}} \boldsymbol{z}^k \\ &\geqslant \frac{1}{2}\sigma \|\boldsymbol{z}^k\|^2 - \|\boldsymbol{q}\| \|\boldsymbol{z}^k\| \\ &= \frac{1}{2}\sigma \left(\|\boldsymbol{z}^k\| - \frac{1}{\sigma}\|\boldsymbol{q}\| \right)^2 - \frac{1}{2\sigma}\|\boldsymbol{q}\|^2, \end{aligned}$$

其中，第一个不等式可由引理 2.2 得到，由式(2.5)、$\{\boldsymbol{z}^k\} \subset K$ 以及柯西施瓦茨不等式可以得到第二个不等式. 由此可得不等式

$$\|\boldsymbol{z}^k\| \leqslant \frac{1}{\sigma}\|\boldsymbol{q}\| + \sqrt{\frac{2}{\sigma}\left(\theta(\boldsymbol{z}^0) + \frac{1}{2\sigma}\|\boldsymbol{q}\|^2 \right)}$$

对所有的 k 都成立，从而说明了序列$\{\boldsymbol{z}^k\}$ 是有界的. 证毕.

引理 2.4 中要求矩阵 $\boldsymbol{M}$ 是严格 K - 双正的，根据文献[78]，可以把该条件进行弱化.

引理 2.5　$\boldsymbol{z}^*$ 是线性二阶锥互补问题(2.1) 的解的充要条件是

$$\min_{\boldsymbol{z}} f(\boldsymbol{z}) = f(\boldsymbol{z}^*),$$

其中，$f(\boldsymbol{z})$ 是问题(2.3) 中的目标函数.

证明　设 $\boldsymbol{z}^*$ 是问题(2.1) 的一个解，则对任意的 $\boldsymbol{z} \in K$，有

$$\begin{aligned} f(\boldsymbol{z}) - f(\boldsymbol{z}^*) &= (\boldsymbol{z} - \boldsymbol{z}^*)^{\mathrm{T}}(\boldsymbol{M}\boldsymbol{z}^* + \boldsymbol{q}) + \frac{1}{2}(\boldsymbol{z} - \boldsymbol{z}^*)^{\mathrm{T}} \boldsymbol{M} (\boldsymbol{z} - \boldsymbol{z}^*) \\ &\geqslant (\boldsymbol{z} - \boldsymbol{z}^*)^{\mathrm{T}}(\boldsymbol{M}\boldsymbol{z}^* + \boldsymbol{q}) \\ &\geqslant 0, \end{aligned}$$

其中，由 $\boldsymbol{M}$ 的半正定性可得第一个不等式成立；由于二阶锥是自对偶的，故对任意的 $\boldsymbol{y}$, $\boldsymbol{z} \in K$，都有 $\boldsymbol{y}^{\mathrm{T}}\boldsymbol{z} \geqslant 0$，从而可知问题(2.1) 与下述的变分不等式问题等价：寻找 $\boldsymbol{z} \in K$，使得

$$(\boldsymbol{y}-z)^{\mathrm{T}}(\boldsymbol{M}z+\boldsymbol{q}) \geqslant 0,\ \forall \boldsymbol{y}\in K,$$

由此可得第二个不等式成立. 也就是说, $\min_{z\in K} f(z)=f(z^*)$.

反之, 若$\min_{z\in K} f(z)=f(z^*)$, 则对任意的$z\in K$及$\theta\in(0,1]$, 由于$K$为凸锥, $\theta z+(1-\theta)z^*\in K$, 所以有

$$f(\theta z+(1-\theta)z^*)-f(z^*)\geqslant 0.$$

因此可得

$$(z-z^*)^{\mathrm{T}}(\boldsymbol{M}z^*+\boldsymbol{q})+\frac{1}{2}\theta(z-z^*)^{\mathrm{T}}\boldsymbol{M}(z-z^*)\geqslant 0,$$

令$\theta\to 0^+$, 则有

$$(z-z^*)^{\mathrm{T}}(\boldsymbol{M}z^*+\boldsymbol{q})\geqslant 0,\ \forall z\in K,$$

从而z^*是问题(2.1)的一个解. 证毕

定理2.6 设矩阵$\boldsymbol{M}$是对称K-双正的矩阵, 分裂$(\boldsymbol{B},\boldsymbol{C})$是$\boldsymbol{M}$的正则$K-Q$分裂, 又假设

$$[0\neq z\in K,\boldsymbol{M}z\in K,z^{\mathrm{T}}\boldsymbol{M}z=0]\Rightarrow \boldsymbol{q}^{\mathrm{T}}z>0, \tag{2.6}$$

则算法2.1所产生的序列$\{z^k\}$是有界的, 而且任一聚点都是问题(2.1)的解.

证明 根据引理2.3, 如果算法2.1所产生的序列有一个聚点, 则它一定是线性二阶锥互补问题(2.1)的解. 因此只需证明序列$\{z^k\}$的有界性.

根据引理2.2和引理2.5, 序列$\{\theta(z^k)\}$是不增的而且是下有界的, 因此$\{\theta(z^k)\}$收敛. 由分裂$(\boldsymbol{B},\boldsymbol{C})$的正则性以及式(2.4), 可得序列$\{z^k-z^{k+1}\}$是收敛于零的.

假设序列$\{z^k\}$是无界的. 不失一般性, 可以假设$\lim\limits_{k\to\infty}\|z^k\|\to+\infty$. 考虑标准序列$\left\{\dfrac{z^k}{\|z^k\|}\right\}$, 该序列是有界的, 因此存在聚点$z^*\in K\backslash\{0\}$. 设子序列$\left\{\dfrac{z^{k_i+1}}{\|z^{k_i+1}\|}\right\}$收敛于$z^*$, 由于对每个$k_i$, z^{k_i+1}是问题(2.2)的解, 故有

$$\boldsymbol{q}+\boldsymbol{C}(z^{k_i}-z^{k_i+1})+\boldsymbol{M}z^{k_i+1}\in K, \tag{2.7}$$

$$z^{k_i+1}\in K, \tag{2.8}$$

$$(z^{k_i+1})^{\mathrm{T}}(\boldsymbol{q}+\boldsymbol{C}(z^{k_i}-z^{k_i+1})+\boldsymbol{M}z^{k_i+1})=0. \tag{2.9}$$

用$\|z^{k_i+1}\|$去除式(2.7)和式(2.8), 用$\|z^{k_i+1}\|^2$去除式(2.9), 并取极限$k_i\to+\infty$, 可以推得

$$z^*\in K,\boldsymbol{M}z^*\in K,(z^*)^{\mathrm{T}}\boldsymbol{M}z^*=0. \tag{2.10}$$

根据条件(2.6), 可得$\boldsymbol{q}^{\mathrm{T}}z^*>0$.

但由于矩阵$\boldsymbol{M}$是K-双正的, 因此有

$$0 = (z^{k_i+1})^{\mathrm{T}}(\boldsymbol{q} + \boldsymbol{C}(z^{k_i} - z^{k_i+1}) + \boldsymbol{M}z^{k_i+1})$$
$$\geqslant (z^{k_i+1})^{\mathrm{T}}(\boldsymbol{q} + \boldsymbol{C}(z^{k_i} - z^{k_i+1})).$$

用$\|z^{k_i+1}\|$去除最后的不等式，并取极限$k_i \to +\infty$，可以得到$\boldsymbol{q}^{\mathrm{T}}z^* \leqslant 0$，这与$\boldsymbol{q}^{\mathrm{T}}z^* > 0$矛盾，假设不成立，因此序列$\{z^k\}$是有界的. 定理得证.

上述定理的条件(2.6)是文献[11]中关于对称线性互补问题的矩阵分裂法中条件的自然推广. 满足该条件的矩阵有正定矩阵或严格K-双正矩阵等.

2.4　对称线性二阶锥互补问题的一种正则并行算法

文献[77-78]中所提出的矩阵分裂法要求矩阵$\boldsymbol{M}$是对称正定矩阵，而文献[80]中关于对称半正定情况的正则化方法假设正则化参数充分小且是固定不变的. 本节针对半正定对称线性二阶锥互补问题设计了一个正则并行算法[187]，该算法中的正则化参数是单调递减趋于零的.

2.4.1　正则并行矩阵分裂法

假设$\boldsymbol{M}$是对称半正定矩阵，则对任意$\delta > 0$，$\boldsymbol{M} + \delta\boldsymbol{I}$是对称正定的. 因此，若把线性二阶锥互补问题(2.1)中的$\boldsymbol{M}$用$\boldsymbol{M} + \delta\boldsymbol{I}$来代换，则问题(2.1)具有唯一解，记为$z^*(\delta)$. 通过让$\delta \to 0$，我们期望$z^*(\delta)$会收敛于原问题(2.1)的一个解. 这就是上面所提到的正则化过程.

为了使得问题可以并行解决，在 Jacobi 方法中所用到的分裂$(\boldsymbol{B},\boldsymbol{C})$表示为

$$\boldsymbol{B} = \lambda\boldsymbol{I}, \quad \boldsymbol{C} = \boldsymbol{M} - \boldsymbol{B}.$$

参数λ的值要严格大于矩阵$\dfrac{\boldsymbol{M}}{2}$的最大特征值，这可以保证矩阵$\boldsymbol{B}$和$\boldsymbol{B} - \boldsymbol{C}$都是正定矩阵，从而分裂$(\boldsymbol{B},\boldsymbol{C})$是$\boldsymbol{M}$的一个正则$K-Q$分裂. 由于$\boldsymbol{M}$是对称半正定的，所以有$\lambda > 0$.

下面来描述线性二阶锥互补问题(2.1)的正则化并行算法.

算法 2.2　对称线性二阶锥互补问题的正则并行矩阵分裂法

初始化 选取一个常数$\delta_0 > 0$，一个初始点$z^0 \in K$以及一个偏差$\varepsilon > 0$. 置$k := 0$.

1. 记$\boldsymbol{B}^k = \lambda\boldsymbol{I} + \delta_k\boldsymbol{I}$以及$\boldsymbol{C} = \boldsymbol{M} - \lambda\boldsymbol{I}$. 求解线性二阶锥互补问题：寻找$z \in \mathbf{R}^n$使得

$$z \in K, \boldsymbol{B}^k z + \boldsymbol{C}z^k + \boldsymbol{q} \in K, z^{\mathrm{T}}(\boldsymbol{B}^k z + \boldsymbol{C}z^k + \boldsymbol{q}) = 0, \tag{2.11}$$

得到一个解 z^{k+1}.

2. 如果满足终止条件，则算法终止. 否则，令 $\delta_{k+1} \in (0, \delta_k)$ 以及 $k := k+1$，转步骤 1.

需要特别注意的是，由于 $\boldsymbol{B}^k - \boldsymbol{C} = 2\lambda \boldsymbol{I} - \boldsymbol{M} + \delta_k \boldsymbol{I}$，故对任意的 $\delta_k > 0$，$\boldsymbol{B}^k$ 和 $\boldsymbol{B}^k - \boldsymbol{C}$ 都是正定矩阵，从而 $(\boldsymbol{B}^k, \boldsymbol{C})$ 一直都是 $\boldsymbol{M} + \delta_k \boldsymbol{I}$ 的一个 $K-Q$ 分裂. 因此对每一个 k，问题(2.11)都有一个唯一解.

在文献[80]中，原始互补问题的残差被用来作为终止标准，即当满足下面条件时迭代终止：

$$\rho = \sum_{i=1}^{m} \max\{\| z_{i,2}^{k+1} \| - z_{i,1}^{k+1}, 0\} + \sum_{i=1}^{m} \max\{\| \boldsymbol{w}_{i,2}^{k+1} \| - \boldsymbol{w}_{i,1}^{k+1}, 0\} + |(z^{k+1})^{\mathrm{T}} \boldsymbol{w}^{k+1}| \leqslant \varepsilon,$$

其中，

$$z^{k+1} = \begin{pmatrix} z_1^{k+1} \\ z_2^{k+1} \\ \vdots \\ z_m^{k+1} \end{pmatrix}, \quad \boldsymbol{w}^{k+1} = \boldsymbol{M} z^{k+1} + \boldsymbol{q} = \begin{pmatrix} \boldsymbol{w}_1^{k+1} \\ \boldsymbol{w}_2^{k+1} \\ \vdots \\ \boldsymbol{w}_m^{k+1} \end{pmatrix},$$

并且对每个 i，$z_i^{k+1} = (z_{i,1}^{k+1}, z_{i,2}^{k+1}) \in \mathbf{R} \times \mathbf{R}^{n_i - 1}$，以及 $\boldsymbol{w}_i^{k+1} = (\boldsymbol{w}_{i,1}^{k+1}, \boldsymbol{w}_{i,2}^{k+1}) \in \mathbf{R} \times \mathbf{R}^{n_i - 1}$. 在下面的数值实验 2.3.3 节中，我们用相对残差作为算法的终止标准，即

$$\rho_r = \frac{\rho}{1 + \| \boldsymbol{M} \|_1 + \| \boldsymbol{q} \|_1} \leqslant \varepsilon,$$

其中，$\| \cdot \|_1$ 表示矩阵或者向量的 ℓ_1 - 范数.

如果把矩阵 $\boldsymbol{M}$ 分解为

$$\boldsymbol{M} = \begin{pmatrix} \boldsymbol{M}_{11} & \boldsymbol{M}_{12} & \cdots & \boldsymbol{M}_{1m} \\ \boldsymbol{M}_{21} & \boldsymbol{M}_{22} & \cdots & \boldsymbol{M}_{2m} \\ \vdots & \vdots & \ddots & \vdots \\ \boldsymbol{M}_{m1} & \boldsymbol{M}_{m2} & \cdots & \boldsymbol{M}_{mm} \end{pmatrix},$$

其中，$\boldsymbol{M}_{ij} \in \mathbf{R}^{n_i \times n_j} (i, j = 1, 2, \cdots, m)$，并且把向量 z 和 $\boldsymbol{q}$ 分别写为

$$z = \begin{pmatrix} z_1 \\ z_2 \\ \vdots \\ z_m \end{pmatrix}, \quad \boldsymbol{q} = \begin{pmatrix} \boldsymbol{q}_1 \\ \boldsymbol{q}_2 \\ \vdots \\ \boldsymbol{q}_m \end{pmatrix},$$

其中，$z_i \in \mathbf{R}^{n_i}$，$q_i \in \mathbf{R}^{n_i}$，$i = 1,2,\cdots,m$，那么就可以以一种并行的方式来求解问题(2.11)．事实上，通过借助于二阶锥条件的可分解性，问题(2.11) 等价于下面的子问题：对 $i = 1,2,\cdots,m$，寻找 $z_i \in \mathbf{R}^{n_i}$，使得

$$z_i \in K^{n_i},\quad (\lambda + \delta_k)z_i + h_i^k \in K^{n_i},\quad (z_i)^{\mathrm{T}}((\lambda + \delta_k)z_i + h_i^k) = 0, \tag{2.12}$$

其中，

$$h_i^k = (M_{ii} - \lambda I)z_i^k + \sum_{j=1,j\neq i}^{m} M_{ij}z_j^k + q_i.$$

下面来讨论算法 2.2 的收敛性. 考虑具有一个参数 $\delta > 0$ 的问题

$$\begin{aligned} \min\quad & f_\delta(z) = \frac{1}{2}z^{\mathrm{T}}(M + \delta I)z + q^{\mathrm{T}}z \\ \text{s.t.}\quad & z \in K. \end{aligned} \tag{2.13}$$

由于矩阵 $M + \delta I$ 是正定的，因此问题(2.13) 有且只有一个解. 注意到对任意的 z，都有 $f_\delta(z) \geqslant f(z)$，其中 $f(z)$ 由公式(2.3) 给出. 根据问题(2.1) 的解集非空这个假设，在锥 K 上函数 f_δ 是下有界的，而且下面这个引理是成立的.

引理 2.7　设 $\{z^k\}$ 是由算法 2.2 所产生的一个序列，则对每一个 k，我们有

$$f_{\delta_k}(z^k) - f_{\delta_{k+1}}(z^{k+1}) \geqslant \frac{1}{2}(z^k - z^{k+1})^{\mathrm{T}}(B^k - C)(z^k - z^{k+1}) \geqslant 0. \tag{2.14}$$

证明　根据式(2.11) 和(2.13)，有

$$\begin{aligned} & f_{\delta_k}(z^k) - f_{\delta_{k+1}}(z^{k+1}) \\ & = (z^k - z^{k+1})^{\mathrm{T}}(q + Mz^{k+1}) + \frac{1}{2}(z^k - z^{k+1})^{\mathrm{T}}M(z^k - z^{k+1}) + \frac{1}{2}\delta_k \| z^k \|^2 - \frac{1}{2}\delta_{k+1} \| z^{k+1} \|^2 \\ & = \frac{1}{2}(z^k - z^{k+1})^{\mathrm{T}}(B^k - C)(z^k - z^{k+1}) + (z^k - z^{k+1})^{\mathrm{T}}(q + Cz^k + B^k z^{k+1} - \delta_k z^{k+1}) \\ & \quad - \frac{1}{2}\delta_k \| z^k - z^{k+1} \|^2 + \frac{1}{2}\delta_k \| z^k \|^2 - \frac{1}{2}\delta_{k+1} \| z^{k+1} \|^2 \\ & = \frac{1}{2}(z^k - z^{k+1})^{\mathrm{T}}(B^k - C)(z^k - z^{k+1}) + (z^k)^{\mathrm{T}}(q + Cz^k + B^k z^{k+1}) + \frac{\delta_k - \delta_{k+1}}{2} \| z^{k+1} \|^2, \end{aligned}$$

其中，第三个等式成立是因为 z^{k+1} 是问题(2.11) 的解. 由于

$$z^k \in K,\ q + Cz^k + B^k z^{k+1} \in K$$

以及 $\delta_k > \delta_{k+1}$，从而有

$$f_{\delta_k}(z^k) - f_{\delta_{k+1}}(z^{k+1}) \geqslant \frac{1}{2}(z^k - z^{k+1})^{\mathrm{T}}(B^k - C)(z^k - z^{k+1}).$$

由矩阵 $B^k - C$ 的正定性很容易就可以得到式(2.14) 中的第二个不等式成立. 证毕.

利用上面的引理，可以得到本节的主要定理.

定理 2.8　设 $\boldsymbol{M}$ 是一个对称的 K - 双正矩阵，又假设

$$0 \neq z \in K, \boldsymbol{M}z \in K, z^{\mathrm{T}}\boldsymbol{M}z = 0 \Rightarrow \boldsymbol{q}^{\mathrm{T}}z > 0, \tag{2.15}$$

则由算法 2.2 所产生的序列是有界的，并且任意的聚点都是线性二阶锥互补问题(2.1)的解.

证明　首先我们证明序列$\{z^k\}$的有界性. 根据引理 2.7，序列$\{f_{\delta_k}(z^k)\}$是非增的. 而且我们已知序列f_δ是下有界的，因此序列$\{f_{\delta_k}(z^k)\}$是收敛的. 由于对每一个充分大的k，矩阵$\boldsymbol{B}^k - \boldsymbol{C}$都是一致正定的，故由式(2.14)我们可以得到$\{z^k - z^{k+1}\}$是收敛于零的.

假设序列$\{z^k\}$是无界的. 不失一般性，可以假设$\|z^k\| \to +\infty$. 考虑归一化序列$\{z^k / \|z^k\|\}$并假设它具有一个聚点$z^* \in K\backslash\{0\}$. 设子序列$\{z^{k_i+1} / \|z^{k_i+1}\|\}$收敛于$z^*$，由于$z^{k_i+1}$是线性二阶锥互补问题(2.11)的解，故有

$$(\boldsymbol{M} + \delta_{k_i}\boldsymbol{I})z^{k_i+1} + \boldsymbol{C}(z^{k_i} - z^{k_i+1}) + \boldsymbol{q} \in K, \tag{2.16}$$

$$z^{k_i+1} \in K, \tag{2.17}$$

$$(z^{k_i+1})^{\mathrm{T}}((\boldsymbol{M} + \delta_{k_i}\boldsymbol{I})z^{k_i+1} + \boldsymbol{C}(z^{k_i} - z^{k_i+1}) + \boldsymbol{q}) = 0. \tag{2.18}$$

把式(2.16)和式(2.17)都除以$\|z^{k_i+1}\|$，式(2.18)除以$\|z^{k_i+1}\|^2$，并让$i \to +\infty$，则有

$$z^* \in K, \quad \boldsymbol{M}z^* \in K, \quad (z^*)^{\mathrm{T}}\boldsymbol{M}z^* = 0. \tag{2.19}$$

注意$\boldsymbol{M}$是K - 双正的，因此$\boldsymbol{M} + \delta_{k_i}\boldsymbol{I}$是严格$K$ - 双正的，故有

$$\begin{aligned}0 &= (z^{k_i+1})^{\mathrm{T}}((\boldsymbol{M} + \delta_{k_i}\boldsymbol{I})z^{k_i+1} + \boldsymbol{C}(z^{k_i} - z^{k_i+1}) + \boldsymbol{q}) \\ &> (z^{k_i+1})^{\mathrm{T}}(\boldsymbol{C}(z^{k_i} - z^{k_i+1}) + \boldsymbol{q}).\end{aligned}$$

把最后一个不等式除以$\|z^{k_i+1}\|$，并令$i \to +\infty$，可以得到$\boldsymbol{q}^{\mathrm{T}}z^* \leqslant 0$. 结合式(2.19)，得到了一个与条件(2.15)相矛盾的结论. 因此，假设不成立，即序列$\{z^k\}$一定有界.

接下来证明序列$\{z^k\}$的任一聚点都是线性二阶锥互补问题(2.1)的解. 设$\tilde{z}$是序列$\{z^k\}$的一个任意的聚点，即，存在$\{z^k\}$的一个子序列$\{z^{k_i}\}$收敛于$\tilde{z}$. 根据上面的分析，$\{z^k - z^{k+1}\}$收敛于零，因而序列$\{z^{k_i+1}\}$也收敛于$\tilde{z}$. 因为序列$\{z^{k_i+1}\}$满足式(2.16)～式(2.18)，令$i \to +\infty$取极限，则可得到$\tilde{z}$是线性二阶锥互补问题(2.1)的一个解. 定理得证.

可以推得，当$\boldsymbol{M}$是对称半正定矩阵时，在条件(2.15)下定理 2.8 的结论仍然成立.

2.4.2　子问题的求解

考虑子问题(2.12)，这些子问题形式上可以统一为：寻找$z \in \mathbf{R}^l$，使得

$$z \in K^l, bz + \boldsymbol{r} \in K^l, z^{\mathrm{T}}(bz + \boldsymbol{r}) = 0, \tag{2.20}$$

其中，$b > 0$. 线性二阶锥互补问题(2.20) 有唯一解，记为 z^*. 特别地，当 $l = 1$ 时，问题(2.20) 的解很容易就可以得到，为 $z^* = \max(0, -r/b)$. 对于一般的情况，根据文献[55] 中的命题 3.3，有

$$z^* = \begin{cases} 0, & r \in K^l, \\ -b^{-1}\boldsymbol{r}, & -b^{-1}\boldsymbol{r} \in K^l, \\ \dfrac{r_1 - \|\boldsymbol{r}_2\|}{2b}\begin{pmatrix} -1 \\ \|\boldsymbol{r}_2\|^{-1}\boldsymbol{r}_2 \end{pmatrix}, & \text{其他}. \end{cases} \tag{2.21}$$

事实上，前两种情况比较容易得到. 现在假设 $\boldsymbol{r} \notin K^l$ 并且 $-b^{-1}\boldsymbol{r} \notin K^l$，则有 $\boldsymbol{z}^* \in \mathrm{bd}K^l \setminus \{0\}$ 以及 $(z^*)^{\mathrm{T}}(bz^* + \boldsymbol{r}) = 0$，从而有 $bz^* + \boldsymbol{r} \in \mathrm{bd}K^l$，其中，bd$A$ 表示集合 A 的边界点集. 把 $\boldsymbol{z}^*$ 与 $bz^* + \boldsymbol{r}$ 分别记为

$$\boldsymbol{z}^* = \beta\begin{pmatrix} 1 \\ \boldsymbol{w} \end{pmatrix}, bz^* + \boldsymbol{r} = \mu\begin{pmatrix} 1 \\ -\boldsymbol{w} \end{pmatrix},$$

其中，$\beta > 0$，$\mu \geqslant 0$，以及 $\boldsymbol{w} \in \mathbf{R}^{l-1}$ 且 $\|\boldsymbol{w}\| = 1$. 接下来可以得到

$$\begin{pmatrix} \beta b + r_1 \\ \beta b\boldsymbol{w} + \boldsymbol{r}_2 \end{pmatrix} = \begin{pmatrix} \mu \\ -\mu\boldsymbol{w} \end{pmatrix}, \tag{2.22}$$

其中，$\boldsymbol{r} = (r_1, \boldsymbol{r}_2) \in \mathbf{R} \times \mathbf{R}^{l-1}$. 消掉(2.22) 中的 μ，有

$$(2\beta b + r_1)\boldsymbol{w} = -\boldsymbol{r}_2.$$

由于 $\mu = \beta b + r_1 \geqslant 0$，$\beta > 0$，$b > 0$，并且 $\|\boldsymbol{w}\| = 1$，故有

$$\beta = \frac{\|r_2\| - r_1}{2b}, \boldsymbol{w} = -\frac{\boldsymbol{r}_2}{2\beta b + r_1},$$

从中可以立即得到式(2.21).

2.4.3　数值实验

本节针对对称正定和对称半正定这两种情形，对算法 2.2 进行了测试. 具体来讲，主要考虑了下面两个实验：

- 对稠密的病态对称正定矩阵进行测试；
- 对稠密的病态对称半正定矩阵进行测试.

为了说明算法 2.2 的有效性，我们把该算法与文献[77] 中提出的算法 “BSOR_HYYF” 和文献[80] 中提出的方法“BSOR_BN_L” 进行比较. 算法是用程序 MATLAB 7.11.0 运行的，计算机的配置 CPU 是 2.50 GHz，内存是 4GB. 对每一个测试问题，向量 $\boldsymbol{q}$ 都是从区间

$[-1,1]$ 任意选取的, 初始点取为 $z^0=(1,0)\in \mathbf{R}\times\mathbf{R}^{n-1}$, 并且正整数对 (n,m) 满足 $n_1=\cdots=n_m=\dfrac{n}{m}$. 至于矩阵 $\boldsymbol{M}$, 与文献[80] 中类似, 首先生成一个矩阵 $\bar{\boldsymbol{M}}$,

$$\bar{\boldsymbol{M}}=\operatorname{diag}([1:\delta:1+(n-1)*\delta].\wedge 0.5)*\operatorname{orth}(\operatorname{randn}(n,n)),$$

其中, $\delta=\dfrac{\text{cond}}{n}$, 条件数 $\text{cond}=10^6$. 然后通过 $\boldsymbol{M}=\bar{\boldsymbol{M}}^{\mathrm{T}}\bar{\boldsymbol{M}}$ 构造一个稠密的病态对称正定矩阵, 或者通过 $\boldsymbol{M}=\bar{\boldsymbol{M}}^{\mathrm{T}}T\bar{\boldsymbol{M}}$ 构造一个稠密的对称半正定矩阵, 其中,

$$T=\operatorname{diag}\{\underbrace{0,\cdots,0}_{5},\underbrace{1,\cdots,1}_{n-10},\underbrace{0,\cdots,0}_{5}\}.$$

在实验中, 算法终止标准设定为当 $n=10^4$ 或者 $m=1000$ 时 $\varepsilon=10^{-4}$, 其他的情况设定为 $\varepsilon=10^{-6}$. 而且, 对所有的测试算法, 当迭代次数达到 $k>\text{iter}_{\max}=1000$ 时迭代终止. 对算法 BSOR_HYYF 和 BSOR_BN_L 中所涉及的其他参数, 设定方法与文献[77] 和[80] 中一样. 每一种情况我们都用随机产生的数据测试10次. 表2.1 和表2.2 中是运行的数值结果, 其中, "Iter" 表示平均迭代次数, "Cpu(s)" 表示平均CPU 时间, 用秒(s) 表示, ρ_r 代表相对残差, " * " 代表 "out of memory"(即计算机处理不了相应的数据).

表 2.1　稠密的病态对称半正定矩阵运行结果

		算法 2.2			BSOR_BN_L		
n	m	Iter	Cpu(s)	ρ_r	Iter	Cpu(s)	ρ_r
	1	49.8	3.956	5.7e-14	5.7	2.958	2.5e-14
	10	48.6	4.120	6.5e-14	900.7	25.733	8.6e-11
2000	100	65.0	19.047	7.8e-14	1000	58.875	1.1e-8
	200	73.1	71.087	7.5e-14	1000	126.203	6.0e-8
	1	48.4	24.859	6.1e-14	6.0	12.464	1.1e-14
	10	46.0	25.272	4.4e-14	1000	224.636	8.9e-11
4000	100	49.7	36.295	4.5e-14	1000	102.814	2.8e-9
	200	65.7	83.620	5.6e-14	1000	167.896	1.7e-8
	1	48.8	44.468	3.9e-14	6.2	20.372	7.5e-15
	10	46.8	44.954	4.8e-14	1000	304.592	1.9e-11
	100	48.0	55.942	4.1e-14	1000	116.138	3.1e-9
5000	200	61.8	100.882	4.9e-14	1000	170.584	1.3e-8
	1000	69.1	1386.068	4.4e-12	1000	1266.544	4.9e-7

续表

		算法 2.2			BSOR_BN_L		
10000	1	37.9	331.744	3.0e-12	3.9	82.475	1.8e-13
	10	36.3	332.238	3.3e-12	7.4	12.362	6.3e-13
	100	35.8	339.821	3.1e-12	1000	344.773	7.0e-10
	200	35.3	362.413	3.6e-12	1000	414.510	3.9e-9
	1000	60.5	1537.979	3.7e-12	1000	1574.975	1.5e-7

表 2.2　稠密的病态对称正定矩阵运行结果

		算法 2.2			BSOR_HYYF			BSOR_BN_L		
n	m	Iter	Cpu(s)	ρ_r	Iter	Cpu(s)	ρ_r	Iter	Cpu(s)	ρ_r
2000	1	47.9	3.937	8.4e-14	7.9	205.367	3.9e-14	6.0	3.122	1.6e-14
	10	47.2	4.055	8.8e-14	10.8	39.434	4.4e-17	703.6	17.045	7.1e-11
	100	64.3	18.623	4.9e-14	1000	33.620	1.2e-12	1000	48.836	1.4e-8
	200	70.5	73.529	6.6e-14	1000	47.273	1.9e-12	1000	101.282	5.7e-8
4000	1	47.1	25.842	5.8e-14	7.2	1220.54	2.5e-14	6.0	12.723	1.7e-14
	10	46.0	25.944	4.5e-14	11.6	42.427	1.5e-16	900.7	164.370	5.5e-11
	100	46.3	37.231	5.2e-14	1000	317.671	3.8e-12	1000	87.755	4.1e-9
	200	64.5	84.684	5.6e-14	1000	79.918	1.2e-11	1000	139.050	1.9e-8
5000	1	49.0	61.569	5.3e-14	7.8	2610.78	2.9e-15	6.2	20.542	1.0e-14
	10	45.8	61.065	5.4e-14	11.4	59.319	9.5e-17	801.9	247.355	4.4e-11
	100	47.7	71.060	4.5e-14	1000	457.463	3.5e-13	1000	117.305	2.5e-9
	200	61.3	109.762	4.3e-14	1000	106.376	3.0e-12	1000	170.668	1.2e-8
	1000	68.1	1367.01	5.5e-12	1000	201.722	3.4e-11	1000	1285.35	5.0e-7
10000	1	37.9	331.085	2.8e-12	*	*	*	3.3	68.975	3.0e-13
	10	35.8	330.970	3.8e-12	10.0	194.744	9.8e-13	7.4	12.335	1.1e-12
	100	35.4	339.004	3.0e-12	10.1	370.232	3.6e-12	1000	340.837	1.0e-9
	200	36.9	367.476	3.3e-12	5.1	741.939	7.4e-12	1000	407.150	3.6e-9
	1000	61.3	1609.78	3.0e-12	1000	397.242	2.1e-11	1000	1566.07	1.5e-7

从这两个表中可以发现当 $\varepsilon = 10^{-6}$ 时相对残差 $\rho_r = 10^{-14}$；当 $\varepsilon = 10^{-4}$ 时相对残差 $\rho_r = 10^{-12}$. 对每个 n，算法的迭代次数和 CPU 时间都随着 m 的增大而增加，并且也随着 n 的增大而增加. 当 m 从 200 增大到 1000 时 CPU 时间增加得很快. 在这两个表格中它们的变化趋势

是一样的. 事实上, 如果有足够多且配置好的电脑, 算法 2.2 的运行时间会减少很多, 因为在算法中子问题(2.20) 可以并行求解. 总之, 表 2.1 和表 2.2 中的结果表明了不管是在运行时间还是相对精度方面算法 2.2 都是比较有效的, 这可能是因为算法 2.2 中的子问题可以精确求解, 而其他方法中的子问题都是近似求解.

从数值实验可以看出, 本节所提的算法适合于大规模问题, 至少可以求解一些带有稠密的正定矩阵(或半正定矩阵) 的线性二阶锥互补问题.

2.5 分块连续超松弛矩阵分裂法

本节介绍文献[77] 中求解线性二阶锥互补问题的分块连续超松弛矩阵分裂法, 该方法是从线性互补问题[7] 推广来的. 在本节中假设矩阵 $\boldsymbol{M} \in \mathbf{R}^{n\times n}$ 是对称正定矩阵, 因此矩阵 $\boldsymbol{M}$ 是严格 K - 双正的.

设矩阵 $\boldsymbol{M}$ 可以分解为

$$\boldsymbol{M} = \begin{pmatrix} \boldsymbol{M}_{11} & \boldsymbol{M}_{12} & \cdots & \boldsymbol{M}_{1m} \\ \boldsymbol{M}_{21} & \boldsymbol{M}_{22} & \cdots & \boldsymbol{M}_{2m} \\ \vdots & & \ddots & \vdots \\ \boldsymbol{M}_{m1} & \boldsymbol{M}_{m2} & \cdots & \boldsymbol{M}_{mm} \end{pmatrix},$$

其中, $\boldsymbol{M}_{ij} \in \mathbf{R}^{n_i\times n_j}$. 令

$$\boldsymbol{B} = \begin{pmatrix} \boldsymbol{B}_{11} & & & & 0 \\ \boldsymbol{M}_{21} & \boldsymbol{B}_{22} & & & \\ \boldsymbol{M}_{31} & \boldsymbol{M}_{32} & \ddots & & \\ \vdots & & \ddots & \ddots & \\ \boldsymbol{M}_{m1} & \cdots & \cdots & \boldsymbol{M}_{m,m-1} & \boldsymbol{B}_{mm} \end{pmatrix}, \ \boldsymbol{C} = \boldsymbol{M} - \boldsymbol{B}, \tag{2.23}$$

其中, $\boldsymbol{B}_{ii}(i = 1,2,\cdots,m)$ 可以适当选择. 由于 $\boldsymbol{B}$ 设定为了一个分块下三角矩阵, 问题(2.2) 可以如下连续求解:令问题(2.2) 中的 $\boldsymbol{z}$ 和 $\boldsymbol{q}^k$ 分解为

$$\boldsymbol{z} = \begin{pmatrix} \boldsymbol{z}_1 \\ \vdots \\ \boldsymbol{z}_m \end{pmatrix}, \ \boldsymbol{q}^k = \begin{pmatrix} \boldsymbol{q}_1^k \\ \vdots \\ \boldsymbol{q}_m^k \end{pmatrix},$$

其中, $\boldsymbol{z}_i \in \mathbf{R}^{n_i}$, $\boldsymbol{q}_i^k \in \mathbf{R}^{n_i}, i = 1,2,\cdots,m$. 则根据二阶锥约束的分解结构, 问题(2.2) 可以等价地转化为求解 $\boldsymbol{z} \in \mathbf{R}^n$, 使得

$$\boldsymbol{z}_i \in K^{n_i}, \quad \boldsymbol{B}_{ii}\boldsymbol{z}_i + \boldsymbol{r}_i^k \in K^{n_i}, \quad \boldsymbol{z}_i^{\mathrm{T}}(\boldsymbol{B}_{ii}\boldsymbol{z}_i + \boldsymbol{r}_i^k) = 0, \quad i = 1,2,\cdots,m, \tag{2.24}$$

其中，

$$\boldsymbol{r}_i^k = \begin{cases} \boldsymbol{q}_1^k, & i = 1, \\ \sum_{j=1}^{i-1} \boldsymbol{M}_{ij} z_j + \boldsymbol{q}_i^k, & i \geqslant 2. \end{cases}$$

可以依次把 $z_1, \cdots, z_{i-1}$ 和 $\boldsymbol{r}_i^k (i = 1, 2, \cdots, m)$ 看作常数来求解问题(2.24) 中的 z_i.

在线性互补问题的分块连续超松弛方法中，块对角线元素 $\boldsymbol{B}_{ii}$ 通常选择为 $\boldsymbol{B}_{ii} = \omega^{-1}\boldsymbol{M}_{ii}$，其中常数 $\omega \in (0,2)$. 但是，在二阶锥互补问题中，如果令 $\boldsymbol{B}_{ii} = \omega^{-1}\boldsymbol{M}_{ii}$，则问题(2.24) 不能得到有效求解. 所以采用下面的方法来选择 $\boldsymbol{B}_{ii}$：为了简化概念，首先定义映射 $\Gamma: \mathbf{R}^{l\times l} \times (0, +\infty) \times [0, +\infty) \to \mathbf{R}^{l\times l}$，

$$\Gamma(\boldsymbol{A}, \omega, \gamma) := \begin{cases} \omega^{-1} a_1, & l = 1, \\ \begin{pmatrix} \omega^{-1} a_1 & \boldsymbol{0}^{\mathrm{T}} \\ \gamma \boldsymbol{a}_2 & \omega^{-1} \boldsymbol{A}_3 \end{pmatrix}, & l \geqslant 2, \end{cases} \tag{2.25}$$

其中，$\omega > 0, \gamma \geqslant 0$，$\boldsymbol{A} \in \mathbf{R}^{l\times l}$，且

$$\boldsymbol{A} = \begin{pmatrix} a_1 & \boldsymbol{a}_2^{\mathrm{T}} \\ \boldsymbol{a}_2 & \boldsymbol{A}_3 \end{pmatrix}, \tag{2.26}$$

$a_1 \in \mathbf{R}, \boldsymbol{a}_2 \in \mathbf{R}^{l-1}, \boldsymbol{A}_3 \in \mathbf{R}^{(l-1)\times(l-1)}$. 利用该映射，设

$$\boldsymbol{B}_{ii} := \Gamma(\boldsymbol{M}_{ii}, \omega, \gamma).$$

通过利用 $\boldsymbol{B}_{ii} = \Gamma(\boldsymbol{M}_{ii}, \omega, \gamma)$ 的特殊结构，问题(2.24) 可以得到有效求解，关于子问题的求解后面再单独讨论. 下面考虑利用分裂法(2.23) 时算法 2.1 的收敛条件.

引理 2.9[77]　设由(2.26) 定义的矩阵 $\boldsymbol{A} \in \mathbf{R}^{l\times l}$ 是一个对称正定矩阵，$(\boldsymbol{G}, \boldsymbol{H})$ 是 $\boldsymbol{A}$ 的一个分裂，

$$\boldsymbol{G} = \Gamma(\boldsymbol{A}, \omega, \gamma), \quad \boldsymbol{H} = \boldsymbol{A} - \Gamma(\boldsymbol{A}, \omega, \gamma).$$

若 ω 和 γ 满足下列条件之一：

(a) $\gamma > 1, 0 < \omega \leqslant 2/\gamma$；

(b) $\gamma = 1, 0 < \omega < 2$；

(c) $0 \leqslant \gamma < 1, 0 < \omega \leqslant 2/(2-\gamma)$，

则矩阵 $\boldsymbol{G}$ 是正定的，而且分裂 $(\boldsymbol{G}, \boldsymbol{H})$ 是正则的.

证明　当 $l = 1$ 时结论显然成立，这里只需考虑 $l \geqslant 2$ 的情况. 需注意的是，对任意由(2.26) 定义的对称矩阵 $\boldsymbol{A} \in \mathbf{R}^{l\times l}$，根据文献[188] 中的定理 7.7.6，下列关系成立：

$$\boldsymbol{A} \text{ 是正定的} \Leftrightarrow a_1 > 0 \text{ 且 } \boldsymbol{A}_3 - a_1^{-1}\boldsymbol{a}_2\boldsymbol{a}_2^{\mathrm{T}} \text{ 是正定的}, \tag{2.27}$$

其中，矩阵 $\boldsymbol{A}_3 - a_1^{-1}\boldsymbol{a}_2\boldsymbol{a}_2^{\mathrm{T}}$ 是矩阵 A 关于 a_1 的舒尔补.

首先要证明 $\boldsymbol{G}$ 是正定的，只需证明

$$\frac{\boldsymbol{G}+\boldsymbol{G}^{\mathrm{T}}}{2}=\begin{pmatrix}\omega^{-1}a_1 & (\gamma/2)\boldsymbol{a}_2^{\mathrm{T}}\\ (\gamma/2)\boldsymbol{a}_2 & \omega^{-1}\boldsymbol{A}_3\end{pmatrix}$$

是正定的. 当 $\gamma=0$ 时结论显然成立，只需证明 $\gamma>0$ 的情况. 需注意的是对所有的情况(a) ~ (c)，都有 $\frac{4}{\omega^2\gamma^2}-1>0$. $\frac{\boldsymbol{G}+\boldsymbol{G}^{\mathrm{T}}}{2}$ 关于 $\omega^{-1}a_1$ 的舒尔补为

$$\omega^{-1}\boldsymbol{A}_3-\frac{(\gamma^2/4)\boldsymbol{a}_2\boldsymbol{a}_2^{\mathrm{T}}}{\omega^{-1}a_1}=\frac{\omega\gamma^2}{4}\left\{\left(\frac{4}{\omega^2\gamma^2}-1\right)\boldsymbol{A}_3+\left(\boldsymbol{A}_3-\frac{\boldsymbol{a}_2\boldsymbol{a}_2^{\mathrm{T}}}{a_1}\right)\right\},$$

根据关系式(2.27)和 $\frac{4}{\omega^2\gamma^2}-1>0$，可知 $\frac{\boldsymbol{G}+\boldsymbol{G}^{\mathrm{T}}}{2}$ 关于 $\omega^{-1}a_1$ 的舒尔补是正定的，又由于 $\omega^{-1}a_1>0$，从而矩阵 $\frac{\boldsymbol{G}+\boldsymbol{G}^{\mathrm{T}}}{2}$ 是正定的.

接下来证明分裂 $(\boldsymbol{G},\boldsymbol{H})$ 是正则的，为此只需证明

$$\frac{(\boldsymbol{G}-\boldsymbol{H})+(\boldsymbol{G}-\boldsymbol{H})^{\mathrm{T}}}{2}=\begin{pmatrix}(2\omega^{-1}-1)a_1 & (\gamma-1)\boldsymbol{a}_2^{\mathrm{T}}\\ (\gamma-1)\boldsymbol{a}_2 & (2\omega^{-1}-1)\boldsymbol{A}_3\end{pmatrix}$$

的正定性. $\frac{(\boldsymbol{G}-\boldsymbol{H})+(\boldsymbol{G}-\boldsymbol{H})^{\mathrm{T}}}{2}$ 关于 $(2\omega^{-1}-1)a_1$ 的舒尔补为

$$\begin{aligned}&(2\omega^{-1}-1)\boldsymbol{A}_3-\frac{(\gamma-1)^2\boldsymbol{a}_2\boldsymbol{a}_2^{\mathrm{T}}}{(2\omega^{-1}-1)a_1}\\ &=\frac{1}{2\omega^{-1}-1}\left\{[(2\omega^{-1}-1)^2-(\gamma-1)^2]\boldsymbol{A}_3+(\gamma-1)^2\left(\boldsymbol{A}_3-\frac{\boldsymbol{a}_2\boldsymbol{a}_2^{\mathrm{T}}}{a_1}\right)\right\}.\end{aligned}\tag{2.28}$$

由于矩阵 $\boldsymbol{A}_3$ 和 $\boldsymbol{A}_3-a_1^{-1}\boldsymbol{a}_2\boldsymbol{a}_2^{\mathrm{T}}$ 都是正定的，且对所有的情况(a) ~ (c)，都有 $2\omega^{-1}-1>0$ 和 $(2\omega^{-1}-1)^2-(\gamma-1)^2>0$，因此式(2.28)给出的矩阵是正定的. 又因为 $(2\omega^{-1}-1)a_1>0$，从而矩阵 $\frac{(\boldsymbol{G}-\boldsymbol{H})+(\boldsymbol{G}-\boldsymbol{H})^{\mathrm{T}}}{2}$ 也是正定的. 证毕.

引理 2.10[77] 假设 $\boldsymbol{G}\in\mathbf{R}^{l\times l}$ 是一个正定矩阵，则 $\boldsymbol{G}$ 是一个 $K-Q$ 矩阵，且对任意的 $\boldsymbol{p}\in\mathbf{R}^l$，问题 SOCCP$(\boldsymbol{p},\boldsymbol{G},K^l)$ 具有唯一解.

证明 令 $F(\boldsymbol{x}):=\boldsymbol{G}\boldsymbol{x}+\boldsymbol{p}$，由于矩阵 $\boldsymbol{G}$ 是正定的，故 $F(\boldsymbol{x})$ 是强单调的. 此外，问题 SOCCP$(\boldsymbol{p},\boldsymbol{G},K^l)$ 等价于变分不等式问题：求 $\boldsymbol{x}\in K^l$，使得对任意 $\boldsymbol{y}\in K^l$ 都有 $F(\boldsymbol{x})^{\mathrm{T}}(\boldsymbol{y}-\boldsymbol{x})\geqslant 0$. 根据文献[189]中的推论 3.2 可知带有强单调映射的变分不等式问题具有唯一解，所以结论成立. 证毕.

利用上面的结论，下面的定理给出了当 $\boldsymbol{B}_{ii}=\Gamma(\boldsymbol{M}_{ii},\omega,\gamma)$ 时矩阵分裂(2.23) 是一个正则 $K-Q$ 分裂的条件.

定理 2.11[77]　设$(\boldsymbol{B},\boldsymbol{C})$ 是 $\boldsymbol{M}$ 的一个分裂且由式(3.1) 确定 $\boldsymbol{B}_{ii}=\Gamma(\boldsymbol{M}_{ii},\omega,\gamma)$，$i=1,2,\cdots,m$. 若 ω 和 γ 满足下列条件之一：

(a)$\gamma>1, 0<\omega\leqslant 2/\gamma$；

(b)$\gamma=1, 0<\omega<2$；

(c)$0\leqslant\gamma<1, 0<\omega\leqslant 2/(2-\gamma)$，

则$(\boldsymbol{B},\boldsymbol{C})$ 是一个正则 $K-Q$ 分裂.

证明　设$(\boldsymbol{B}_{ii},\boldsymbol{C}_{ii})$ 是 $\boldsymbol{M}_{ii}$ 的一个分裂，其中，$\boldsymbol{B}_{ii}=\Gamma(\boldsymbol{M}_{ii},\omega,\gamma)$，$\boldsymbol{C}_{ii}=\boldsymbol{M}_{ii}-\boldsymbol{B}_{ii}$. 令引理 2.9 中的 $\boldsymbol{A}:=\boldsymbol{M}_{ii}$，$\boldsymbol{G}:=\boldsymbol{B}_{ii}=\Gamma(\boldsymbol{M}_{ii},\omega,\gamma)$，$\boldsymbol{H}:=\boldsymbol{C}_{ii}=\boldsymbol{M}_{ii}-\Gamma(\boldsymbol{M}_{ii},\omega,\gamma)$，可得 $\boldsymbol{B}_{ii}$ 是正定矩阵，且分裂$(\boldsymbol{B}_{ii},\boldsymbol{C}_{ii})$ 是正则的.

下面证明$(\boldsymbol{B},\boldsymbol{C})$ 是一个正则 $K-Q$ 分裂. 首先证明$(\boldsymbol{B},\boldsymbol{C})$ 的正则性. 由于 $\boldsymbol{M}$ 是对称的且 $\boldsymbol{B}$ 是分块下三角矩阵，$\boldsymbol{B}-\boldsymbol{C}$ 可写为

$$\boldsymbol{B}-\boldsymbol{C}=\operatorname{diag}\{\boldsymbol{B}_{ii}-\boldsymbol{C}_{ii}\}_{i=1}^{m}+\boldsymbol{L}-\boldsymbol{L}^{\mathrm{T}},$$

其中，$\operatorname{diag}\{\boldsymbol{B}_{ii}-\boldsymbol{C}_{ii}\}_{i=1}^{m}$ 是一个分块对角矩阵，其对角元素为 $\boldsymbol{B}_{ii}-\boldsymbol{C}_{ii}$，且 $\boldsymbol{L}\in\mathbf{R}^{n\times n}$ 是矩阵 $\boldsymbol{M}$ 的严格分块下三角部分. 则对任意的 $z\in\mathbf{R}^{n}\backslash\{0\}$，有

$$\begin{aligned} z^{\mathrm{T}}(\boldsymbol{B}-\boldsymbol{C})z &= z^{\mathrm{T}}(\operatorname{diag}\{\boldsymbol{B}_{ii}-\boldsymbol{C}_{ii}\}_{i=1}^{m})z+z^{\mathrm{T}}\boldsymbol{L}z-z^{\mathrm{T}}\boldsymbol{L}^{\mathrm{T}}z \\ &= \sum_{i=1}^{m} z_i^{\mathrm{T}}(\boldsymbol{B}_{ii}-\boldsymbol{C}_{ii})z_i \\ &> 0, \end{aligned}$$

其中的不等式可由$(\boldsymbol{B}_{ii},\boldsymbol{C}_{ii})$ 的正则性得到，由此可得分裂$(\boldsymbol{B},\boldsymbol{C})$ 是正则的. 接下来证明 $\boldsymbol{B}$ 是一个 $K-Q$ 矩阵. 由于 $\boldsymbol{B}_{ii}$ 是正定的，根据引理 2.10，$\boldsymbol{B}_{ii}$ 也是一个 $K^{n_i}-Q$ 矩阵. 而且，二阶锥互补问题（2.2）的解可通过递归地从 $i=1$ 到 $i=m$ 求解问题（2.24）得到，并且由于 $\boldsymbol{B}_{ii}$ 是一个 $K^{n_i}-Q$ 矩阵，每一个二阶锥互补问题都是可解的. 故对任意的 $\boldsymbol{q}$，整个二阶锥互补问题都是可解的，即 $\boldsymbol{B}$ 是一个 $K-Q$ 矩阵. 证毕.

2.6　本章小结

在当今大数据时代，许多问题都牵涉到大数据，问题的规模越来越大，为了求解，方法的选取就比较重要. 关于互补问题的矩阵分裂法就可以用来求解大规模问题，其中的一些方法也已经推广到二阶锥互补问题中来. 本章主要研究了线性二阶锥互补问题的矩阵分裂法. 首先介绍了求解对称线性二阶锥互补问题基本的矩阵分裂法. 其次，针对对称半正定矩

阵二阶锥互补问题，提出了一种正则化并行矩阵分裂法. 该方法中的正则化参数是单调递减趋于零的. 并且该法中所选取的矩阵分裂使得算法可以并行计算，而且子问题能够精确求解，这不仅大大降低了算法的误差，也缩短了运行时间. 数值实验表明新算法对大规模的问题，特别是对稠密的病态对称正定矩阵或半正定矩阵问题都是适用的. 与以前的同类算法相比，新算法具有以下几个优势：① 可以并行计算；② 在适当条件下求解对称半正定问题是收敛的；③ 子问题的解具有解析表达式. 最后介绍了求解线性互补问题的分块连续超松弛矩阵分裂法.

第 3 章　随机线性二阶锥互补问题的期望残差极小化模型

3.1　引言

本章考虑一类随机线性二阶锥互补问题. 由于随机问题一般不存在适合所有情况的解，因此针对该类问题本章提出了一个确定模型——期望残差极小化模型. 首先讨论期望残差极小化问题的强制性. 其次，因为期望残差极小化问题中含有数学期望，故利用蒙特卡罗近似方法来近似期望残差极小化问题，并证明了在一定的条件下，该近似方法具有指数收敛速率. 最后又讨论了期望残差极小化模型解的鲁棒性.

3.2　问题描述

本章考虑随机线性二阶锥互补问题：寻找向量 $z \in \mathbf{R}^n$，使得

$$z \in K, \boldsymbol{M}(\omega)z + \boldsymbol{q}(\omega) \in K, z^{\mathrm{T}}(\boldsymbol{M}(\omega)z + \boldsymbol{q}(\omega)) = 0, \text{a.e. } \omega \in \Omega. \tag{3.1}$$

这里，Ω 表示随机变量 ω 的支集，“a.e.”是在基本概率测度下“almost every”的简写，对每一个 $\omega \in \Omega$，都有 $\boldsymbol{M}(\omega) \in \mathbf{R}^{n\times n}$ 及 $\boldsymbol{q}(\omega) \in \mathbf{R}^n$，

$$K = K^{n_1} \times K^{n_2} \times \cdots \times K^{n_l}$$

是一个二阶锥，且有 $n_1 + n_2 + \cdots + n_l = n$，以及

$$K^{n_i} = \{(z_1, z_2) \in \mathbf{R} \times \mathbf{R}^{n_i - 1} \mid z_1 \geqslant \|z_2\|\}, i = 1, \cdots, l,$$

其中，$\|\cdot\|$表示欧几里得范数. 注意到二阶锥是自对偶的，即K和它本身的对偶锥K^*是一样的，因此在(3.1) 中可以把$\boldsymbol{M}(\omega)z + \boldsymbol{q}(\omega) \in K^*$ 写成$\boldsymbol{M}(\omega)z + \boldsymbol{q}(\omega) \in K$. 问题(3.1) 显然是随机线性互补问题

$$z \geqslant 0, \boldsymbol{M}(\omega)z + \boldsymbol{q}(\omega) \geqslant 0, z^{\mathrm{T}}(\boldsymbol{M}(\omega)z + \boldsymbol{q}(\omega)) = 0, \text{a.e. } \omega \in \Omega \tag{3.2}$$

的一个推广，这一问题已有众多学者对其进行了研究.

需注意的是，如果 Ω 中只含有一种情况，则随机线性二阶锥互补问题就简化为标准的

线性二阶锥互补问题，该问题已有很多研究成果. 然而在许多的现实问题中，线性二阶锥互补问题中的某些因素是不确定的，随机线性二阶锥互补问题也就应运而生. 一般来说，由于随机变量的存在，随机线性二阶锥互补问题可能就不会存在一个解来适合几乎所有的现实情况. 因此，处理这些随机问题的一个可行的方法是构造一个确定模型，由确定模型来产生一个与不确定情况有关的合理的近似解.

正如文献[112]中综述，对经典的随机互补问题已经提出了三种确定模型：期望值模型、随机均衡约束数学规划模型以及期望残差极小化模型. 我们可以把这些思想应用到随机线性二阶锥互补问题中来. 特别地，问题(3.1)的期望值模型可以写成为

$$z \in K, E[\boldsymbol{M}(\omega)z + \boldsymbol{q}(\omega)] \in K, z^{\mathrm{T}}E[\boldsymbol{M}(\omega)z + \boldsymbol{q}(\omega)] = 0.$$

可以通过一些样品平均近似方法来求解上面的期望值模型，且建立全面的理论分析并不困难. 另一种可供选择的方法是首先估计期望 $\hat{\boldsymbol{M}} = E[\boldsymbol{M}(\omega)]$ 与 $\hat{\boldsymbol{q}} = E[\boldsymbol{q}(\omega)]$，然后用 $\hat{\boldsymbol{M}}$ 代替 $\boldsymbol{M}$，$\hat{\boldsymbol{q}}$ 代替 $\boldsymbol{q}$，求解一个确定的线性二阶锥互补问题，用这个方法来处理期望值问题可能会更方便一些. 特别需要强调的是，尽管期望值模型已经被许多学者视为处理像(3.1)这样的随机互补问题的一个确定模型，但是不同于(3.1)中几乎肯定的定义，它或许可以看作是处理互补问题中不确定性的另外一种途径.

受文献[99]的启发，问题(3.1)的随机均衡约束数学规划模型可以写成

$$\begin{aligned} &\min E[\boldsymbol{d}^{\mathrm{T}}\boldsymbol{r}_\omega] \\ &\text{s.t. } z \in K, \boldsymbol{M}(\omega)z + \boldsymbol{q}(\omega) + \boldsymbol{r}_\omega \in K, z^{\mathrm{T}}(\boldsymbol{M}(\omega)z + \boldsymbol{q}(\omega) + \boldsymbol{r}_\omega) = 0, \\ &\qquad \boldsymbol{r}_\omega \geqslant 0, \text{ a.e. } \omega \in \Omega, \end{aligned}$$

其中，$\boldsymbol{d} > 0$ 是一个权重向量，$\boldsymbol{r}_\omega$ 是一个补偿变量. 这个问题是非常难处理的，原因有三：① 因为含有互补约束，随机均衡约束数学规划模型在任意的可行点都不满足标准的约束规范[190]，因此现有的非线性规划理论可能都不能直接应用到该类随机均衡约束数学规划问题上来. ② 当 Ω 有无穷多元素时，随机均衡约束数学规划模型实际上就是一个半定规划. ③ 补偿变量 $\boldsymbol{r}_\omega$ 是很难处理的. 因此，文献中关于随机均衡约束数学规划模型的讨论是非常少的. 基于以上分析，本章中主要探讨问题(3.1)的期望残差极小化模型.

期望残差极小化模型首先是 Chen 和 Fukushima 提出用来求解随机线性互补问题的[98]，随后又被推广到非线性情形[191]. 为了把该模型推广到随机线性二阶锥互补问题(3.1)中来，需要利用二阶锥互补函数 $\phi: \mathbf{R}^n \times \mathbf{R}^n \to \mathbf{R}^n$.

本章考虑带有参数的二阶锥互补函数：

$$\phi_\tau(\boldsymbol{x}, \boldsymbol{y}) = \boldsymbol{x} + \boldsymbol{y} - \sqrt{(\boldsymbol{x} - \boldsymbol{y})^2 + \tau(\boldsymbol{x} \circ \boldsymbol{y})}, \tag{3.3}$$

其中，$\tau \in (0,4)$ 是一个固定的参数. 显然，当 $\tau = 2$ 时，ϕ_τ 就是 Fischer-Burmeister 函数 ϕ_{FB}.

二阶锥互补函数 ϕ_τ 是由 Chen 和 Pan 提出的[71]，并且文献[63]中给出了该函数的全局李普希兹连续性和强半光滑性.

利用函数 ϕ_τ，问题(3.1) 等价于随机方程组

$$\boldsymbol{\Phi}(\boldsymbol{z},\omega)=0,\text{a.e. }\omega\in\Omega,$$

其中，$\boldsymbol{\Phi}(\boldsymbol{z},\omega)=\phi_\tau(\boldsymbol{z},\boldsymbol{M}(\omega)\boldsymbol{z}+\boldsymbol{q}(\omega))$. 则问题(3.1) 的期望残差极小化模型为

$$\min_{\boldsymbol{z}\in\mathbf{R}^n} g(\boldsymbol{z})=E[\|\boldsymbol{\Phi}(\boldsymbol{z},\omega)\|^2]. \tag{3.4}$$

其中，E 表示数学期望.

除了上面所提的用来处理不确定互补问题的三种方法外，2016 年 Xie 和 Shanbhag 讨论了另外一种方法[192]，即考虑了一个易处理的鲁棒模型，利用这个模型，可以把问题(3.1)转化成

$$\begin{aligned}&\min\max_{\omega\in\Omega}\boldsymbol{z}^{\mathrm{T}}(\boldsymbol{M}(\omega)\boldsymbol{z}+\boldsymbol{q}(\omega)+\boldsymbol{r}_\omega)\\&\text{s.t. }\boldsymbol{z}\in K,\boldsymbol{M}(\omega)\boldsymbol{z}+\boldsymbol{q}(\omega)\in K,\omega\in\Omega.\end{aligned}$$

对某些特殊情况，已经证得上述的鲁棒问题可能是一个易求解的凸规划，而期望残差极小化模型显然是一个非凸规划问题. 这个方法非常有意思，留到以后再探究. 此外，关于随机变分不等式和互补问题的更多最近进展读者可参考文献[193-194].

关于随机二阶锥互补问题的研究是最近几年才刚刚开始的. 2015 年，张宏伟等首次利用期望残差极小化方法求解了随机二阶锥线性互补问题，通过利用二阶锥互补函数 Fischer-Burmeister 将问题转化成极小化问题，并采用拟蒙特卡罗方法对期望残差极小化问题进行近似，最后证明了近似问题解的存在性与收敛性[195]. 该文献并未给出随机二阶锥互补问题的实际应用. 2017 年，Lin 等考虑了一类随机二阶锥互补问题[196]：寻找向量 $\boldsymbol{x}$，$\boldsymbol{y}\in\mathbf{R}^n$，$\boldsymbol{z}\in\mathbf{R}^l$，使得

$$\boldsymbol{x}\in K,\boldsymbol{y}\in K,\boldsymbol{x}^{\mathrm{T}}\boldsymbol{y}=0,F(\boldsymbol{x},\boldsymbol{y},\boldsymbol{z},\omega)=0,\text{a.e. }\omega\in\Omega, \tag{3.5}$$

其中，Ω 是随机变量 ω 的支撑集，F: $\mathbf{R}^n\times\mathbf{R}^n\times\mathbf{R}^l\times\Omega\to\mathbf{R}^n\times\mathbf{R}^l$. 在本篇文献中研究者们假设支撑集 Ω 是有限维欧几里得空间中的一个含有无限多个元素的紧集，并设 $F(\boldsymbol{x},\boldsymbol{y},\boldsymbol{z},\omega)$ 关于 $(\boldsymbol{x},\boldsymbol{y},\boldsymbol{z})$ 是二次连续可微的，且关于 ω 是连续可积的. 为了对问题(3.5) 进行求解，首先他们通过利用二阶锥互补函数 ϕ_{FB} 和 ϕ_{NR}，提出了问题(3.5) 的期望残差极小化模型，并采用蒙特卡罗近似方法对其求解，然后在一定的条件下，讨论了期望残差极小化模型及其近似问题解的存在性，证明了近似问题的稳定点序列收敛于期望残差极小化问题的稳定点，以及近似问题的最优解序列会依概率 1 地以指数速率收敛于期望残差极小化问题的解，最后利用所得到的理论和方法对随机天然气输送问题和随机最优潮流问题进行了求解. 紧接着，Luo 等通过应用二阶锥互补函数给出了随机二阶锥互补函数的期望值模型，然后利

用样本平均近似方法和光滑化方法得到了期望值模型的近似问题，并在合适的条件下，证明出近似问题的全局最优解序列或稳定点序列的任意聚点是期望值模型的全局最优解或稳定点，最后利用算例说明了所提方法的可行性[197].

本章首先利用带有参数的二阶锥互补函数，给出随机线性二阶锥互补问题的期望残差极小化模型，其中，该模型中的二阶锥互补函数中含有随机变量. 然后利用蒙特卡罗方法来近似期望残差极小化问题，并分析了近似问题解的存在性以及收敛性和收敛速率. 与以上文献不同的是，本章还对近似问题稳定点的收敛性和收敛速率进行了研究，并给出了期望残差极小化问题针对随机线性二阶锥互补问题解的鲁棒性. 选取带有参数的二阶锥互补函数的好处是在实际应用中，决策者可以根据实际情况和实际需求选取不同的参数.

对随机二阶锥互补问题进行研究的动机有两点. 一是理论研究方面的. 考虑随机最优化问题

$$\begin{aligned}&\min f(\boldsymbol{x})\\&\text{s.t. } g(\boldsymbol{x},\omega)\leqslant 0, h(\boldsymbol{x},\omega)=0, \text{a.e. } \omega\in\Omega,\end{aligned}\tag{3.6}$$

其中，目标函数可能含有期望或者方差. 这个问题有很多实际应用，例如冷却受限发电厂的水管理[198]、同质产品市场[199]等. 而且，带有随机控制约束问题以及带有补偿变量的两阶段随机规划都可以转化成问题(3.6)的一般形式[200-201]. 如果约束条件中的 $g(\boldsymbol{x},\omega)$ 可以表示成二阶锥的形式[202]，那么问题(3.6)就可以写成二阶锥规划问题

$$\begin{aligned}&\min f(\boldsymbol{x})\\&\text{s.t. } h(\boldsymbol{x},\omega)=0, G(\boldsymbol{x},\boldsymbol{y},\omega)=0,\ \text{a.e. } \omega\in\Omega,\\&\boldsymbol{y}\in K.\end{aligned}\tag{3.7}$$

可以表示成二阶锥的函数有线性函数、凸二次函数、分式函数等[24]. 问题(3.7)中的等式约束可以写成

$$\tilde{h}(\boldsymbol{x})=E[h(\boldsymbol{x},\omega)\cdot h(\boldsymbol{x},\omega)]=0,$$

$$\tilde{G}(\boldsymbol{x},\boldsymbol{y})=E[G(\boldsymbol{x},\boldsymbol{y},\omega)\cdot G(\boldsymbol{x},\boldsymbol{y},\omega)]=0,$$

其中，"·"表示 Hadamard 积. 因此我们可以得到问题(3.7)的 KKT 条件为

$$\nabla f(\boldsymbol{x})+\nabla\tilde{h}(\boldsymbol{x})\lambda+\nabla_x\tilde{G}(\boldsymbol{x},\boldsymbol{y})\mu=0,$$

$$\nabla_y\tilde{G}(\boldsymbol{x},\boldsymbol{y})\mu-z=0,$$

$$h(\boldsymbol{x},\omega)=0,\ G(\boldsymbol{x},\boldsymbol{y},\omega)=0,\ \text{a.e. } \omega\in\Omega,$$

$$\boldsymbol{y}\in K,\ \boldsymbol{z}\in K,\ \boldsymbol{y}^{\mathrm{T}}\boldsymbol{z}=0,$$

这和问题(3.5)的形式一致. 也即随机二阶锥规划问题在合适的条件下可以通过其 KKT 条

件转化成随机二阶锥互补问题. 这是对随机二阶锥互补问题进行研究的理论动机. 第二个研究动机是源于实际应用. 一些已经应用到实际中的工程问题是二阶锥规划问题，如将在第 6 章中介绍的随机最优潮流问题. 具体来说，在实际应用中工程师通常使用二阶锥凸化来应对难处理的非凸性，而且有趣的是，二阶锥松弛在某些情况下的物理解释还是非常合理的. 如在一个树形结构的电路网络中交流电最优潮流问题就承认一个精确的二阶锥松弛. 当不确定因素发生时(如考虑可再生能源时)，问题(3.7) 就自然而然地出现了. 出现问题就要想办法解决，这是研究随机二阶锥互补问题的第二个动机.

在本章中下面这个假设始终成立.

假设 3.1　假设 ω 是一个连续的随机变量，$\boldsymbol{M}(\omega)$ 和 $\boldsymbol{q}(\omega)$ 关于 ω 都是连续的，并且有

$$E[(\|\boldsymbol{M}(\omega)\|+\|\boldsymbol{q}(\omega)\|)^2]=\int_{\Omega}(\|\boldsymbol{M}(\omega)\|+\|\boldsymbol{q}(\omega)\|)^2\rho(\omega)\mathrm{d}w<+\infty, \tag{3.8}$$

其中，$\rho:\Omega\to\mathbf{R}_+$ 表示连续概率密度函数.

下面来探讨问题(3.1) 的期望残差极小化模型及其相关结论和性质.

3.3　期望残差极小化问题的强制性

注意到期望残差极小化问题(3.4) 的水平集有界性等价于其目标函数 g 的强制性，而且这两者都可以保证问题(3.4) 极小值的存在性. 为了证明 g 的强制性，需要下面这些定义和引理.

定义 3.2　称 $\bar{\boldsymbol{M}}\in\mathbf{R}^{n\times n}$ 是一个 $K-R_0$ 矩阵，如果 $\bar{\boldsymbol{M}}$ 满足条件

$$z\in K,\bar{\boldsymbol{M}}z\in K,z^{\mathrm{T}}\bar{\boldsymbol{M}}z=0\Rightarrow z=0.$$

定理 3.3　假设存在某个 $\tilde{\omega}\in\Omega$，使得 $\boldsymbol{M}(\tilde{\omega})$ 是一个 $K-R_0$ 矩阵. 则存在 $\delta>0$，使得对每一个 $\omega\in B=B(\tilde{\omega},\delta)=\{\omega\in\Omega\mid\|\omega-\tilde{\omega}\|\leqslant\delta\}$，$\boldsymbol{M}(\omega)$ 都是 $K-R_0$ 矩阵.

证明　用反证法证明. 假设对任意的 $\delta>0$，都至少存在一个 $\omega\in B(\tilde{\omega},\delta)$，使得 $\boldsymbol{M}(\omega)$ 不是一个 $K-R_0$ 矩阵. 这意味着会存在一个序列 $\{\omega^k\}\subset\Omega$，满足 $\lim\limits_{k\to\infty}\omega^k=\tilde{\omega}$，并且对每一个 k，都存在着 $\boldsymbol{z}^k\in\mathbf{R}^n$，使得

$$\boldsymbol{z}^k\neq 0,\quad \boldsymbol{z}^k\in K,\quad \boldsymbol{M}(\omega^k)\boldsymbol{z}^k\in K,\quad (\boldsymbol{z}^k)^{\mathrm{T}}\boldsymbol{M}(\omega^k)\boldsymbol{z}^k=0.$$

令 $\boldsymbol{p}^k=\dfrac{\boldsymbol{z}^k}{\|\boldsymbol{z}^k\|}$，则有

$$\|\boldsymbol{p}^k\|=1,\quad \boldsymbol{p}^k\in K,\quad \boldsymbol{M}(\omega^k)\boldsymbol{p}^k\in K,\quad (\boldsymbol{p}^k)^{\mathrm{T}}\boldsymbol{M}(\omega^k)\boldsymbol{p}^k=0.$$

根据 $\boldsymbol{M}(\omega)$ 关于 ω 的连续性和序列 $\{\boldsymbol{p}^k\}$ 的有界性，必存在一个向量 $\tilde{\boldsymbol{p}}\in\mathbf{R}^n$，使得

$$\|\tilde{p}\|=1,\quad \tilde{p}\in K,\quad M(\tilde{\omega})\tilde{p}\in K,\quad (\tilde{p})^{\mathrm{T}}M(\tilde{\omega})\tilde{p}=0,$$

而这和命题中的条件 $M(\tilde{\omega})$ 是一个 $K-R_0$ 矩阵矛盾，即假设不成立. 定理得证.

需注意的是，如果 $z\in K$ 且 r 是一个正的参数，则有 $\frac{1}{r}\sqrt{z}=\sqrt{\frac{z}{r^2}}$. 这根据 $\mathbf{R}^n$ 中向量在锥 K 中的谱分解很容易就可以推导出来.

定理 3.4 假设存在 $\tilde{\omega}\in\Omega$，使得 $\rho(\tilde{\omega})>0$ 并且 $M(\tilde{\omega})$ 是一个 $K-R_0$ 矩阵，则(3.4)中定义的函数 g 是强制的，即当 $z\to\infty$ 时 $g(z)$ 趋于 $+\infty$.

证明 首先，根据定理3.3和 ρ 的连续性，存在 $\delta>0$ 和一个常数 $\bar{\rho}>0$，使得对任意的 $\omega\in B(\tilde{\omega},\delta)$，$M(\omega)$ 都是一个 $K-R_0$ 矩阵，并且 $\rho(\omega)\geqslant\bar{\rho}$.

设 $\{z^k\}\subset\mathbf{R}^n$ 是一个趋于无穷大的任一序列. 对每个 k，根据 $M(\cdot)$, $q(\cdot)$ 和 $\Phi(z^k,\cdot)$ 的连续性，都存在一个 $\omega^k\in B(\tilde{\omega},\delta)$，使得

$$\|\Phi(z^k,\omega^k)\|=\min_{\omega\in B}\|\Phi(z^k,\omega)\|.$$

因此，有

$$g(z^k)\geqslant\int_B\|\Phi(z^k,\omega)\|^2\rho(\omega)\mathrm{d}\omega\geqslant\|\Phi(z^k,\omega^k)\|^2\bar{\rho}\int_B\mathrm{d}\omega.$$

由于 $\int_B\mathrm{d}\omega>0$，因此为了证明 $\lim\limits_{k\to\infty}g(z^k)=+\infty$，只需证明 $\lim\limits_{k\to\infty}\|\Phi(z^k,\omega^k)\|=+\infty$.

反证法. 假设 $\{\|\Phi(z^k,\omega^k)\|\}$ 存在一个有界的子序列，为简单起见，设该子序列就为 $\{\|\Phi(z^k,\omega^k)\|\}$ 本身，则有

$$\lim_{\|z^k\|\to+\infty}\frac{\|\Phi(z^k,\omega^k)\|}{\|z^k\|}=0.\tag{3.9}$$

而且，当 $k\to\infty$ 时，有

$$\begin{aligned}&\frac{\|\Phi(z^k,\omega^k)\|}{\|z^k\|}\\&=\frac{\left\|z^k+M(\omega^k)z^k+q(\omega^k)-\sqrt{(z^k-M(\omega^k)z^k-q(\omega^k))^2+\tau(z^k\circ(M(\omega^k)z^k+q(\omega^k)))}\right\|}{\|z^k\|}\\&\to\left\|\hat{z}+M(\hat{\omega})\hat{z}-\sqrt{(\hat{z}-M(\hat{\omega})\hat{z})^2+\tau(\hat{z}\circ(M(\hat{\omega})\hat{z}))}\right\|,\end{aligned}$$

其中，$\hat{\omega}$ 和 $\hat{z}$ 分别是 $\{\omega^k\}$ 和 $\left\{\frac{z^k}{\|z^k\|}\right\}$ 的聚点(根据需要可取子序列). 显然，有 $\hat{\omega}\in B$，$\|\hat{z}\|=1$. 再由(3.9)，可以很快得到

$$\hat{z}\in K, M(\hat{\omega})\hat{z}\in K, (\hat{z})^{\mathrm{T}}M(\hat{\omega})\hat{z}=0.$$

这和 $M(\hat{\omega})$ 是一个 $K-R_0$ 矩阵矛盾，因此 $\lim\limits_{k\to\infty}\|\Phi(z^k,\omega^k)\|=+\infty$ 必定成立. 定理得证.

3.4　期望残差极小化问题的蒙特卡罗近似

期望残差极小化问题(3.4)的求解中一个极大的挑战是目标函数含有数学期望，而它一般来说是很难精确估计的. 但是众所周知，有一些方法，比如蒙特卡罗近似法或拟蒙特卡罗近似法，可以用来近似数学期望. 由于一般情况下所涉及的随机变量的分布是未知的，因此这里采用蒙特卡罗近似方法.

通常对一个可积函数 $\psi:\Omega \to \mathbf{R}$，通过采用 Ω 中的独立同分布随机样本 $\Omega_k = \{\omega^1, \omega^2, \cdots, \omega^{N_k}\}$，$E[\psi(\omega)]$ 的蒙特卡罗样本估计近似为 $\frac{1}{N_k}\sum_{\omega^i \in \Omega_k} \psi(\omega^i)$. 强大数定律保证了这个过程依概率 1(以下简记为"$w.p.1$")收敛，即

$$\lim_{k \to +\infty} \frac{1}{N_k}\sum_{\omega^i \in \Omega_k} \psi(\omega^i) = E[\psi(\omega)], \text{ w.p.1}, \tag{3.10}$$

其中，假设当 $k \to \infty$ 时有 $N_k \to +\infty$.

应用上面的方法，可以把期望残差极小化问题(3.4)近似为

$$\min_{z \in \mathbf{R}^n} g_k(z) = \frac{1}{N_k}\sum_{\omega^i \in \Omega_k} \|\Phi(z, \omega^i)\|^2. \tag{3.11}$$

引理 3.5[71]　函数

$$\Psi_\tau(\boldsymbol{x}, \boldsymbol{y}) = \frac{1}{2}\|\phi_\tau(\boldsymbol{x}, \boldsymbol{y})\|^2$$

在 $\mathbf{R}^n \times \mathbf{R}^n$ 上是处处光滑的，其中 $\phi_\tau(\boldsymbol{x}, \boldsymbol{y})$ 由(3.3)给出.

根据引理 3.5，$\|\Phi(z, \omega)\|^2$ 关于 z 是光滑的，因此 $g(z)$ 和 $g_k(z)$ 也都是光滑的. 下面来探究近似问题(3.11)的性质.

定理 3.6　在假设 3.1 下，对任意给定的 z，有

$$g(z) = \lim_{k \to +\infty} g_k(z), \text{ w.p.1}.$$

证明　根据(3.10)，只需证明函数 $\|\Phi(z, \omega)\|^2$ 在 Ω 上的可积性. 事实上，由于对任意的 $\boldsymbol{x}$，$\|\boldsymbol{x}^2\| \leqslant \sqrt{2}\|\boldsymbol{x}\|^2$；对任意的 $\boldsymbol{x} \in K$，$\|\sqrt{\boldsymbol{x}}\| \leqslant \sqrt{\|\boldsymbol{x}\|}$；并且对任意的 $\boldsymbol{x}$，$\boldsymbol{y}$，$\|\boldsymbol{x} \circ \boldsymbol{y}\| \leqslant \sqrt{2}\|\boldsymbol{x}\|\|\boldsymbol{y}\|$，因此可以推出

$$\begin{aligned}
&\|\Phi(z, \omega)\| \\
&= \left\| z + \boldsymbol{M}(\omega)z + \boldsymbol{q}(\omega) - \sqrt{(z - \boldsymbol{M}(\omega)z - \boldsymbol{q}(\omega))^2 + \tau(z \circ (\boldsymbol{M}(\omega)z + \boldsymbol{q}(\omega)))} \right\| \\
&\leqslant \|z + \boldsymbol{M}(\omega)z + \boldsymbol{q}(\omega)\| + \sqrt{\|(z - \boldsymbol{M}(\omega)z - \boldsymbol{q}(\omega))^2\| + \tau\|z \circ (\boldsymbol{M}(\omega)z + \boldsymbol{q}(\omega))\|} \\
&\leqslant (\sqrt{2 + \tau} + 1)[(\|\boldsymbol{M}(\omega)\| + 1)\|z\| + \|\boldsymbol{q}(\omega)\|]
\end{aligned}$$

$\leqslant (\sqrt{2+\tau}+1)(\|z\|+1)(\|M(\omega)\|+\|q(\omega)\|)$,

根据假设 3.1, 函数 $\|\Phi(z,\omega)\|^2$ 在 Ω 上是可积的. 定理得证.

3.4.1 全局最优解

分别记 S^* 和 S_k^* 为问题(3.4)和(3.11)的最优解集. 与定理 3.4 的讨论类似, 可以得到下面这个结论.

定理 3.7 假设存在一个 $\tilde{\omega}\in\Omega$, 使得 $\rho(\tilde{\omega})>0$, 并且 $M(\tilde{\omega})$ 是一个 $K-R_0$ 矩阵, 则当 k 足够大时 $g_k(z)$ 是强制的. 特别地, 对每一个充分大的 k, S_k^* 是非空有界的.

证明 根据定理 3.3, 存在 $\tilde{k}>0$ 和 $\delta>0$, 使得对所有的 $k\geqslant\tilde{k}$, $\Omega_k\cap B(\tilde{\omega},\delta)$ 都是非空的, 而且对任意的 $\omega\in\Omega_k\cap B(\tilde{\omega},\delta)$, $M(\omega)$ 都是一个 $K-R_0$ 矩阵. 因此, 与定理 3.4 的讨论类似, 可以证明当 $k\geqslant\tilde{k}$ 时 $g_k(z)$ 是强制的. 定理得证.

接下来给出主要的收敛结论. 为了达到这个目的, 令

$$D(A,B)=\sup_{x\in A}\operatorname{dist}(x,B)$$

表示集 A 对集 B 的偏差, 其中 $\operatorname{dist}(x,B)=\inf_{x'\in B}\|x-x'\|$ 表示 $x\in\mathbf{R}^n$ 与集 B 的距离.

引理 3.8[63] 函数 $\phi_\tau(x,y)$ 在 $\mathbf{R}^n\times\mathbf{R}^n$ 上是全局李普希兹连续的, 且李普希兹常数与参数 τ 无关.

定理 3.9 假定假设 3.1 是满足的, 并且存在一个 $\tilde{\omega}\in\Omega$, 使得 $\rho(\tilde{\omega})>0$, 且 $M(\tilde{\omega})$ 是一个 $K-R_0$ 矩阵. 设存在一个非空的紧集 $X\subset\mathbf{R}^n$, 使得:

(I) 集合 S^* 是非空的且包含在 X 中,

(II) 集合 S_k^* 是非空的, 并且当 k 充分大时, 有 $S_k^*\subset X$, w.p.1.

则当 $k\to\infty$ 时, 有 $D(S_k^*,S^*)\to 0$, w.p.1. 此外, 若对每个 k 都有 $z^k\in S_k^*$, 则 $\{z^k\}$ 的任一聚点都依概率 1 包含在集 S^* 中.

证明 设 z^* 是序列 $\{z^k\}$ 的一个聚点. 不失一般性, 假设 $\{z^k\}$ 本身收敛于 z^*.

首先, 证明

$$\lim_{k\to+\infty}(g_k(z^k)-g_k(z^*))=0,\ \text{w.p.1.} \tag{3.12}$$

令 $r>g(z^*)$. 根据函数 g 的连续性, 对每一个充分大的 k, 有 $g(z^k)\leqslant r$. 即对每一个充分大的 k, $z^k\in L_g(r)=\{z\mid g(z)\leqslant r\}$. 根据定理 3.4, 水平集 $L_g(r)$ 是有界闭集. 令

$$c_0=\max\{\|z\|\mid z\in L(r)\}.$$

根据引理 3.8, 对任意固定的 ω, $\Phi(\cdot,\omega)$ 是全局李普希兹连续的, 即

$$\|\Phi(z,\omega)-\Phi(x,\omega)\|\leqslant L(\omega)\|z-x\|$$

对所有的 $z,x \in \mathbf{R}^n$ 都成立，其中 $L(w) > 0$ 是一个与 ω 有关的常数. 而且，可以推出存在常数 $c_1 > 0$，使得

$$L(\omega) \leqslant c_1(\|\boldsymbol{M}(\omega)\| + \|\boldsymbol{q}(\omega)\|).$$

根据定理 3.6 的证明，对每个 $z \in L(r)$，有

$$\|\boldsymbol{\Phi}(z,\omega)\| \leqslant c_2(1 + \|z\|)(\|\boldsymbol{M}(\omega)\| + \|\boldsymbol{q}(\omega)\|),$$

其中，$c_2 > 0$ 为常数. 因此有

$$\begin{aligned}|g_k(z^k) - g_k(z^*)| &= \left|\frac{1}{N_k}\sum_{\omega^i \in \Omega_k}(\|\boldsymbol{\Phi}(z^k,\omega^i)\|^2 - \|\boldsymbol{\Phi}(z^*,\omega^i)\|^2)\right| \\ &\leqslant \frac{1}{N_k}\sum_{\omega^i \in \Omega_k} 2c_1c_2(1 + c_0)(\|\boldsymbol{M}(\omega^i)\| + \|\boldsymbol{q}(\omega^i)\|)^2\|z^k - z^*\| \\ &\to 0 \quad (k \to +\infty),\ \text{w.p.1},\end{aligned}$$

其中，$\{z^k\}$ 收敛于 z^*. 且根据(3.8) 和(3.10)，有

$$\lim_{k\to+\infty}\frac{1}{N_k}\sum_{\omega^i \in \Omega_k}(\|\boldsymbol{M}(\omega^i)\| + \|\boldsymbol{q}(\omega^i)\|)^2 = E[(\|\boldsymbol{M}(\omega)\| + \|\boldsymbol{q}(\omega)\|)^2] < +\infty,\ \text{w.p.1},$$

因此极限成立，即(3.12) 是正确的.

注意到

$$|g_k(z^k) - g(z^*)| \leqslant |g_k(z^k) - g_k(z^*)| + |g_k(z^*) - g(z^*)|.$$

根据定理 3.6 和(3.12)，可以得到

$$\lim_{k\to+\infty} g_k(z^k) = g(z^*),\ \text{w.p.1}.$$

根据文献[203] 中的命题 5.1 可知，在 $\mathbf{R}^n$ 的任意紧子集上，g_k 依概率 1 地一致收敛于 g. 由条件(I) 和(II)，以及文献[203] 中的定理5.3，可以得到当 $k \to \infty$ 时，依概率 1 地有 $D(S_k^*, S^*) \to 0$.

由于对每个 k，$z^k \in S_k^*$，故有

$$g_k(z^k) \leqslant g_k(z), \quad \forall z.$$

取极限，可以得到

$$g(z^*) \leqslant g(z), \quad \forall z$$

依概率 1 地成立，这意味着依概率 1 地有 $z^* \in S^*$. 定理得证.

定理 3.9 表明，在一些适当的条件下，对任意的序列 $\{z^k\}$ $(z^k \in S_k^*)$，当 $k \to \infty$ 时，$\text{dist}(z^k, S^*) \to 0$ 依概率 1 地成立，这意味着序列 $\{z^k\}$ 依概率 1 地具有聚点. 需注意的是条件(I) 可由定理 3.4 得出. 若所考虑问题的可行集是紧的闭集，那么当每个 g_k 是下半连续的，并且对某个 $\beta > g(z^*)(z^* \in S^*)$，水平集 $\{z \in K \mid g_k(z) \leqslant \beta\}$ 依概率 1 地一致有界，则条件(II) 也成立.

下面考虑近似问题最优解的收敛速率. 首先介绍一个引理.

引理 3.10[204] 设 X 是一个紧集, $f: X\times\Omega\to\mathbf{R}$ 处处可积. 又假设下列条件成立:

(Ⅰ) 对任意的 $\boldsymbol{x}\in X$, 矩母函数

$$E[\mathrm{e}^{t(f(\boldsymbol{x},\omega)-E[f(\boldsymbol{x},\omega)])}]$$

对零的某邻域内的所有 t 都是有限值;

(Ⅱ) 存在可测函数 $\kappa: \Omega\to\mathbf{R}_+$ 以及常数 $\gamma>0$, 使得对所有的 $\omega\in\Omega$ 以及 $\boldsymbol{x}', \boldsymbol{x}\in X$, 有

$$|f(\boldsymbol{x}',\omega)-f(\boldsymbol{x},\omega)|\leqslant\kappa(\omega)\|\boldsymbol{x}'-\boldsymbol{x}\|^{\gamma};$$

(Ⅲ) 矩母函数 $E[\mathrm{e}^{t\kappa(\omega)}]$ 对零的某邻域内的所有 t 都是有限值的,

则对任意的 $\varepsilon>0$, 都存在与 N_k 无关的正常数 $V(\varepsilon)$ 和 $\beta(\varepsilon)$, 使得

$$\mathrm{Prob}\left\{\sup_{\boldsymbol{x}\in X}\left|\frac{1}{N_k}\sum_{\omega^k\in\Omega}f(\boldsymbol{x},\omega^k)-E[f(\boldsymbol{x},\omega)]\right|\geqslant\varepsilon\right\}\leqslant V(\varepsilon)\mathrm{e}^{-N_k\beta(\varepsilon)}.$$

应用这个引理, 可以得到上面所讨论近似方法的指数收敛性.

定理 3.11 设对每个 k, $z^*\in S^*$ 以及 $z^k\in S_k^*$. 又假设序列 $\{z^k\}$ 包含于一个紧集 $X\subset\mathbf{R}^n$, 并且下面这些条件成立:

(a) 存在 $h(\omega)>0$, 使得

$$|\|\Phi(z^k,\omega)\|^2-\|\Phi(z^*,\omega)\|^2|\leqslant h(\omega)\|z^k-z^*\|$$

以及 $E[h(\omega)]<+\infty$;

(b) 对每个 $z\in X$, 随机变量 $\|\Phi(z,\omega)\|^2-E[\|\Phi(z,\omega)\|^2]$ 的矩母函数

$$\boldsymbol{M}_z(t)=E[\mathrm{e}^{t(\|\Phi(z,\omega)\|^2-E[\|\Phi(z,\omega)\|^2])}]$$

对每个接近零的 t 都是有限值的;

(c) 随机变量 $h(\omega)$ 的矩母函数 $E[\mathrm{e}^{h(\omega)t}]$ 对每个接近零的 t 都是有限值的,

则对任意的 $\varepsilon>0$, 存在与 N_k 无关的正常数 $C(\varepsilon)$ 和 $\beta(\varepsilon)$, 使得

$$\mathrm{Prob}\{|g(z^k)-g(z^*)|\geqslant\varepsilon\}\leqslant C(\varepsilon)\mathrm{e}^{-N_k\beta(\varepsilon)}.$$

证明 首先, 根据引理3.10, 对任意的 $\varepsilon>0$, 存在与 N_k 无关的正常数 $C(\varepsilon)$ 和 $\beta(\varepsilon)$, 使得

$$\mathrm{Prob}\{\sup_{z\in X}|g_k(z)-g(z)|\geqslant\varepsilon/2\}\leqslant\frac{1}{2}C(\varepsilon)\mathrm{e}^{-N_k\beta(\varepsilon)}.\tag{3.13}$$

接下来证明

$$|g_k(z^k)-g(z^*)|\leqslant\sup_{z\in X}|g_k(z)-g(z)|.\tag{3.14}$$

事实上, 由于 z^* 是问题(3.4) 的一个最优解, 从而有 $g(z^*)\leqslant g(z^k)$, 因此

$$g_k(z^k)-g(z^*)=g_k(z^k)-g(z^k)+g(z^k)-g(z^*)\geqslant-\sup_{z\in X}|g_k(z)-g(z)|.$$

另一方面，因为 z^k 是问题(3.11) 的一个最优解，故有 $g_k(z^k) \leqslant g_k(z^*)$，从而有

$$g(z^*) - g_k(z^k) = g(z^*) - g_k(z^*) + g_k(z^*) - g_k(z^k) \geqslant - \sup_{z \in X} |g_k(z) - g(z)|.$$

因此，(3.14) 是成立的.

根据(3.13) 和(3.14)，有

$$\begin{aligned} \text{Prob}\{|g_k(z^k) - g(z^*)| \geqslant \varepsilon/2\} &\leqslant \text{Prob}\{\sup_{z \in X} |g_k(z) - g(z)| \geqslant \varepsilon/2\} \\ &\leqslant \frac{1}{2} C(\varepsilon) \mathrm{e}^{-N_k \beta(\varepsilon)}. \end{aligned} \tag{3.15}$$

注意到

$$|g(z^k) - g(z^*)| \leqslant |g(z^k) - g_k(z^k)| + |g_k(z^k) - g(z^*)|.$$

故由(3.13) 和(3.15)，可以得到

$$\begin{aligned} &\text{Prob}\{|g(z^k) - g(z^*)| \geqslant \varepsilon\} \\ &\leqslant \text{Prob}\{|g(z^k) - g_k(z^k)| \geqslant \varepsilon/2\} + \text{Prob}\{|g_k(z^k) - g(z^*)| \geqslant \varepsilon/2\} \\ &\leqslant \text{Prob}\{\sup_{z \in X} |g(z) - g_k(z)| \geqslant \varepsilon/2\} + \text{Prob}\{|g_k(z^k) - g(z^*)| \geqslant \varepsilon/2\} \\ &\leqslant C(\varepsilon) \mathrm{e}^{-N_k \beta(\varepsilon)}. \end{aligned}$$

定理得证.

定理 3.11 表明，在条件(a) ~ (c) 下，近似问题(3.11) 的最优解序列以指数速率收敛于期望残差极小化问题(3.4) 的一个最优解. 条件(a) 意味着函数 $\|\Phi(\cdot,\omega)\|^2$ 的李普希兹系数是可积的. 条件(b) 和(c) 意味着随机变量 $\|\Phi(z,\omega)\|^2$ 和 $h(\omega)$ 的概率分布在尾部以指数速率消逝. 特别地，如果 ω 在 $\mathbf{R}$ 的一个有界子集上具有一个分布，则这些条件就都满足了. 这些条件是由 Shapiro 和 Xu 给出的[204]. 至于如何削弱这些条件仍然是个悬而未决的问题.

3.4.2　稳定点

由于问题(3.11) 是一个非凸最优化问题，因此对它的稳定点的极限性质进行探究是有必要的. 在这一部分，我们首先给出一个与稳定点的收敛性相关的结论，然后讨论稳定点的收敛速率.

定理 3.12　设对每个 k，z^k 为近似问题(3.11) 的一个稳定点，z^* 为序列 $\{z^k\}$ 的一个聚点，则 z^* 依概率 1 地是期望残差极小化问题(3.4) 的一个稳定点.

证明　为了简单起见，假设 $\lim_{k\to\infty} z^k = z^*$. 令 X 是一个包含整个序列 $\{z^k\}$ 的紧凸集. 对每个 k，因为 z^k 是问题(3.11) 的一个稳定点，因此有

$$\frac{1}{N_k} \sum_{\omega^i \in \Omega_k} \nabla_z \|\Phi(z^k, \omega^i)\|^2 = 0. \tag{3.16}$$

由于 $\nabla_z \|\Phi(z,\omega)\|^2$ 是全局李普希兹连续的[175]，与定理 3.9 的证明类似，可以证得

$$\lim_{k\to+\infty}\frac{1}{N_k}\sum_{\omega^i\in\Omega_k}\nabla_z\|\Phi(z^k,\omega^i)\|^2=E[\nabla_z\|\Phi(z^*,\omega)\|^2],\ \text{w.p.1.}$$

根据$\nabla_z\|\Phi(z,\omega)\|^2$的连续性以及文献[205]中的定理16.8，有

$$\lim_{k\to+\infty}\frac{1}{N_k}\sum_{\omega^i\in\Omega_k}\nabla_z\|\Phi(z^k,\omega^i)\|^2=\nabla_z E[\|\Phi(z^*,\omega)\|^2],\ \text{w.p.1.}$$

在式(3.16)中令$k\to+\infty$，得到

$$\nabla g(z^*)=\nabla_z E[\|\Phi(z^*,\omega)\|^2]=0,\ \text{w.p.1},$$

即z^*依概率1地是(3.4)的一个稳定点. 定理得证.

接下来，我们要把文献[206]中关于稳定点收敛速率的相关结论应用到我们的问题中来. 为了达到这个目的，我们需要 H-calmness 的定义.

定义 3.13[206] 设$\varphi:\mathbf{R}^n\times\Omega\to\mathbf{R}$是一个实值随机函数，$\omega$是定义在样本空间$\Omega$上的一个随机向量，$X\subset\mathbf{R}^n$是$\mathbf{R}^n$的一个闭子集.

(a) 如果$\varphi(z,\omega)$是有限值的，且存在一个可测函数$h:\Omega\to\mathbf{R}^+$以及正数γ和δ，使得对所有的满足条件$\|z'-z\|\leqslant\delta$的z, $z'\in X$以及$\omega\in\Omega$，有

$$\varphi(z',\omega)-\varphi(z,\omega)\leqslant h(\omega)\|z'-z\|^\gamma,$$

则称φ在点z处是上 H-calmness，其中，$h(\omega)$为系数，γ为阶数；

(b) 如果$\varphi(z,\omega)$是有限值的，且存在一个可测函数$h:\Omega\to\mathbf{R}^+$以及正数γ和δ，使得对所有的满足条件$\|z'-z\|\leqslant\delta$的z, $z'\in X$以及$\omega\in\Omega$，有

$$\varphi(z',\omega)-\varphi(z,\omega)\geqslant -h(\omega)\|z'-z\|^\gamma,$$

则称φ在点z处是下 H-calmness，其中，$h(\omega)$为系数，γ为阶数；

(c) 如果$\varphi(z,\omega)$是有限值的，且存在一个可测函数$h:\Omega\to\mathbf{R}^+$以及正数γ和δ，使得对所有的满足条件$\|z'-z\|\leqslant\delta$的z, $z'\in X$以及$\omega\in\Omega$，有

$$|\varphi(z',\omega)-\varphi(z,\omega)|\leqslant h(\omega)\|z'-z\|^\gamma,$$

则称φ在点z处是 H-calmness，其中，$h(\omega)$为系数，γ为阶数.

大写字母“H”是单词“Hölder”的简写，H-calmness 显然是“Hölder”连续性的一种变形.

定理 3.14 设对每个k, z^k是问题(3.11)的一个稳定点. 又假设序列$\{z^k\}$包含于一个紧集$X\subset\mathbf{R}^n$，并且下列条件成立：

(a) 函数$\|\Phi(z,\omega)\|^2$在X上是 H-calm 的，且系数为$h_1(\omega)$，阶数为γ_1，并且有$E[h_1(\omega)]<\infty$；

(b) 函数$\|\Phi(z,\omega)\|^2$关于z的梯度在X上是 H-calm 的，且系数为$h_2(\omega)$，阶数为γ_2，并且有$E[h_2(\omega)]<\infty$；

(c) 对任意的接近于零的 t, 矩母函数 $E[\mathrm{e}^{t(h_1(\omega)+h_2(\omega))}]$ 是有限值的,

则在假设 3.1 下, 对任意的 $\varepsilon > 0$, 都存在与 N_k 无关的正常数 $C(\varepsilon)$ 和 $\beta(\varepsilon)$, 使得

$$\mathrm{Prob}\{\mathrm{dist}(z^k, D^*) \geqslant \varepsilon\} \leqslant C(\varepsilon)\mathrm{e}^{-N_k\beta(\varepsilon)},$$

其中, dist 表示一个点和一个集合之间的欧几里得距离, D^* 表示问题(3.4) 的稳定点集合.

证明　首先, 根据假设 3.1 和函数 $\|\Phi(z,\omega)\|^2$ 的连续可微性, 不难发现文献[206] 中定理 4.4 的假设条件都满足, 从而结论成立. 定理得证.

定理 3.14 表明了在一些条件下, 随着样本量的增大, 近似问题(3.11) 的稳定点序列依概率 1 地以指数速率收敛于期望残差极小化问题(3.4) 的一个稳定点. 根据文献[175], 函数 $\|\Phi(\cdot,\omega)\|^2$ 对任意固定的 ω, 都有一个李普希兹连续的梯度. 因此, 定理 3.14 中的条件 (a) 和(b) 并不是非常严格的.

3.5　期望残差极小化问题的鲁棒性

通过求解期望残差极小化问题(3.4) 所获得的决策对所有的事件都可能是不可行的. 然而, 我们往往要考虑到风险, 以便在不确定信息的基础上做出先验决策. 那么, 由期望残差极小化模型制定的决策有多好或多坏呢? 在这一节就来讨论这个问题.

为了研究期望残差极小化模型(3.4) 解的鲁棒性, 首先来考虑原问题(3.1) 对一个固定的 $\omega_0 \in \Omega$ 的误差界条件. 为了简单起见, 分别把 $\boldsymbol{M}(\omega_0)$ 和 $\boldsymbol{q}(\omega_0)$ 记为 $\boldsymbol{M}_0$ 和 $\boldsymbol{q}_0$, 把线性二阶锥互补问题 LSOCCP$(\boldsymbol{M}_0,\boldsymbol{q}_0)$ 的解集记为 SOL$(\boldsymbol{M}_0,\boldsymbol{q}_0)$, 并假设其非空.

定义 3.15[207]　设 $H:\mathbf{R}^n \to \mathbf{R}^n$ 为一个局部李普希兹连续函数. 如果 H 在点 $\boldsymbol{x}$ 处的 B - 次微分 $\partial_B H(\boldsymbol{x})$ 中所有元素都是非奇异的, 则称 H 在点 $\boldsymbol{x}$ 处是 BD - 正则的.

定义 3.16　(Ⅰ) 函数 $e:\mathbf{R}^n \to \mathbf{R}$ 称为是线性二阶锥互补问题 LSOCCP$(\boldsymbol{M}_0,\boldsymbol{q}_0)$ 的残差函数, 如果对所有的 z, $e(z) \geqslant 0$, 且

$$e(z) = 0 \Leftrightarrow z \text{ 是 LSOCCP}(\boldsymbol{M}_0,\boldsymbol{q}_0) \text{ 的解}.$$

(Ⅱ) 残差函数 e 称为是问题 LSOCCP$(\boldsymbol{M}_0,\boldsymbol{q}_0)$ 的一个全局误差界, 如果存在某个常数 $c > 0$, 使得对每个 $z \in \mathbf{R}^n$, 有

$$\mathrm{dist}(z, \mathrm{SOL}(\boldsymbol{M}_0,\boldsymbol{q}_0)) \leqslant ce(z).$$

(Ⅲ) 残差函数 e 称为是问题 LSOCCP$(\boldsymbol{M}_0,\boldsymbol{q}_0)$ 的一个局部误差界, 如果只有对某个 $\varepsilon > 0$, $e(z) \leqslant \varepsilon$ 时上面的不等式才成立.

显然, $r(z) = \|\phi_\tau(z, \boldsymbol{M}_0 z + \boldsymbol{q}_0)\|$ 是问题 LSOCCP$(\boldsymbol{M}_0,\boldsymbol{q}_0)$ 的一个残差函数. 与定理 3.4 的证明类似, 如果 $\boldsymbol{M}_0$ 是一个 $K - R_0$ 矩阵, 那么可以推得 r 是强制的. 更进一步, 受到文

献[208]的启发,可以证明出问题 LSOCCP$(\boldsymbol{M}_0,\boldsymbol{q}_0)$的全局误差界.

定理 3.17 假设$\boldsymbol{M}_0$是一个$K-R_0$矩阵,ϕ_τ在问题 LSOCCP$(\boldsymbol{M}_0,\boldsymbol{q}_0)$的所有解处都是 BD-正则的,则$r$为 LSOCCP$(\boldsymbol{M}_0,\boldsymbol{q}_0)$提供了一个全局误差界,即存在一个常数$c>0$,使得

$$\operatorname{dist}(z,\mathrm{SOL}(\boldsymbol{M}_0,\boldsymbol{q}_0))\leqslant cr(z),\ z\in\mathbf{R}^n.$$

证明 首先,证明$r(z)$是问题 LSOCCP$(\boldsymbol{M}_0,\boldsymbol{q}_0)$的一个局部误差界. 注意到,根据假设和上面的讨论,r是强制的,因此r的所有水平集都是有界的,即对任意的$\varepsilon>0$,水平集$L(\varepsilon)=\{z\mid r(z)\leqslant\varepsilon\}$是有界的. 考虑到$r$的连续性,可以得到对任意的$\varepsilon>0$,水平集$L(\varepsilon)$是紧集. 用反证法,假设$r$不提供一个局部误差界,那么存在一个序列$\{z^k\}\subset L(\varepsilon)$,使得

$$\lim_{k\to+\infty}\frac{r(z^k)}{\operatorname{dist}(z^k,\mathrm{SOL}(\boldsymbol{M}_0,\boldsymbol{q}_0))}=0,$$

从而有$r(z^k)\to 0$. 而且由于$L(\varepsilon)$是紧集,可以得到$\{z^k\}$具有一个收敛的子序列. 不失一般性,假设$\{z^k\}$本身收敛于$\bar{z}$,则有$\bar{z}\in L(\varepsilon)$以及$r(\bar{z})=0$,这意味着$\bar{z}\in\mathrm{SOL}(\boldsymbol{M}_0,\boldsymbol{q}_0)$. 因此,有

$$\lim_{k\to+\infty}\frac{r(z^k)}{\|z^k-\bar{z}\|}=0.\tag{3.17}$$

由于$\phi_\tau(z,\boldsymbol{M}_0z+\boldsymbol{q}_0)$在$\bar{z}$处是半光滑的且是 BD-正则的,根据文献[207]中的命题3,存在正常数c和δ,使得对任意的$z(\|z-\bar{z}\|\leqslant\delta)$,有$r(z)\geqslant c\|z-\bar{z}\|$,这与(4.17)矛盾. 因此,$r$为问题 LSOCCP$(\boldsymbol{M}_0,\boldsymbol{q}_0)$提供了一个局部误差界.

接下来,进一步证明r可以为问题 LSOCCP$(\boldsymbol{M}_0,\boldsymbol{q}_0)$提供一个全局误差界. 反证法,假设$r$不能提供一个全局误差界. 根据定义 3.16,不存在$c>0$,使得

$$\operatorname{dist}(\boldsymbol{y},\mathrm{SOL}(\boldsymbol{M}_0,\boldsymbol{q}_0))\leqslant cr(\boldsymbol{y})$$

对每一个$\boldsymbol{y}\in\mathbf{R}^n$成立. 因此,对任意的整数$k>0$,必定存在$\boldsymbol{y}^k\in\mathbf{R}^n$,使得

$$\operatorname{dist}(\boldsymbol{y}^k,\mathrm{SOL}(\boldsymbol{M}_0,\boldsymbol{q}_0))>kr(\boldsymbol{y}^k).$$

取定一个解$z^0\in\mathrm{SOL}(\boldsymbol{M}_0,\boldsymbol{q}_0)$,并且令$z(\boldsymbol{y}^k)$为问题 LSOCCP$(\boldsymbol{M}_0,\boldsymbol{q}_0)$离$\boldsymbol{y}^k$最近的一个解,从而有

$$\|\boldsymbol{y}^k-z^0\|\geqslant\|\boldsymbol{y}^k-z(\boldsymbol{y}^k)\|\geqslant\operatorname{dist}(\boldsymbol{y}^k,\mathrm{SOL}(\boldsymbol{M}_0,\boldsymbol{q}_0))>kr(\boldsymbol{y}^k).\tag{3.18}$$

因为r提供了一个局部误差界,故必存在$K_0>0$和$\delta>0$,使得对每个$k>K_0$,都有$r(\boldsymbol{y}^k)>\delta$(否则,对任意的整数$K_0>0$以及任意的$\delta>0$,存在$k>K_0$,使得$r(\boldsymbol{y}^k)\leqslant\delta$). 从而可以得到

$$\|\boldsymbol{y}^k-z(\boldsymbol{y}^k)\|\leqslant\delta r(\boldsymbol{y}^k)<\frac{\delta}{k}\|\boldsymbol{y}^k-z(\boldsymbol{y}^k)\|.$$

由此可以得到$\frac{\delta}{k} > 1$，那么当 $k \to +\infty$ 时就得到了一个矛盾. 结合(4.18)，有

$$\|\boldsymbol{y}^k - \boldsymbol{z}^0\| \geqslant \|\boldsymbol{y}^k - \boldsymbol{z}(\boldsymbol{y}^k)\| > k\delta,$$

这意味着当 $k \to +\infty$ 时有$\|\boldsymbol{y}^k\| \to +\infty$. 对于有界序列$\left\{\frac{\boldsymbol{y}^k}{\|\boldsymbol{y}^k\|}\right\}$，存在一个收敛的子序列$\left\{\frac{\boldsymbol{y}^{k_i}}{\|\boldsymbol{y}^{k_i}\|}\right\}$，并记其极限为$\boldsymbol{y}^0$. 根据式(3.18)，有

$$\begin{aligned} 1 &= \lim_{i\to+\infty} \frac{\|\boldsymbol{y}^{k_i} - \boldsymbol{z}^0\|}{\|\boldsymbol{y}^{k_i}\|} \\ &\geqslant \lim_{i\to+\infty} k_i \frac{r(\boldsymbol{y}^{k_i})}{\|\boldsymbol{y}^{k_i}\|} \\ &= \lim_{i\to+\infty} k_i \left\|\boldsymbol{y}^0 + \boldsymbol{M}_0\boldsymbol{y}^0 - \sqrt{(\boldsymbol{y}^0 - \boldsymbol{M}_0\boldsymbol{y}^0)^2 + \tau(\boldsymbol{y}^0 \circ (\boldsymbol{M}_0\boldsymbol{y}^0))}\right\|, \end{aligned}$$

从而有

$$\left\|\boldsymbol{y}^0 + \boldsymbol{M}_0\boldsymbol{y}^0 - \sqrt{(\boldsymbol{y}^0 - \boldsymbol{M}_0\boldsymbol{y}^0)^2 + \tau(\boldsymbol{y}^0 \circ (\boldsymbol{M}_0\boldsymbol{y}^0))}\right\| = 0.$$

因此，可以推出$\boldsymbol{y}^0$是问题 LSOCCP$(\boldsymbol{M}_0, 0)$ 的一个非零解，而这与条件$\boldsymbol{M}_0$是一个$K - R_0$矩阵矛盾. 所以，r 还可以为 LSOCCP$(\boldsymbol{M}_0, \boldsymbol{q}_0)$ 提供一个全局误差界. 定理得证.

在定理3.17中，函数ϕ_τ的 BD－正则性要求在每一个解处都成立，这显然比较严格，如何把这个假设削弱为更容易处理的条件将是一个有意义的研究. 接下来讨论期望残差极小化模型(3.4) 的解与原问题(3.1) 的解之间的联系.

令 $\overline{\Phi}(z) = E[\Phi(z,\omega)]$. 由于

$$\|\Phi(z,\omega)\|^2 = \|\overline{\Phi}(z)\|^2 + 2\overline{\Phi}(z)^{\mathrm{T}}(\Phi(z,\omega) - \overline{\Phi}(z)) + \|\Phi(z,\omega) - \overline{\Phi}(z)\|^2,$$

通过取期望，可以得到

$$g(z) = E[\|\Phi(z,\omega)\|^2] = \|\overline{\Phi}(z)\|^2 + E[\|\Phi(z,\omega) - \overline{\Phi}(z)\|^2].$$

注意到$\Phi(z,\omega) = 0$当且仅当z是问题(3.1) 的解，另外，期望残差极小化模型(3.4) 等价于

$$\min \|\overline{\Phi}(z)\|^2 + E[\|\Phi(z,\omega) - \overline{\Phi}(z)\|^2],$$

因此，问题(3.4) 的最优解对随机线性二阶锥互补问题(3.1) 中的随机参数变化的灵敏度最小.

令 $\overline{\boldsymbol{M}} = E[\boldsymbol{M}(\omega)]$，并且对一个固定的 $\omega \in \Omega$，记问题(3.1) 的解集为 SOL$(\boldsymbol{M}(\omega), \boldsymbol{q}(\omega))$. 假设问题(3.1) 对每一个 $\omega \in \Omega$ 都具有非空的解集.

定理3.18　设$\Omega = \{\omega^1, \omega^2, \cdots, \omega^N\}$，$\boldsymbol{M}(\omega)$对每个$\omega \in \Omega$都是一个$K - R_0$矩阵，并且对任意固定的$\omega \in \Omega$，函数 ϕ_τ 在问题(3.1) 的所有解处都是 BD－正则的，则存在一个常数 $\lambda > 0$，使得

$$E[\operatorname{dist}(z,\operatorname{SOL}(\boldsymbol{M}(\omega),\boldsymbol{q}(\omega)))]\leqslant\lambda\sqrt{g(z)},\ z\in\mathbf{R}^n.$$

证明 根据定理 3.17，存在一个常数 $\lambda>0$，使得

$$\operatorname{dist}(z,\operatorname{SOL}(\boldsymbol{M}(\omega^i),\boldsymbol{q}(\omega^i)))\leqslant\lambda\|\phi_\tau(z,\boldsymbol{M}(\omega^i)z+\boldsymbol{q}(\omega^i))\|$$

对每个 i 都成立，则有

$$\begin{aligned}E[\operatorname{dist}(z,\operatorname{SOL}(\boldsymbol{M}(\omega),\boldsymbol{q}(\omega)))]&\leqslant\lambda E[\|\phi_\tau(z,\boldsymbol{M}(\omega)z+\boldsymbol{q}(\omega))\|]\\&\leqslant\lambda\sqrt{E[\|\phi_\tau(z,\boldsymbol{M}(\omega)z+\boldsymbol{q}(\omega))\|^2]}\\&=\lambda\sqrt{g(z)},\end{aligned}$$

其中，第二个不等式是根据 Schwarz 不等式得来的. 定理得证.

定理 3.18 表明，对问题(3.4) 的一个最优解 z^*，有

$$E[\operatorname{dist}(z^*,\operatorname{SOL}(\boldsymbol{M}(\omega),\boldsymbol{q}(\omega)))]\leqslant\lambda\sqrt{g(z^*)}.\tag{3.19}$$

一般来说，式(3.19) 的左边在问题(3.4) 的一个解处是不会消失的. 然而，式(3.19) 表明，对 $\omega\in\Omega$，到解集 $\operatorname{SOL}(\boldsymbol{M}(\omega),\boldsymbol{q}(\omega))$ 的期望距离很有可能在 z^* 处是小的. 也就是说，可以预料问题(3.4) 的解对随机线性二阶锥互补问题中的随机变量具有一个较小的灵敏度. 在这个意义上，问题(3.4) 的解可以看作是随机线性二阶锥互补问题的鲁棒解.

3.6 本章小结

本章主要研究了随机线性二阶锥互补问题(4.1)的期望残差极小化模型(4.4). 特别地，本章推出了期望残差极小化问题(4.4)的强制性和鲁棒性. 由于期望残差极小化问题的目标函数中含有数学期望，因此利用蒙特卡罗近似方法来近似该问题，并讨论了近似问题解的存在性以及收敛性，在一定的条件下，近似问题的解会依概率 1 地以指数速率收敛于期望残差极小化问题的解. 由于近似问题是非凸最优化问题，因此又对近似问题稳定点序列的收敛性进行了研究，并在一定的条件下，近似问题的稳定点序列会依概率 1 地以指数速率收敛于期望残差极小化问题的稳定点.

第4章 随机线性二阶锥互补问题的实值隐拉格朗日法

4.1 引言

线性二阶锥互补问题在工程设计、金融、管理科学等领域有着广泛的应用[84-87]，在理论方面也已取得丰硕的成果. 但是实际问题中往往含有不确定因素，使得互补问题中出现随机变量，从而产生随机线性二阶锥互补问题. 由于随机变量的存在，一般很难找到一个解对几乎所有的情况都适用. 因此，如何求解随机问题至关重要. 求解随机问题的确定性模型主要有期望残差极小化模型和期望值模型.

近几年人们才开始对随机二阶锥互补问题进行研究. Lin 等[196]研究的问题为：求向量 $\boldsymbol{x}, \boldsymbol{y} \in \mathbf{R}^n$，$z \in \mathbf{R}^l$，使得

$$\boldsymbol{x} \in K,\ \boldsymbol{y} \in K, \boldsymbol{x}^{\mathrm{T}}\boldsymbol{y} = 0, F(\boldsymbol{x}, \boldsymbol{y}, z, \xi) = 0,\ \text{a.e.}\ \xi \in \Omega,$$

其中，Ω 是随机变量 ξ 的支撑集，$F: \mathbf{R}^n \times \mathbf{R}^n \times \mathbf{R}^l \times \Omega \to \mathbf{R}^n$，借助于二阶锥互补函数 $\phi_{\mathrm{FB}}(\boldsymbol{x}, \boldsymbol{y}) = \boldsymbol{x} + \boldsymbol{y} - \sqrt{\boldsymbol{x}^2 + \boldsymbol{y}^2}$ 和自然残差函数 $\phi_{\mathrm{NR}}(\boldsymbol{x}, \boldsymbol{y}) = \boldsymbol{x} - (\boldsymbol{x} - \boldsymbol{y})_+$，采用期望残差极小化方法求解该问题. Luo 等[197] 利用期望值模型和样本均值近似方法求解了随机二阶锥互补问题. Wang 等[209-210] 借助期望残差极小化方法和单参数二阶锥互补函数 $\phi_\tau(\boldsymbol{x}, \boldsymbol{y}) = \boldsymbol{x} + \boldsymbol{y} - \sqrt{(\boldsymbol{x} - \boldsymbol{y})^2 + \tau(\boldsymbol{x} \circ \boldsymbol{y})}$ $(\tau \in (0,4))$ 对随机线性二阶锥互补问题进行了求解.

本章采用期望残差极小化模型和实值隐拉格朗日函数对随机二阶锥互补问题进行求解. 首先介绍随机线性二阶锥互补问题及其期望残差极小化模型；然后介绍期望残差极小化问题的强制性，以此来保证问题极小解的存在性；最后利用蒙特卡罗法对期望残差极小化问题进行近似，并讨论近似问题的收敛性.

4.2 问题描述

n 维欧氏空间 $\mathbf{R}^n (n \geqslant 1)$ 中的二阶锥定义为 $K = \{(x_1, \boldsymbol{x}_2) \in \mathbf{R} \times \mathbf{R}^{n-1} \mid x_1 \geqslant \|\boldsymbol{x}_2\|\}$，其

中，$\|\cdot\|$为欧几里得范数. 考虑随机线性二阶锥互补问题：求向量 $z \in \mathbf{R}^n$，使得

$$z \in K, \boldsymbol{M}(\omega)z + \boldsymbol{q}(\omega) \in K, z^{\mathrm{T}}(\boldsymbol{M}(\omega)z + \boldsymbol{q}(\omega)) = 0, \text{ a.e. } \omega \in \Omega, \tag{4.1}$$

其中，Ω 表示随机变量 ω 的样本空间，“ a.e. ”是“almost every”的缩写，对任意的 $\omega \in \Omega$，有 $\boldsymbol{M}(\omega) \in \mathbf{R}^{n\times n}$，$\boldsymbol{q}(\omega) \in \mathbf{R}^n$. 需注意的是，如果 Ω 中只含有一种情况，则随机线性二阶锥互补问题(1) 就简化为线性二阶锥互补问题.

Chen 等[98] 利用期望残差极小化模型求解了随机线性互补问题，受该文献的启发，下面用期望残差极小化模型来求解问题(4.1). 为达到这个目的，需要利用二阶锥互补函数 ϕ：$\mathbf{R}^n \times \mathbf{R}^n \to \mathbf{R}^n$，满足条件

$$\phi(\boldsymbol{x}, \boldsymbol{y}) = 0 \Leftrightarrow \boldsymbol{x} \in K, \boldsymbol{y} \in K, \boldsymbol{x}^{\mathrm{T}}\boldsymbol{y} = 0.$$

二阶锥互补函数有很多，Chen 等[177] 对二阶锥互补函数及其性质进行了总结.

本节利用实值隐拉格朗日函数对问题(4.1) 进行求解. 对任意的 $\alpha > 1$，实值隐拉格朗日函数 $\phi_\alpha: K \times K \to \mathbf{R}$ 为

$$\phi_\alpha(\boldsymbol{x}, \boldsymbol{y}) = \langle \boldsymbol{x}, \boldsymbol{y} \rangle + \frac{1}{2\alpha}\{\|(\boldsymbol{x} - \alpha\boldsymbol{y})_+\|^2 - \|\boldsymbol{x}\|^2 + \|(\boldsymbol{y} - \alpha\boldsymbol{x})_+\|^2 - \|\boldsymbol{y}\|^2\}. \tag{4.2}$$

该函数是由向量值隐拉格朗日函数 $\Phi_\alpha: K \times K \to K$ 推导来的，

$$\Phi_\alpha(\boldsymbol{x}, \boldsymbol{y}) = \boldsymbol{x} \circ \boldsymbol{y} + \frac{1}{2\alpha}\{[(\boldsymbol{x} - \alpha\boldsymbol{y})_+]^2 - \boldsymbol{x}^2 + [(\boldsymbol{y} - \alpha\boldsymbol{x})_+]^2 - \boldsymbol{y}^2\},$$

其中，$\boldsymbol{x}^2$ 表示 $\boldsymbol{x}$ 与它自身的若当积，$(\boldsymbol{x})_+$ 表示 $\boldsymbol{x} \in \mathbf{R}^n$ 到 K 上的正交投影. 向量 $\boldsymbol{x} = (x_1, \boldsymbol{x}_2)$ 与 $\boldsymbol{y} = (y_1, \boldsymbol{y}_2) \in \mathbf{R} \times \mathbf{R}^{n-1}$ 的若当积定义为 $\boldsymbol{x} \circ \boldsymbol{y} := (\boldsymbol{x}^{\mathrm{T}}\boldsymbol{y}, x_1\boldsymbol{y}_2 + y_1\boldsymbol{x}_2)$，Faraut 等[32] 对对称锥若当积进行了详细介绍.

Mangasarian 等[182] 首次将实值隐拉格朗日函数作为非负象限维上非线性互补问题的光滑价值函数引入，随后 Tseng[67] 又把实值隐拉格朗日函数推广到半定互补问题，然后 Kong 等[183] 又把它应用到一般对称锥互补问题中来. 根据文献[183] 中的引理4.2，当 $\alpha > 1$ 时实值隐拉格朗日函数(4.2) 是一个连续可微函数.

借助于实值隐拉格朗日函数(4.2)，问题(4.1) 的等价随机方程为

$$\psi_\alpha(z, \omega) = 0, \text{ a.e. } \omega \in \Omega,$$

其中，$\alpha > 1$，$\psi_\alpha(z,\omega) := \phi_\alpha(z, \boldsymbol{M}(\omega)z + \boldsymbol{q}(\omega))$. 那么问题(4.1) 的期望残差极小化模型为

$$\min_{z \in \mathbf{R}^n} g(z) = E[\psi_\alpha(z, \omega)], \tag{4.3}$$

其中，E 表示数学期望. 在本章下面这个假设始终成立.

假设 4.1 假设 ω 是一个连续的随机变量，$\boldsymbol{M}(\omega)$ 和 $\boldsymbol{q}(\omega)$ 关于 ω 都是连续的，并且有

$$E[(\|\boldsymbol{M}(\omega)\| + \|\boldsymbol{q}(\omega)\| + 1)^2] = \int_\Omega (\|\boldsymbol{M}(\omega)\| + \|\boldsymbol{q}(\omega)\| + 1)^2 \rho(\omega) \mathrm{d}\omega < +\infty, \tag{4.4}$$

其中，$\rho:\Omega\to\mathbf{R}_+$ 表示连续概率密度函数.

接下来对问题(4.1) 的期望残差极小化模型的性质进行研究.

4.3　期望残差极小化问题的强制性

问题(4.3) 极小值的存在性可以由目标函数 g 的强制性来保证. 注意到 $\bar{\boldsymbol{M}}\in\mathbf{R}^{n\times n}$ 是一个 $K-R_0$ 矩阵，如果 $\bar{\boldsymbol{M}}$ 满足条件

$$z\in K,\bar{\boldsymbol{M}}z\in K,z^{\mathrm{T}}\bar{\boldsymbol{M}}z=0\Rightarrow z=0.$$

定理 4.2　假设存在 $\tilde{\omega}\in\Omega$,使得 $\rho(\tilde{\omega})>0$ 并且 $\boldsymbol{M}(\tilde{\omega})$ 是一个 $K-R_0$ 矩阵，则式(4.3) 中定义的函数 g 是强制的,即当 $z\to\infty$ 时 $g(z)$ 趋于 $+\infty$.

证明　根据文献[196]的引理2.1以及ρ的连续性，存在正实数δ和$\bar{\rho}>0$，对每一个$\omega\in\bar{B}:=B(\tilde{\omega},\delta)$，$\boldsymbol{M}(\omega)$ 均为$K-R_0$矩阵，而且有$\rho(\omega)\geqslant\bar{\rho}$. 设$\{z^k\}\subset\mathbf{R}^n$是一个趋于无穷大的任意序列. 由$\boldsymbol{M}(\cdot)$、$\boldsymbol{q}(\cdot)$和$\psi_\alpha(z^k,\cdot)$的连续性，对每个$k$，都存在一个$\omega^k\in\bar{B}$，使得

$$\psi_\alpha(z^k,\omega^k)=\min_{\omega\in\bar{B}}\psi_\alpha(z^k,\omega).$$

因此有

$$g(z^k)\geqslant\int_{\bar{B}}\psi_\alpha(z^k,\omega)\rho(\omega)\mathrm{d}\omega\geqslant\psi_\alpha(z^k,\omega^k)\bar{\rho}\int_{\bar{B}}\mathrm{d}\omega.$$

因为$\int_{\bar{B}}\mathrm{d}\omega>0$，故为证明$\lim\limits_{k\to\infty}g(z^k)=+\infty$，只需证明$\lim\limits_{k\to\infty}\psi_k(z^k,\omega^k)=+\infty$.

反证，假设$\{\psi_\alpha(z^k,\omega^k)\}$存在一个有界子序列，为证明方便起见假设$\{\psi_\alpha(z^k,\omega^k)\}$自身是有界的，则可得

$$\lim_{\|z^k\|\to+\infty}\frac{\psi_\alpha(z^k,\omega^k)}{\|z^k\|^2}=0.$$

而

$$\frac{\psi_\alpha(z^k,\omega^k)}{\|z^k\|^2}=\frac{\langle z^k,\boldsymbol{y}^k\rangle+\dfrac{1}{2\alpha}\{\|(z^k-\alpha\boldsymbol{y}^k)_+\|^2-\|z^k\|^2+\|(\boldsymbol{y}^k-\alpha z^k)_+\|^2-\|\boldsymbol{y}^k\|^2\}}{\|z^k\|^2}$$

$$\to\langle\hat{z},\boldsymbol{M}(\hat{\omega})\hat{z}\rangle+\frac{1}{2\alpha}\{\|(\hat{z}-\alpha\boldsymbol{M}(\hat{\omega})\hat{z})_+\|^2-\|\hat{z}\|^2+\|(\boldsymbol{M}(\hat{\omega})\hat{z}-\alpha\hat{z})_+\|^2-\|\boldsymbol{M}(\hat{\omega})\hat{z}\|^2\},$$

其中，$\boldsymbol{y}^k=\boldsymbol{M}(\omega^k)z^k+\boldsymbol{q}(\omega^k)$，$\hat{\omega}$ 和 $\hat{z}$ 分别是 $k\to\infty$ 时$\{\omega^k\}$和$\left\{\dfrac{z^k}{\|z^k\|}\right\}$的极限点(可取子序

列)，从而有 $\hat{\omega} \in \bar{B}$，$\|\hat{z}\| = 1$，以及

$$\hat{z} \in K, \boldsymbol{M}(\hat{\omega})\hat{z} \in K, (\hat{z})^{\mathrm{T}}\boldsymbol{M}(\hat{\omega})\hat{z} = 0.$$

这和 $\boldsymbol{M}(\hat{\omega})$ 是一个 $K - R_0$ 矩阵矛盾，假设不成立，故 $\lim\limits_{k\to\infty}\psi_k(z^k, \omega^k) = +\infty$. 证毕.

4.4　期望残差极小化问题的近似

由于数学期望很难得到精确计算，因而需要采用近似的方法来对问题(4.3) 进行求解. 下面来利用蒙特卡罗法对问题进行近似.

对可积函数 $\psi: \Omega \to \mathbf{R}$，利用 Ω 中的独立同分布随机样本 $\Omega_k = \{\omega^1, \omega^2, \cdots, \omega^{N_k}\}$，根据蒙特卡罗法，$E[\psi(\omega)]$ 可以近似为 $\frac{1}{N_k}\sum_{\omega^i \in \Omega_k}\psi(\omega^i)$. 根据强大数定律有

$$\lim_{k\to+\infty}\frac{1}{N_k}\sum_{\omega^i \in \Omega_k}\psi(\omega^i) = E[\psi(\omega)], \text{ w.p.1}, \tag{4.5}$$

其中，假设当 $k \to +\infty$ 时有 $N_k \to +\infty$，“w.p.1” 表示依概率 1.

利用上面的方法，期望残差极小化问题(4.3) 可以近似为

$$\min_{z \in \mathbf{R}^n} g_k(z) = \frac{1}{N_k}\sum_{\omega^i \in \Omega_k}\psi_\alpha(z, \omega^i). \tag{4.6}$$

由于 $\psi_\alpha(z,\omega)$ 关于 z 是光滑的，所以函数 $g(z)$ 和 $g_k(z)$ 都是光滑的. 下面来讨论问题(4.6) 的性质.

定理 4.3　在假设 4.1 下，对任意固定的 z，有 $g(z) = \lim\limits_{k\to+\infty} g_k(z)$，w.p.1.

证明　由式(4.5)，只需说明 $\psi_\alpha(z,\omega)$ 在 Ω 上的可积性. 因为对任一 $\boldsymbol{x} \in K$ 有 $\|\boldsymbol{x}_+\| \leqslant \|\boldsymbol{x}\|$，对任意的 $\boldsymbol{x}$、$\boldsymbol{y}$ 有 $\|\boldsymbol{x}+\boldsymbol{y}\| \leqslant \|\boldsymbol{x}\| + \|\boldsymbol{y}\|$，$|\langle \boldsymbol{x}, \boldsymbol{y}\rangle| \leqslant \|\boldsymbol{x}\|\|\boldsymbol{y}\|$，所以可得

$$\begin{aligned}
|\psi_\alpha(\boldsymbol{x}, \boldsymbol{y})| &= \left|\langle \boldsymbol{x}, \boldsymbol{y}\rangle + \frac{1}{2\alpha}\{\|(\boldsymbol{x} - \alpha\boldsymbol{y})_+\|^2 - \|\boldsymbol{x}\|^2 + \|(\boldsymbol{y} - \alpha\boldsymbol{x})_+\|^2 - \|\boldsymbol{y}\|^2\}\right| \\
&\leqslant \|\boldsymbol{x}\|\|\boldsymbol{y}\| + \frac{1}{2\alpha}\{\|\boldsymbol{x} - \alpha\boldsymbol{y}\|^2 - \|\boldsymbol{x}\|^2 + \|\boldsymbol{y} - \alpha\boldsymbol{x}\|^2 - \|\boldsymbol{y}\|^2\} \\
&\leqslant 3\|\boldsymbol{x}\|\|\boldsymbol{y}\| + \frac{\alpha}{2}(\|\boldsymbol{x}\|^2 + \|\boldsymbol{y}\|^2) \\
&\leqslant \left(\frac{\alpha}{2} + 3\right)(\|\boldsymbol{x}\| + \|\boldsymbol{y}\|)^2.
\end{aligned}$$

因此可得

$$|\psi_\alpha(z,\omega)| \leqslant \left(\frac{\alpha}{2} + 3\right)(\|z\| + \|\boldsymbol{M}(\omega)z + \boldsymbol{q}(\omega)\|)^2$$

$$\leqslant \left(\frac{\alpha}{2}+3\right)(\|z\|+1)^2(\|\boldsymbol{M}(\omega)\|+\|\boldsymbol{q}(\omega)\|+1)^2,$$

根据假设4.1，函数 $\psi_\alpha(\boldsymbol{z},\omega)$ 在 Ω 上是可积的. 证毕.

分别记 S^* 和 S_k^* 为问题(4.3) 和(4.6) 的最优解集. 与定理4.2的证明相似，在相同的条件下，当 k 足够大时 $g_k(z)$ 是强制的，而且对每一个充分大的 k，S_k^* 是非空有界的.

接下来给出主要的收敛结论. 为达到这个目的，假设存在一个非空紧集 $D\subset \mathbf{R}^n$，使满足:(i) 集合 S^* 是非空的且包含在 D 中；(ii) 集合 S_k^* 是非空的，并且当 k 充分大时，有 $S_k^*\subset D$, w.p.1.

定理4.4　假设存在一个 $\tilde{\omega}\in\Omega$，使得 $\rho(\tilde{\omega})>0$，以及 $\boldsymbol{M}(\tilde{\omega})$ 是一个 $K-R_0$ 矩阵. 如果 $\boldsymbol{z}^k\in S_k^*(\forall k)$，则 $\{\boldsymbol{z}^k\}$ 的极限点均依概率 1 包含在集合 S^* 中.

证明　设 $\boldsymbol{z}^*$ 是 $\{\boldsymbol{z}^k\}$ 的一个极限点. 不失一般性，令 $\lim\limits_{k\to+\infty}\boldsymbol{z}^k=\boldsymbol{z}^*$. 为证明 $\lim\limits_{k\to\infty}g_k(\boldsymbol{z}^k)=g(\boldsymbol{z}^*)$, w.p.1, 需要先证明

$$\lim_{k\to\infty}(g_k(\boldsymbol{z}^k)-g_k(\boldsymbol{z}^*))=0,\ \text{w.p.1}.$$

令 $\beta>g(\boldsymbol{z}^*)$，根据函数 g 的连续性，对每一个充分大的 k，有 $g(\boldsymbol{z}^k)\leqslant\beta$，即对每一个充分大的 k，$\boldsymbol{z}^k\in L_g(\beta):=\{\boldsymbol{z}:g(\boldsymbol{z})\leqslant\beta\}$. 由于函数的强制性等价于水平集的有界性，根据定理4.2，水平集 $L_g(\beta)$ 是有界闭集，令 $c_0:=\max\{\|\boldsymbol{z}\|:\boldsymbol{z}\in L(\beta)\}$.

注意到任意的 $\boldsymbol{x},\boldsymbol{y}\in K$，有 $\|\boldsymbol{x}\|-\|\boldsymbol{y}\|\leqslant\|\boldsymbol{x}-\boldsymbol{y}\|$，而且根据投影的性质有 $\|\boldsymbol{x}_+-\boldsymbol{y}_+\|\leqslant\|\boldsymbol{x}-\boldsymbol{y}\|$，则对任意的 $\alpha>1$，可得到

$$\begin{aligned}|g_k(\boldsymbol{z}^k)-g_k(\boldsymbol{z}^*)|&=\left|\frac{1}{N_k}\sum_{\omega^i\in\Omega}(\psi_\alpha(\boldsymbol{z}^k,\omega^i)-\psi_\alpha(\boldsymbol{z}^*,\omega^i))\right|\\&\leqslant\frac{1}{N_k}\sum_{\omega^i\in\Omega}4\alpha(1+2c_0)(\|\boldsymbol{M}(\omega^i)\|+\|\boldsymbol{q}(\omega^i)\|+1)^2\|\boldsymbol{z}^k-\boldsymbol{z}^*\|\\&\to 0(k\to+\infty),\ \text{w.p.1},\end{aligned}$$

其中，$\lim\limits_{k\to+\infty}\boldsymbol{z}^k=\boldsymbol{z}^*$，且根据式(4.4) 和式(4.5)，有

$$\lim_{k\to+\infty}\frac{1}{N_k}\sum_{\omega^i\in\Omega}(\|\boldsymbol{M}(\omega^i)\|+\|\boldsymbol{q}(\omega^i)\|+1)^2=E[(\|\boldsymbol{M}(\omega)\|+\|\boldsymbol{q}(\omega)\|+1)^2]<+\infty,\ \text{w.p.1}.$$

因此有

$$\lim_{k\to\infty}(g_k(\boldsymbol{z}^k)-g_k(\boldsymbol{z}^*))=0,\ \text{w.p.1}.$$

因为对每个 k，$\boldsymbol{z}^k\in S_k^*$，故有 $g_k(\boldsymbol{z}^k)\leqslant g_k(\boldsymbol{z}),\forall\boldsymbol{z}$. 通过取极限，可以得到 $g(\boldsymbol{z}^*)\leqslant g(\boldsymbol{z}),\forall\boldsymbol{z}$, w.p.1, 即依概率 1 地有 $\boldsymbol{z}^*\in S^*$. 证毕.

一般来说，非凸优化问题很难找到全局最优解，通常借助于稳定点来求解. 而问题(4.3) 就是非凸问题，那么能否通过问题(4.6) 的稳定点来求得问题(4.3) 的稳定点呢？下

面来讨论问题(4.6)稳定点序列的收敛性.

由式(4.2)，可以得到

$$\nabla_x\psi_\alpha(\boldsymbol{x},\boldsymbol{y})=\boldsymbol{y}+\frac{1}{\alpha}[(\boldsymbol{x}-\alpha\boldsymbol{y})_+-\boldsymbol{x}-\alpha(\boldsymbol{y}-\alpha\boldsymbol{x})_+],$$

$$\nabla_y\psi_\alpha(\boldsymbol{x},\boldsymbol{y})=\boldsymbol{x}+\frac{1}{\alpha}[(\boldsymbol{y}-\alpha\boldsymbol{x})_+-\boldsymbol{y}-\alpha(\boldsymbol{x}-\alpha\boldsymbol{y})_+].$$

根据链式法则，$\psi_\alpha(\boldsymbol{z},\omega)$ 在 $\boldsymbol{z}\in K$ 处的梯度为

$$\nabla_z\psi_\alpha(\boldsymbol{z},\omega)=\nabla_z\psi_\alpha(\boldsymbol{z},\boldsymbol{M}(\omega)\boldsymbol{z}+\boldsymbol{q}(\omega))+\boldsymbol{M}(\omega)^{\mathrm{T}}\nabla_y\psi_\alpha(\boldsymbol{z},\boldsymbol{M}(\omega)\boldsymbol{z}+\boldsymbol{q}(\omega)).$$

定理4.5 记近似问题(4.6)的稳定点为$\boldsymbol{z}^k(\forall k)$，$\boldsymbol{z}^*=\lim\limits_{k\to+\infty}\boldsymbol{z}^k$，那么$\boldsymbol{z}^*$依概率1地是问题(4.3)的一个稳定点.

证明 令D是一个包含整个序列$\{\boldsymbol{z}^k\}$的紧凸集. 对每个k，因为$\boldsymbol{z}^k$是问题(4.6)的一个稳定点，因此有

$$\frac{1}{N_k}\sum_{\omega^i\in\Omega}\nabla_z\psi_\alpha(\boldsymbol{z}^k,\omega^i)=0. \tag{4.7}$$

由文献[177]中的引理3.1，$\nabla_z\psi_\alpha(\boldsymbol{z},\omega)$ 是全局 Lipschitz 连续的，即

$$\|\nabla_z\psi_\alpha(\boldsymbol{z},\omega)-\nabla_z\psi_\alpha(\boldsymbol{x},\omega)\|\leqslant L(\omega)\|\boldsymbol{z}-\boldsymbol{x}\|$$

关于任意的$\boldsymbol{z},\boldsymbol{x}\in\mathbf{R}^n$均成立，其中$L(\omega)>0$只与$\omega$有关，而且可以推出存在常数$c_1>0$，使得$L(\omega)\leqslant c_1(\|\boldsymbol{M}(\omega)\|+\|\boldsymbol{q}(\omega)\|+1)^2$.

与定理4.4的证明类似，可以证得

$$\lim_{k\to+\infty}\frac{1}{N_k}\sum_{\omega^i\in\Omega}\nabla_z\psi_\alpha(\boldsymbol{z}^k,\omega^i)=E[\nabla_z\psi_\alpha(\boldsymbol{z}^*,\omega)],\ \text{w.p.1}.$$

由$\nabla_z\psi_\alpha(\boldsymbol{z},\omega)$的连续性以及文献[205]中的定理16.8，有

$$\lim_{k\to+\infty}\frac{1}{N_k}\sum_{\omega^i\in\Omega}\nabla_z\psi_\alpha(\boldsymbol{z}^k,\omega^i)=\nabla_zE[\psi_\alpha(\boldsymbol{z}^*,\omega)],\ \text{w.p.1}.$$

在式(4.7)中令$k\to+\infty$，得到

$$\nabla g(\boldsymbol{z}^*)=\nabla_zE[\psi_\alpha(\boldsymbol{z}^*,\omega)]=0,\ \text{w.p.1},$$

因此$\boldsymbol{z}^*$依概率1地是问题(4.3)的一个稳定点. 证毕.

4.5 本章小结

本章利用实值隐拉格朗日法求解随机线性二阶锥互补问题. 通过借助于对称锥互补问题中实值隐拉格朗日函数和随机问题的期望残差极小化方法，探讨所得问题解的存在性.

由于期望残差极小化模型的目标函数中含有数学期望，故利用蒙特卡罗法对该问题进行近似. 证得近似问题最优解序列的收敛点是依概率 1 地收敛于期望残差极小化问题的最优解，并且近似问题稳定点序列的极限点是依概率 1 地收敛于期望残差极小化问题的稳定点，为随机二阶锥互补问题提供了一种新的求解方法.

第 5 章　混合随机线性二阶锥互补问题

本章主要研究混合随机线性二阶锥互补问题. 由于实际问题中的许多互补问题还会含有其他的约束条件, 特别是一些特殊的约束比如二阶锥约束, 因此问题也就成了混合的互补问题, 各种混合互补问题也吸引了优化领域中很多研究人员的注意. 基于第 3 章的理论基础, 本章首先讨论混合随机线性二阶锥互补问题的期望残差极小化模型解的存在性及其鲁棒性, 然后探讨近似问题解序列和稳定点序列的收敛性及其收敛速率. 该问题的应用实例详见第 6 章.

5.1　问题简述

考虑混合随机线性二阶锥互补问题: 寻找一个向量 $z \in \mathbf{R}^n$, 使得

$$z \in K, \boldsymbol{M}(\omega)z + \boldsymbol{q}(\omega) \in K, z^{\mathrm{T}}(\boldsymbol{M}(\omega)z + \boldsymbol{q}(\omega)) = 0,\ \boldsymbol{F}(z,\omega) = 0,\ \text{a.e. } \omega \in \Omega, \tag{5.1}$$

其中, 函数 $\boldsymbol{F}: \mathbf{R}^n \times \Omega \to \mathbf{R}^n$ 关于 z 是二次连续可微的, 且关于 ω 是连续的. 为了讨论起来方便, 假设支撑集 Ω 是一个有限维欧几里得空间中的非空紧集.

本章利用期望残差极小化模型和蒙特卡罗近似方法来求解问题(5.1). 借助二阶锥互补函数 ϕ_τ, 问题(5.1) 的期望残差极小化模型为

$$\min_{z \in \mathbf{R}^n} f(z) = E[\, \|\boldsymbol{\Phi}(z,\omega)\|^2 + \|\boldsymbol{F}(z,\omega)\|^2 \,], \tag{5.2}$$

且(5.2) 的蒙特卡罗样本平均近似为

$$\min_{z \in \mathbf{R}^n} f_k(z) = \frac{1}{N_k} \sum_{\omega^i \in \Omega_k} (\, \|\boldsymbol{\Phi}(z,\omega^i)\|^2 + \|\boldsymbol{F}(z,\omega^i)\|^2 \,), \tag{5.3}$$

其中, $\boldsymbol{\Phi}(z,\omega) = \phi_\tau(z, \boldsymbol{M}(\omega)z + \boldsymbol{q}(\omega))$ 和第 3 章中的定义一样.

本章中, $\|\boldsymbol{A}\|_F$ 表示矩阵 $\boldsymbol{A} = (a_{ij})_{m\times n}$ 的 Frobenius 范数, 即 $\|\boldsymbol{A}\|_F = \sqrt{\sum_{i=1}^{m}\sum_{j=1}^{n} a_{ij}^2}$. 其他所用到的理论基础和第 3 章的一样, 不再赘述.

5.2　期望残差极小化模型的强制性和鲁棒性

由于问题(5.2)和(5.3)的强制性能够保证问题最优解的存在性，因此先讨论它们的强制性.

定理5.1　假设存在 $\tilde{\omega}\in\Omega$，使得 $\rho(\tilde{\omega})>0$，并且 $\boldsymbol{M}(\tilde{\omega})$ 是一个 $K-R_0$ 矩阵. 则(5.2)中定义的函数 $f(z)$ 是强制的，即 $\lim\limits_{z\to\infty}f(z)=+\infty$.

证明　由(5.2)中函数 $f(z)$ 的定义和第 3 章式(3.4)中函数 $g(z)$ 的定义，可以得到 $f(z)\geqslant g(z)$. 根据定理 3.7，函数 $g(z)$ 是强制的，即 $\lim\limits_{z\to\infty}g(z)=+\infty$，从而有 $\lim\limits_{z\to\infty}f(z)=+\infty$. 定理得证.

用相同的证明方法还可以推出函数 $f_k(z)$ 的强制性.

推论5.2　假设存在 $\tilde{\omega}\in\Omega$，使得 $\rho(\tilde{\omega})>0$，并且 $\boldsymbol{M}(\tilde{\omega})$ 是一个 $K-R_0$ 矩阵，则当 k 充分大时，式(5.3)中定义的函数 $f_k(z)$ 是强制的.

下面讨论期望残差极小化问题(5.2)解的鲁棒性.

首先考虑混合随机线性二阶锥互补问题(5.1)对一个固定的 $\omega_0\in\Omega$ 的误差界条件. 记 $\boldsymbol{M}_0=\boldsymbol{M}(\omega_0)$，$\boldsymbol{q}_0=\boldsymbol{q}(\omega_0)$，以及 $\boldsymbol{F}_0=\boldsymbol{F}(\cdot,\omega_0)$. 考虑下面的混合线性二阶锥互补问题，记为 LSOCCP$(\boldsymbol{M}_0,\boldsymbol{q}_0,\boldsymbol{F}_0)$：寻找 $z\in\mathbf{R}^n$，使得

$$z\in K,\boldsymbol{M}_0z+\boldsymbol{q}_0\in K,z^{\mathrm{T}}(\boldsymbol{M}_0z+\boldsymbol{q}_0)=0,\boldsymbol{F}_0(z)=0.$$

令

$$\gamma(z)=\sqrt{\|\phi_\tau(z,\boldsymbol{M}_0z+\boldsymbol{q}_0)\|^2+\|\boldsymbol{F}_0(z)\|^2},$$

则 $\gamma(z)$ 为问题 LSOCCP$(\boldsymbol{M}_0,\boldsymbol{q}_0,\boldsymbol{F}_0)$ 提供了一个残差函数，即，$\gamma(z^*)=0$ 当且仅当 z^* 是问题 LSOCCP$(\boldsymbol{M}_0,\boldsymbol{q}_0,\boldsymbol{F}_0)$ 的解. 根据定理 5.1，当 $\boldsymbol{M}_0$ 是一个 $K-R_0$ 矩阵时，γ 是强制的.

令

$$\boldsymbol{H}_0(z)=\begin{pmatrix}\phi_\tau(z,\boldsymbol{M}_0z+\boldsymbol{q}_0)\\ \boldsymbol{F}_0(z)\end{pmatrix}.$$

记问题 LSOCCP$(\boldsymbol{M}_0,\boldsymbol{q}_0,\boldsymbol{F}_0)$ 的解集为 $S(\boldsymbol{M}_0,\boldsymbol{q}_0,\boldsymbol{F}_0)$，并设 $S(\boldsymbol{M}_0,\boldsymbol{q}_0,\boldsymbol{F}_0)\neq\varnothing$. 那么可以得到下面这个结论.

定理5.3　假设 $\boldsymbol{M}_0$ 是一个 $K-R_0$ 矩阵，且 $\boldsymbol{H}_0(z)$ 在问题 LSOCCP$(\boldsymbol{M}_0,\boldsymbol{q}_0,\boldsymbol{F}_0)$ 的所有解处都是 BD－正则的，则存在常数 $b>0$，使得

$$\mathrm{dist}(z,S(\boldsymbol{M}_0,\boldsymbol{q}_0,\boldsymbol{F}_0))\leqslant b\gamma(z),\ z\in\mathbf{R}^n.$$

该定理的证明与定理 3.17 相似，不再详述.

取一个固定的$\omega \in \Omega$，记$S(\boldsymbol{M}(\omega),\boldsymbol{q}(\omega),\boldsymbol{F}(\cdot,\omega))$为问题(5.1)的解集，并设对每个$\omega \in \Omega$，$S(\boldsymbol{M}(\omega),\boldsymbol{q}(\omega),\boldsymbol{F}(\cdot,\omega)) \neq \varnothing$. 设

$$H(z) = \begin{pmatrix} \phi_\tau(z,\boldsymbol{M}(\omega)z + \boldsymbol{q}(\omega)) \\ \boldsymbol{F}(z,\omega) \end{pmatrix},$$

则可以得到下面这个结论，它实际上是定理3.18的一个推论.

定理5.4 设$\Omega = \{\omega^1,\omega^2,\cdots,\omega^N\}$，对每个$\omega \in \Omega$，$\boldsymbol{M}(\omega)$是一个$K-R_0$矩阵，并且对任意固定的$\omega \in \Omega$，$H(z)$在问题(5.1)的所有解处都是BD－正则，则存在常数$\beta > 0$，使得

$$E[\operatorname{dist}(z,S(\boldsymbol{M}(\omega),\boldsymbol{q}(\omega),\boldsymbol{F}(\cdot,\omega)))] \leqslant \beta\sqrt{f(z)},z \in \mathbf{R}^n.$$

这意味着期望残差极小化问题(5.2)的解或许是混合随机线性互补问题(5.1)的鲁棒解.

5.3 蒙特卡罗近似问题的收敛性

首先我们讨论蒙特卡罗近似问题(5.3)的收敛性.

定理5.5 在假设3.1下，对任意给定的z，有

$$\lim_{k\to\infty} f_k(z) = f(z),\ \text{w.p.1}.$$

证明 根据(3.10)，只需证明$\|\Phi(z,\omega)\|^2 + \|\boldsymbol{F}(z,\omega)\|^2$的可积性. 由定理3.6的证明可知，$\|\Phi(z,\omega)\|^2$在$\Omega$上是可积的. 由于$\Omega$是一个有限维欧几里得空间中的非空紧集，且$\boldsymbol{F}(z,\omega)$关于$\omega$是连续函数，从而$\|\boldsymbol{F}(z,\omega)\|^2$在$\Omega$上也是可积的. 定理得证.

5.3.1 全局最优解

定理5.6 当假设3.1成立，且存在$\tilde{\omega} \in \Omega$，使得$\rho(\tilde{\omega}) > 0$，并且$\boldsymbol{M}(\tilde{\omega})$是一个$K-R_0$矩阵时，设对任意$k$，$z^k$是问题(5.3)的一个全局最优解，$\bar{z}$是序列$\{z^k\}$的一个聚点，则$\bar{z}$依概率1地是问题(5.2)的一个全局最优解.

证明 不失一般性，假设$\lim\limits_{k\to\infty} z^k = \bar{z}$. 令$B$是一个包含整个序列$\{z^k\}$的紧凸集. 由于$\boldsymbol{F}$和$\nabla_z\boldsymbol{F}$在紧集$B \times \Omega$上都是连续的，故存在一个常数$\bar{c} > 0$，使得

$$\|\boldsymbol{F}(z,\omega)\| \leqslant \bar{c},\ \|\nabla_z\boldsymbol{F}(z,\omega)\|_F \leqslant \bar{c},(z,\omega) \in B \times \Omega. \tag{5.4}$$

下面只需证明对任意的z，都有

$$E[\|\Phi(\bar{z},\omega)\|^2 + \|\boldsymbol{F}(\bar{z},\omega)\|^2] \leqslant E[\|\Phi(z,\omega)\|^2 + \|\boldsymbol{F}(z,\omega)\|^2],\ \text{w.p.1}. \tag{5.5}$$

事实上，对任意的k，由于z^k是问题(5.3)的解，从而有

$$\frac{1}{N_k}\sum_{\omega^i\in\Omega_k}(\|\Phi(z^k,\omega^i)\|^2+\|F(z^k,\omega^i)\|^2)\leqslant\frac{1}{N_k}\sum_{\omega^i\in\Omega_k}(\|\Phi(z,\omega^i)\|^2+\|F(z,\omega^i)\|^2) \tag{5.6}$$

注意到

$$\begin{aligned}&\left|\frac{1}{N_k}\sum_{\omega^i\in\Omega_k}\|F(z^k,\omega^i)\|^2-\frac{1}{N_k}\sum_{\omega^i\in\Omega_k}\|F(\bar z,\omega^i)\|^2\right|\\&\leqslant\frac{1}{N_k}\sum_{\omega^i\in\Omega_k}(\|F(z^k,\omega^i)\|+\|F(\bar z,\omega^i)\|)\|F(z^k,\omega^i)-F(\bar z,\omega^i)\|\\&\leqslant\frac{1}{N_k}\sum_{\omega^i\in\Omega_k}2\bar c\|F(z^k,\omega^i)-F(\bar z,\omega^i)\|\\&=\frac{1}{N_k}\sum_{\omega^i\in\Omega_k}2\bar c\int_0^1\|\nabla_z F(tz^k+(1-t)\bar z,\omega^i)\|_F\|z^k-\bar z\|\mathrm{d}t\\&\leqslant 2\bar c^2\|z^k-\bar z\|\\&\to 0,\ k\to+\infty,\end{aligned}$$

其中，等式可由中值定理推得，第二个和第三个不等式可由式(5.4) 得出. 从而根据式(3.10)，可得

$$\begin{aligned}\lim_{k\to+\infty}\frac{1}{N_k}\sum_{\omega^i\in\Omega_k}\|F(z^k,\omega^i)\|^2&=\lim_{k\to+\infty}\frac{1}{N_k}\sum_{\omega^i\in\Omega_k}\|F(\bar z,\omega^i)\|^2\\&=E[\|F(\bar z,\omega^i)\|^2],\ \text{w.p.1.}\end{aligned}$$

又由定理 3.9 的证明过程可知

$$\lim_{k\to+\infty}\frac{1}{N_k}\sum_{\omega^i\in\Omega_k}\|\Phi(z^k,\omega^i)\|^2=E[\|\Phi(\bar z,\omega^i)\|^2],\ \text{w.p.1.}$$

对式(5.6) 的两端取极限 $k\to\infty$，由式(3.10) 可得式(5.5) 是成立的. 定理得证.

定理 5.7　设对每个 k，z^k 是问题(5.3) 的一个最优解，$\bar z$ 是问题(5.2) 的一个最优解，且序列$\{z^k\}$ 包含于一个紧凸集 $B\subset\mathbf{R}^n$. 令映射

$$\Phi=\begin{pmatrix}\phi_\tau(z,M(\omega)z+q(\omega))\\F(z,\omega)\end{pmatrix},$$

则在定理 3.11 的条件(a) ~ (c) 下，对任意的 $\varepsilon>0$，存在与 N_k 无关的正常数 $A(\varepsilon)$ 和 $\alpha(\varepsilon)$，使得

$$\mathrm{Prob}\{|f(z^k)-f(\bar z)|\geqslant\varepsilon\}\leqslant A(\varepsilon)\mathrm{e}^{-N_k\alpha(\varepsilon)}.$$

该定理的证明与定理 3.11 的证明相似，不再赘述. 定理 5.7 说明在一定的条件下，近似问题(5.3) 的最优解序列依概率 1 地以指数速率收敛于期望残差极小化问题(5.2) 的最优解.

5.3.2 稳定点

下面来讨论近似问题(5.3) 的稳定点序列的收敛性及其收敛速率.

定理 5.8 设对每个 k, z^k 是问题(5.3) 的一个稳定点, $\bar{z}$ 是序列$\{z^k\}$ 的一个聚点, 则 $\bar{z}$ 依概率 1 地是问题(5.2) 的一个稳定点.

证明 不失一般性, 假设$\lim\limits_{k\to\infty} z^k = \bar{z}$. 令 B 是一个包含整个序列$\{z^k\}$ 的紧凸集. 由于 $\boldsymbol{F}$, $\nabla_z \boldsymbol{F}$ 和$\nabla_z^2 \boldsymbol{F}$ 在紧集 $B\times\Omega$ 上都是连续的, 故存在一个常数$\hat{c}>0$, 使得对任意的$(z,\omega)\in B\times\Omega$, 都有

$$\|\boldsymbol{F}(z,\omega)\|\leqslant \hat{c}, \|\nabla_z \boldsymbol{F}(z,\omega)\|_F\leqslant \hat{c}, \tag{5.7}$$

$$\|\nabla_z^2 \boldsymbol{F}_j(z,\omega)\|_F\leqslant \hat{c},\ j=1,2,\cdots,n. \tag{5.8}$$

由于对每个 k, z^k 是问题(5.3) 的稳定点, 从而有

$$\frac{1}{N_k}\sum_{\omega^i\in\Omega_k}(\nabla_z\|\boldsymbol{\Phi}(z^k,\omega^i)\|^2+2\nabla_z \boldsymbol{F}(z^k,\omega^i)\boldsymbol{F}(z^k,\omega^i))=0. \tag{5.9}$$

由定理 3.12 可知,

$$\lim_{k\to\infty}\frac{1}{N_k}\sum_{\omega^i\in\Omega_k}\nabla_z\|\boldsymbol{\Phi}(z^k,\omega^i)\|^2=\nabla_z E[\|\boldsymbol{\Phi}(\bar{z},\omega)\|^2],\ \text{w.p.1.}$$

又对任意的 k 和 $j=1,2,\cdots,n$, 有

$$\begin{aligned}
&\left|\frac{1}{N_k}\sum_{\omega^i\in\Omega_k}\nabla_z \boldsymbol{F}_j(z^k,\omega^i)^{\mathrm{T}}\boldsymbol{F}(z^k,\omega^i)-\frac{1}{N_k}\sum_{\omega^i\in\Omega_k}\nabla_z \boldsymbol{F}_j(\bar{z},\omega^i)^{\mathrm{T}}\boldsymbol{F}(\bar{z},\omega^i)\right|\\
&\leqslant\frac{1}{N_k}\sum_{\omega^i\in\Omega_k}\|\nabla_z \boldsymbol{F}_j(z^k,\omega^i)\|\|\boldsymbol{F}(z^k,\omega^i)-\boldsymbol{F}(\bar{z},\omega^i)\|\\
&\quad+\frac{1}{N_k}\sum_{\omega^i\in\Omega_k}\|\nabla_z \boldsymbol{F}_j(z^k,\omega^i)-\nabla_z \boldsymbol{F}_j(\bar{z},\omega^i)\|\|\boldsymbol{F}(\bar{z},\omega^i)\|\\
&\leqslant\frac{\hat{c}}{N_k}\sum_{\omega^i\in\Omega_k}\int_0^1(\|\nabla_z \boldsymbol{F}(tz^k+(1-t)\bar{z},\omega^i)\|_F+\|\nabla_z^2 \boldsymbol{F}_j(tz^k+(1-t)\bar{z},\omega^i)\|_F)\|z^k-\bar{z}\|\mathrm{d}t\\
&\leqslant 2\hat{c}^2\|z^k-\bar{z}\|\\
&\to 0, k\to+\infty,
\end{aligned}$$

其中, 第二个不等式可由中值定理得出, 第三个不等式是由式(5.7) ~ 式(5.9) 得出的. 从而根据式(3.10), 有

$$\begin{aligned}
\lim_{k\to\infty}\frac{1}{N_k}\sum_{\omega^i\in\Omega_k}2\nabla_z \boldsymbol{F}(z^k,\omega^i)\boldsymbol{F}(z^k,\omega^i)&=\lim_{k\to\infty}\frac{1}{N_k}\sum_{\omega^i\in\Omega_k}2\nabla_z \boldsymbol{F}(\bar{z},\omega^i)\boldsymbol{F}(\bar{z},\omega^i)\\
&=E[2\nabla_z \boldsymbol{F}(\bar{z},\omega)\boldsymbol{F}(\bar{z},\omega)]
\end{aligned}$$

$$= E[\nabla_z \|\boldsymbol{F}(\bar{z},\omega)\|^2], \text{ w.p.1.}$$

根据式(5.7)，有

$$\|\nabla_z \boldsymbol{F}(z,\omega)\boldsymbol{F}(z,\omega)\| \leqslant \hat{c}^2, (z,\omega) \in B \times \Omega,$$

从而根据文献[205] 中的定理 16.8，有

$$\lim_{k\to\infty} \frac{1}{N_k} \sum_{\omega^i \in \Omega_k} 2\nabla_z \boldsymbol{F}(z^k,\omega^i)\boldsymbol{F}(z^k,\omega^i) = \nabla_z E[\|\boldsymbol{F}(\bar{z},\omega)\|^2], \text{ w.p.1.}$$

因此对式(5.9) 取极限 $k \to \infty$，可得

$$\nabla_z E[\|\boldsymbol{\Phi}(\bar{z},\omega)\|^2 + \|\boldsymbol{F}(\bar{z},\omega)\|^2] = 0, \text{ w.p.1.}$$

即 $\bar{z}$ 依概率 1 地是问题(5.2) 的一个稳定点. 定理得证.

由于函数$\|\boldsymbol{\Phi}(z,\omega)\|^2 + \|\boldsymbol{F}(z,\omega)\|^2$ 是光滑的，根据定理 3.14，在适当的条件下，问题(5.3) 的稳定点序列会依概率 1 地以指数速率收敛于问题(5.2) 的一个稳定点.

定理 5.9　设对每个 k，z^k 是问题(5.3) 的一个稳定点，且序列$\{z^k\}$ 包含于一个紧凸集. 把定理3.14条件中的函数$\|\boldsymbol{\Phi}(z,\omega)\|^2$ 替换为$\|\boldsymbol{\Phi}(z,\omega)\|^2 + \|\boldsymbol{F}(z,\omega)\|^2$，则在定理3.14的条件(a) ~ (c) 下，对任意的 $\varepsilon > 0$，存在与 N_k 无关的正常数 $A(\varepsilon)$ 和 $\alpha(\varepsilon)$，使得

$$\text{Prob}\{\text{dist}(z^k, D^*) \geqslant \varepsilon\} \leqslant A(\varepsilon)\mathrm{e}^{-N_k\alpha(\varepsilon)},$$

其中，D^* 表示问题(5.2) 的稳定点集合.

证明　根据文献[206] 中的定理 4.4 可证得.

5.4　本章小结

本章主要讨论了混合随机线性二阶锥互补问题. 本章把第 3 章中不含其他约束条件的随机线性二阶锥互补问题的主要结论推广到混合互补问题中来. 首先讨论了混合随机线性二阶锥互补问题的期望残差极小化模型及其蒙特卡罗近似问题的强制性和鲁棒性，然后给出了近似问题解序列的收敛性及其收敛速率. 由于近似问题是非凸优化，因此也给出了近似问题稳定点序列的收敛性及其收敛速率. 下一章将会给出混合随机线性二阶锥互补问题的应用.

第6章　随机最优潮流问题

本章考虑径向网络中的随机最优潮流模型，并把它转化成一个二阶锥规划问题. 针对这个二阶锥规划最优潮流模型，应用前面所提的期望残差极小化方法来求解，并研究注入功率不确定性对电力系统的影响. 本章所提出的随机二阶锥规划最优潮流模型可以作为一种电力系统不同的随机分析工具.

6.1　具有风力发电不确定性随机二阶锥规划最优潮流模型

我们考虑一个径向分布电路，其节点集合为N，连接这些节点的配电线路集合为Ξ. 我们把N中的节点编号为$i=1,\cdots,n$，并记Ξ中连接节点i和j的配电线路为(i,j). 节点0代表变电站，N中其他的节点代表分支节点. 定义$N^+=N\backslash\{0\}$.

当风能等可再生能源并入时，就会产生不确定性. 设具有不确定能源(风电场)的节点子集为W，并且，对每个具有不确定能源的节点i，其所产生的随机功率具有形式$\omega_i=\omega_i^p+\mathrm{i}\omega_i^q$，其中，$\omega_i$是一个已知均值和方差的独立随机变量. 特别地，研究ω_i的两个分布：Gaussian分布和Weibull分布. 在模型中，本章进一步假设风电场在不同地点的波动是独立的，这是有道理的，因为风力发电场距离彼此足够远. 对于典型的最优潮流时间间隔15分钟以及典型的风速10m/s，当风电场的距离超过10km时，其所产生的风的波动是不相关的.

在每个节点$i\in N$，设V_i是复电压，s_i是复净负荷，即发电功率减去损耗的功率. 复净负荷s_i被限制在一个预先指定的箱约束集S_i中. 对每个线路$(i,j)\in\Xi$，设I_{ij}为从节点i流向节点j的复电流，$z_{ij}=r_{ij}+\mathrm{i}x_{ij}$为线路$(i,j)$上的阻抗，$S_{ij}=P_{ij}+\mathrm{i}Q_{ij}$为从节点$i$流向节点$j$的复功率，详见表6.1. 按照惯例，假设变电站节点上的复电压V_0是给定的.

表6.1　符号说明

V_i,v_i	节点i上的复电压，且$v_i=\|V_i\|^2$
$s_i=p_i+\mathrm{i}q_i$	节点i上的复净负荷

续表

I_{ij}, l_{ij}	从节点 i 流向节点 j 的复电流，且 $l_{ij} = \vert I_{ij} \vert^2$
$S_{ij} = P_{ij} + \mathrm{i}\, Q_{ij}$	从节点 i 流向节点 j 的复功率
$z_{ij} = r_{ij} + \mathrm{i}x_{ij}$	线路 (i,j) 上的阻抗

基于文献[160]中所提出的随机最优潮流模型，接下来我们提出了它的凸二阶锥分支流重构，即在潮流约束、注入功率约束以及电压约束下，最小化发电成本. 根据文献[169, 211]，当所讨论的电力系统是一个辐射状网络结构时，原最优潮流模型可以松弛为二阶锥规划，通过对二阶锥规划进行求解，能够得到最优潮流问题的解. 本章考虑的随机最优潮流模型为

$$
\begin{aligned}
&\min \sum_{i \in N} f_i(p_i^g) \\
&\text{s.t.} \{ P_{ij} = (p_i^g + \omega_i^p) - p_i^c + \sum_{h:h \to i} (P_{hi} - r_{hi}\, l_{hi}), \quad \forall (i,j) \in \Xi, \\
&Q_{ij} = (q_i^g + \omega_i^q) - q_i^c + \sum_{h:h \to i} (Q_{hi} - x_{hi}\, l_{hi}), \quad \forall (i,j) \in \Xi, \\
&0 = p_0^g - p_0^c + \sum_{h:h \to 0} (P_{h0} - r_{h0}\, l_{h0}), \\
&0 = q_0^g - q_0^c + \sum_{h:h \to 0} (Q_{h0} - x_{h0}\, l_{h0}), \\
&v_i - v_j = 2(r_{ij}\, P_{ij} + x_{ij}\, Q_{ij}) - l_{ij}(r_{ij}^2 + x_{ij}^2), \quad \forall (i,j) \in \Xi \\
&l_{ij} \geqslant \frac{P_{ij}^2 + Q_{ij}^2}{v_i}, \quad \forall (i,j) \in \Xi, \\
&s_i \in S_i, \quad i \in N^+, \\
&\underline{v_i} \leqslant v_i \leqslant \overline{v_i}, \quad i \in N^+ \} \quad \forall \omega_i, i \in N^+.
\end{aligned}
\tag{6.1}
$$

其中，$l_{ij} = |I_{ij}|^2$，$v_i = |V_i|^2$，$\omega_i = \omega_i^p + \mathrm{i}\omega_i^q$，$p_i = p_i^c - p_i^g$ 和 $q_i = q_i^c - q_i^g$ 分别是在节点 i 处的实际和无功净负荷. 特别地，p_i^c 和 q_i^c 分别是节点 i 处的实际和无功功率消耗，p_i^g 和 q_i^g 分别是节点 i 处的实际和无功常规发电功率. 每个 f_i 都是凸二次函数，且具有形式 $f_i(p_i^g) = c_{i2}(p_i^g)^2 + c_{i1}\, p_i^g + c_{i0}$，其中，$c_{i2}$，$c_{i1}$，$c_{i0}$ 为常数系数.

注意到凸松弛潮流方程 $l_{ij} \geqslant \dfrac{P_{ij}^2 + Q_{ij}^2}{v_i}, (i,j) \in \Xi$ 正好是空间 $\mathbf{R}^{1+1+2}$ 中旋转二阶锥的形式. 旋转二阶锥是一个凸集，其形式为

$$K_r^2 = \{ (x_1, x_2, x_3) \in \mathbf{R} \times \mathbf{R} \times \mathbf{R}^2 \mid x_1 x_2 \geqslant x_3^{\mathrm{T}} x_3, x_1 \geqslant 0,\ x_2 \geqslant 0 \}.$$

一般来说，由于

$$x_1x_2 \geqslant x_3^{\mathrm{T}}x_3, x_1 \geqslant 0,\ x_2 \geqslant 0 \Leftrightarrow \left\| \begin{pmatrix} x_1 - x_2 \\ 2x_3 \end{pmatrix} \right\| \leqslant x_1 + x_2,$$

$\mathbf{R}^{1+1+2}$ 中的旋转二阶锥可以表示成 $\mathbf{R}^{1+1+2}$ 中(平的)二阶锥的一个线性变换(实际上是旋转). 因此有$(x_1, x_2, \boldsymbol{x}_3) \in K_r^2$ 当且仅当$(x_1 + x_2, \boldsymbol{x}_4) \in K^4$, 其中, $\boldsymbol{x}_4 = (x_1 - x_2, 2\boldsymbol{x}_3)$. 为了在随后的讨论中方便陈述, 可以把上面的配电网随机调度问题重新构建为下面的紧凑二阶锥规划形式:

$$\min f(\boldsymbol{x}) \tag{6.2}$$
$$\text{s.t. } \{\boldsymbol{A}\boldsymbol{x} + \boldsymbol{B}\omega = 0,\ \boldsymbol{x} \in X,$$
$$\|\boldsymbol{G}_i\boldsymbol{x}\| \leqslant g_i^{\mathrm{T}} x, \quad \forall i \text{ 且} (i,j) \in \Xi\} \quad \forall \omega,$$

其中, 向量 $\boldsymbol{x}$ 表示与配电网最优潮流相关的所有调度变量, $f(\boldsymbol{x})$ 表示总发电成本, X 表示径向分布网络的可行集.

6.2　随机二阶锥规划最优潮流模型求解

注意到问题(6.2)实际上是一个凸的半定锥规划, 该规划用商业二阶锥规划求解器如 MOSEK 或 Gurobi 都是不易求解的. 对于问题(6.2)的数值解法, 我们的关键步骤是把它转化成问题(5.1)的形式. 根据半无限规划中的参考文献[212], 我们要求问题(6.2)的约束区域具有一个内点 $\hat{\boldsymbol{x}}$, 使得对每一个单一的实现 ω 严格不等式都成立, 即 Slater 条件成立. 因此, 与凸规划中的结论一样, KKT 条件是最优的充分必要条件. 由于满足 KKT 条件的每一个可行点都是问题(6.2)的(全局)极小点, 因此可以通过把问题转化并进而寻找其 KKT 点来求解问题(6.2), 这些正是我们已经讨论过的问题(5.1). 文献[160]是在随机环境下寻求满足机会约束的最优潮流, 与它们不同, 本章是通过求解问题(6.2)的期望残差极小化模型来得到最优潮流, 并且该最优潮流具有随机环境下的最小期望残差.

问题(6.1)的二阶锥规划形式为

$$\begin{aligned}
&\min \sum_{i \in N} f_i(p_i^g) \\
&\text{s.t. } P_{ij} = (p_i^g + \omega_{ik}^p) - p_i^c + \sum_{h:h\to i} (P_{hi} - r_{hi} l_{hi}), \quad \forall (i,j) \in \Xi, \\
&\quad Q_{ij} = (q_i^g + \omega_{ik}^q) - q_i^c + \sum_{h:h\to i} (Q_{hi} - x_{hi} l_{hi}), \quad \forall (i,j) \in \Xi, \\
&\quad 0 = p_0^g - p_0^c + \sum_{h:h\to 0} (P_{h0} - r_{h0} l_{h0}), \\
&\quad 0 = q_0^g - q_0^c + \sum_{h:h\to 0} (Q_{h0} - x_{h0} l_{h0}), \qquad\qquad (6.3) \\
&\quad v_i - v_j = 2(r_{ij} P_{ij} + x_{ij} Q_{ij}) - l_{ij}(r_{ij}^2 + x_{ij}^2), \quad \forall (i,j) \in \Xi,
\end{aligned}$$

$$\begin{pmatrix} \dfrac{l_{ij}}{2}+\dfrac{v_i}{2} \\ \dfrac{l_{ij}}{2}-\dfrac{v_i}{2} \\ P_{ij} \\ Q_{ij} \end{pmatrix} \in K^4, \quad \forall (i,j) \in \Xi,$$

$$p_i^g \geqslant \underline{p}_i^g,$$

$$p_i^g \leqslant \bar{p}_i^g,$$

$$q_i^g \geqslant \underline{q}_i^g,$$

$$q_i^g \leqslant \bar{q}_i^g,$$

$$v_i \leqslant \bar{v}_i, \quad i \in N^+,$$

$$v_i \geqslant \underline{v}_i, \quad i \in N^+.$$

这里，$\underline{p}_i^g$，$\bar{p}_i^g$，$\underline{q}_i^g$，$\bar{q}_i^g$，$\underline{v}_i$，$\bar{v}_i$ 分别表示各自变量的下界和上界.

设问题(6.3) 的约束条件所对应的拉格朗日乘子分别为 α_{ijk}，β_{ijk}，λ_0，μ_0，η_{ij}，$(\lambda_{ij}^1,\lambda_{ij}^2,\lambda_{ij}^3,\lambda_{ij}^4)^{\mathrm{T}} \in K^4$，$\underline{\sigma}_i$，$\bar{\sigma}_i$，$\underline{\rho}_i$，$\bar{\rho}_i$，$\bar{\varepsilon}_i$，$\underline{\varepsilon}_i$，则对每个 ω，问题 (6.3) 的 KKT 条件为

$$\nabla f_i(p_i^g) - \alpha_{ijk} - \underline{\sigma}_i + \bar{\sigma}_i = 0, \quad \forall (i,j) \in \Xi,$$

$$\nabla f_0(p_0^g) + \lambda_0 - \underline{\sigma}_0 + \bar{\sigma}_0 = 0,$$

$$-\beta_{ijk} - \underline{\rho}_i + \bar{\rho}_i = 0, \quad \forall (i,j) \in \Xi,$$

$$\mu_0 - \underline{\rho}_0 + \bar{\rho}_0 = 0,$$

$$\alpha_{ijk} + 2\eta_{ij} r_{ij} - \lambda_{ij}^3 = 0, \quad \forall (i,j) \in \Xi,$$

$$\beta_{ijk} + 2\eta_{ij} x_{ij} - \lambda_{ij}^4 = 0, \quad \forall (i,j) \in \Xi,$$

$$-\eta_{ij} - \frac{1}{2}(\lambda_{ij}^1 - \lambda_{ij}^2) - \underline{\varepsilon}_i + \bar{\varepsilon}_i = 0, \quad \forall (i,j) \in \Xi,$$

$$-\eta_{ij}(r_{ij}^2 + x_{ij}^2) - \frac{1}{2}(\lambda_{ij}^1 + \lambda_{ij}^2) = 0, \quad \forall (i,j) \in \Xi,$$

$$p_0^g - p_0^c + \sum_{h:h\to 0} (P_{h0} - r_{h0} I_{h0}) = 0,$$

$$q_0^g - q_0^c + \sum_{h:h\to 0} (Q_{h0} - x_{h0} I_{h0}) = 0,$$

$$2(r_{ij} P_{ij} + x_{ij} Q_{ij}) - I_{ij}(r_{ij}^2 + x_{ij}^2) - v_i + v_j = 0, \quad \forall (i,j) \in \Xi,$$

$$K^4 \ni \begin{pmatrix} \lambda_{ij}^1 \\ \lambda_{ij}^2 \\ \lambda_{ij}^3 \\ \lambda_{ij}^4 \end{pmatrix} \perp \begin{pmatrix} \dfrac{I_{ij}}{2} + \dfrac{v_i}{2} \\ \dfrac{I_{ij}}{2} - \dfrac{v_i}{2} \\ P_{ij} \\ Q_{ij} \end{pmatrix} \in K^4, \quad \forall (i,j) \in \Xi,$$

$$0 \leqslant \alpha_{ijk} \quad \perp \quad -P_{ij} - p_i^c + (p_i^g + \omega_{ik}^p) + \sum_{h:h\to i} (P_{hi} - r_{hi} l_{hi}) \geqslant 0,$$

$$0 \leqslant \beta_{ijk} \quad \perp \quad -Q_{ij} - q_i^c + (q_i^g + \omega_{ik}^q) + \sum_{h:h\to i} (Q_{hi} - x_{hi} l_{hi}) \geqslant 0,$$

$$0 \leqslant \underline{\sigma}_i \quad \perp \quad p_i^g - \underline{p}_i^g \geqslant 0,$$

$$0 \leqslant \bar{\sigma}_i \quad \perp \quad \bar{p}_i^g - p_i^g \geqslant 0,$$

$$0 \leqslant \underline{\rho}_i \quad \perp \quad q_i^g - \underline{q}_i^g \geqslant 0,$$

$$0 \leqslant \bar{\rho}_i \quad \perp \quad \bar{q}_i^g - q_i^g \geqslant 0,$$

$$0 \leqslant \underline{\varepsilon}_i \quad \perp \quad v_i - \underline{v}_i \geqslant 0, \quad i \in N^+,$$

$$0 \leqslant \bar{\varepsilon}_i \quad \perp \quad \bar{v}_i - v_i \geqslant 0, \quad i \in N^+.$$

设 x 表示上面 KKT 条件中的所有变量，$F(x,\omega)=0$ 表示 KKT 条件中前 11 个方程. 由于互补条件的右边都是线性的函数，可以表示为 $M(\omega)x + q(\omega)$，因此上面的 KKT 条件可以写为

$$\boldsymbol{x} \in K, \quad \boldsymbol{M}(\omega)\boldsymbol{x} + \boldsymbol{q}(\omega) \in K, \quad \boldsymbol{x}^{\mathrm{T}}(\boldsymbol{M}(\omega)\boldsymbol{x} + \boldsymbol{q}(\omega)) = 0, \quad \boldsymbol{F}(\boldsymbol{x},\omega) = 0,$$

其中，$K = K^4 \times \underbrace{K^1 \times \cdots \times K^1}_{8}$. 因此，问题(6.3) 的 KKT 条件是一个混合随机线性二阶锥互补问题，可以用前面介绍的期望残差极小化模型及其蒙特卡罗近似方法来求解. 根据第 5 章中的方法，上述 KKT 条件的期望残差极小化模型为

$$\min_{\boldsymbol{x}} E[\|\boldsymbol{\Phi}(\boldsymbol{x},\omega)\|^2 + \|\boldsymbol{F}(\boldsymbol{x},\omega)\|^2].$$

该模型的样本平均近似问题为

$$\min_{\boldsymbol{x}} \frac{1}{N} \sum_k [\|\boldsymbol{\Phi}(\boldsymbol{x},\omega_k)\|^2 + \|\boldsymbol{F}(\boldsymbol{x},\omega_k)\|^2], \tag{6.4}$$

其中，$\nabla f_i(p_i) = 2C_{i2}p_i + C_{i1} = 2C_{i2}(p_i^c - p_i^g) + C_{i1}$，

$$\|\boldsymbol{F}(\boldsymbol{x},\omega)\|^2 = \frac{1}{N} \sum_k \sum_{(i,j)\in\Xi} \{ (\nabla f_i(p_i^g) - \alpha_{ijk} - \underline{\sigma}_i + \bar{\sigma}_i)^2$$

$$+ (-\beta_{ijk} - \underline{\rho}_i + \bar{\rho}_i)^2$$

$$+(\alpha_{ijk}+2\eta_{ij}r_{ij}-\lambda_{ij}^3)^2+(\beta_{ijk}+2\eta_{ij}x_{ij}-\lambda_{ij}^4)^2\}$$

$$+\sum_{(i,j)\in\Xi}\left\{(-\eta_{ij}-\frac{1}{2}(\lambda_{ij}^1-\lambda_{ij}^2)-\underline{\varepsilon}_i+\bar{\varepsilon}_i)^2+(-\eta_{ij}(r_{ij}^2+x_{ij}^2)-\frac{1}{2}(\lambda_{ij}^1+\lambda_{ij}^2))^2\right.$$

$$\left.+(2(r_{ij}P_{ij}+x_{ij}Q_{ij})-l_{ij}(r_{ij}^2+x_{ij}^2)-v_i+v_j)^2\right\}$$

$$+(\nabla f_0(p_0^g)+\lambda_0-\underline{\sigma}_0+\bar{\sigma}_0)^2$$

$$+(\mu_0-\underline{\rho}_0+\bar{\rho}_0)^2$$

$$+(p_0^g-p_0^c+\sum_{h:h\to 0}(P_{h0}-r_{h0}l_{h0}))^2+(q_0^g-q_0^c+\sum_{h:h\to 0}(Q_{h0}-x_{h0}l_{h0}))^2.$$

令 $\boldsymbol{y}=(y_1,y_2,y_3,y_4)$，则当 $\boldsymbol{y}\neq 0$ 时，$\sqrt{\boldsymbol{y}}=\left(s,\dfrac{(y_2,y_3,y_4)}{2s}\right)$；当 $\boldsymbol{y}=0$ 时，$\sqrt{\boldsymbol{y}}=0$，其中，

$$y_1=(\lambda_{ij}^1)^2+(\lambda_{ij}^2)^2+(\lambda_{ij}^3)^2+(\lambda_{ij}^4)^2+\left(\frac{l_{ij}}{2}+\frac{v_i}{2}\right)^2+\left(\frac{l_{ij}}{2}-\frac{v_i}{2}\right)^2+(P_{ij})^2+(Q_{ij})^2$$

$$+(\tau-2)\left(\lambda_{ij}^1\left(\frac{l_{ij}}{2}+\frac{v_i}{2}\right)+\lambda_{ij}^2\left(\frac{l_{ij}}{2}-\frac{v_i}{2}\right)+\lambda_{ij}^3P_{ij}+\lambda_{ij}^4Q_{ij}\right),$$

$$y_2=2\left(\lambda_{ij}^1-\frac{l_{ij}}{2}-\frac{v_i}{2}\right)\left(\lambda_{ij}^2-\frac{l_{ij}}{2}+\frac{v_i}{2}\right)+\tau\left(\lambda_{ij}^1\left(\frac{l_{ij}}{2}-\frac{v_i}{2}\right)+\lambda_{ij}^2\left(\frac{l_{ij}}{2}+\frac{v_i}{2}\right)\right),$$

$$y_3=2\left(\lambda_{ij}^1-\frac{l_{ij}}{2}-\frac{v_i}{2}\right)(\lambda_{ij}^3-P_{ij})+\tau\left(\lambda_{ij}^1P_{ij}+\lambda_{ij}^3\left(\frac{l_{ij}}{2}+\frac{v_i}{2}\right)\right),$$

$$y_4=2(\lambda_{ij}^1-\frac{l_{ij}}{2}-\frac{v_i}{2})(\lambda_{ij}^4-Q_{ij})+\tau\left(\lambda_{ij}^1Q_{ij}+\lambda_{ij}^4\left(\frac{l_{ij}}{2}+\frac{v_i}{2}\right)\right),$$

$$s=\sqrt{\frac{y_1+\sqrt{y_1^2-y_2^2-y_3^2-y_4^2}}{2}}.$$

从而可以得到

$$\|\Phi(x,\omega)\|^2=$$

$$\sum_{(i,j)\in\Xi}\left\{\left(\lambda_{ij}^1+\frac{l_{ij}}{2}+\frac{v_i}{2}-s\right)^2+\left(\lambda_{ij}^2+\frac{l_{ij}}{2}-\frac{v_i}{2}-\frac{y_2}{2s}\right)^2+\left(\lambda_{ij}^3+P_{ij}-\frac{y_3}{2s}\right)^2+\left(\lambda_{ij}^4+Q_{ij}-\frac{y_4}{2s}\right)^2\right\}$$

$$+\frac{1}{k}\sum_k\sum_{(i,j)\in\Xi}\left\{\left(\alpha_{ijk}-P_{ij}-p_i^c+p_i^g+\omega_{ik}^p+\sum_{h:h\to i}(P_{hi}-r_{hi}l_{hi})-\right.\right.$$

$$\sqrt{(\alpha_{ijk}+P_{ij}+p_i^c-p_i^g-\omega_{ik}^p-\sum_{h:h\to i}(P_{hi}-r_{hi}l_{hi}))^2+\tau\alpha_{ijk}(-P_{ij}-p_i^c+p_i^g+\omega_{ik}^p}$$

$$\left.\sqrt{+\sum_{h:h\to i}(P_{hi}-r_{hi}l_{hi}))}\right)^2+(\beta_{ijk}-Q_{ij}-q_i^c+q_i^g+\omega_{ik}^q+\sum_{h:h\to i}(Q_{hi}-x_{hi}l_{hi})-$$

$$\sqrt{(\beta_{ijk} + Q_{ij} + q_i^c - q_i^g - \omega_{ik}^q - \sum_{h:h\to i}(Q_{hi} - x_{hi} l_{hi}))^2 + \tau\beta_{ijk}(-Q_{ij} - q_i^c + q_i^g + \omega_{ik}^q}$$

$$\sqrt{+\sum_{h:h\to i}(Q_{hi} - x_{hi} l_{hi}))}\Big)^2\Big\} + \sum_{i\in N}\Big\{\Big(\underline{\sigma}_i + p_i^g - \underline{p}_i^g - \sqrt{(\underline{\sigma}_i - p_i^g + \underline{p}_i^g)^2 + \tau\,\underline{\sigma}_i(p_i^g - \underline{p}_i^g)}\Big)^2$$

$$+\Big(\bar{\sigma}_i + \bar{p}_i^g - p_i^g - \sqrt{(\bar{\sigma}_i - \bar{p}_i^g + p_i^g)^2 + \tau\bar{\sigma}_i(\bar{p}_i^g - p_i^g)}\Big)^2$$

$$+\Big(\underline{\rho}_i + q_i^g - \underline{q}_i^g - \sqrt{(\underline{\rho}_i - q_i^g + \underline{q}_i^g)^2 + \tau\,\underline{\rho}_i(q_i^g - \underline{q}_i^g)}\Big)^2$$

$$+\Big(\bar{\rho}_i + \bar{q}_i^g - q_i^g - \sqrt{(\bar{\rho}_i - \bar{q}_i^g + q_i^g)^2 + \tau\bar{\rho}_i(\bar{q}_i^g - q_i^g)}\Big)^2\Big\}$$

$$+\sum_{i\in N^+}\Big\{\Big(\underline{\varepsilon}_i + v_i - \underline{v}_i - \sqrt{(\underline{\varepsilon}_i - v_i + \underline{v}_i)^2 + \tau\,\underline{\varepsilon}_i(v_i - \underline{v}_i)}\Big)^2$$

$$+\Big(\bar{\varepsilon}_i + \bar{v}_i - v_i - \sqrt{(\bar{\varepsilon}_i - \bar{v}_i + v_i)^2 + \tau\varepsilon_i(v_i - v_i)}\Big)^2\Big\}.$$

样本平均近似问题(6.4) 是一个无约束最小化问题，可以利用软件 GAMS 中的 NLP 程序进行求解.

6.3 案例研究与仿真结果

为了对所提出的随机二阶锥规划最优潮流进行求解，我们对南加利福尼亚爱迪生公司(SCE)服务区域内的实际 47 节点总线网络进行了略加修改，即两个风电场连接到节点 6 和节点 16. 该 SCE 网络参见图 6.1，参数设定可见表 6.2. 假设在变风力发电存在的情况下，通

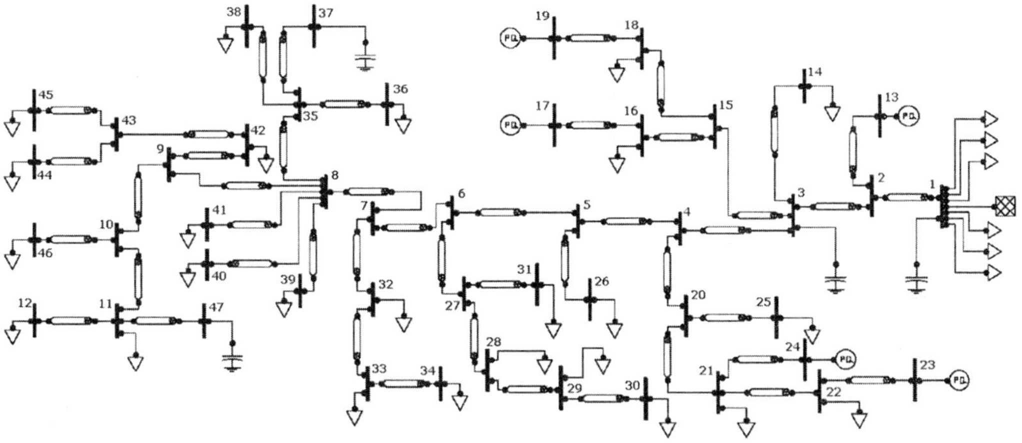

图 6.1　SCE 47 总线分配系统示意图

过假定风速的预测分布可用于下一小时间隔，系统调节器是以每小时为基础来优化总发电成本的. 假设注入节点 6 和节点 16 的风电服从 Gaussian 分布和 Weibull 分布，基于这个假设，在 GAMS 平台使用 NLP 求解程序得到了日前市场调度的结果，参见表 6.3. 固定参数 $\tau=2$，表 6.4 和表 6.5 给出了用期望残差极小化方法求解 SCE 47 节点总线网络的数值结果. 特别是随着样本维数从 50 增加到 1000，鉴于明显的收敛趋势，说明本章的理论结果可以很好地得到证明.

表 6.2　分配系统的参数设定

Network Data																			
LineData				LineData				LineData				LoadData		LoadData		PVGenerators	
From Bus.	To Bus.	R (Ω)	X (Ω)	From Bus.	To Bus.	R (Ω)	X (Ω)	From Bus.	To Bus.	R (Ω)	X (Ω)	Bus No.	Peak MVA	Bus No.	Peak MVA	Bus No.	Nameplate Capacity
1	2	0.259	0.808	8	41	0.107	0.031					1	10	34	0.2	13	1.5MW
2	13	0	0	8	35	0.076	0.015	21	22	0.198	0.046	11	0.67	36	0.27	17	0.4MW
2	3	0.031	0.092	8	9	0.031	0.031	22	23	0	0	12	0.45	38	0.45	19	1.5MW
3	4	0.46	0.092	9	10	0.015	0.015	27	31	0.046	0.015	14	0.89	39	1.34	23	1MW
3	14	0.092	0.031	9	42	0.153	0.046	27	28	0.107	0.031	16	0.07	40	0.13	24	2MW
3	15	0.214	0.046	10	11	0.107	0.076	28	29	0.107	0.031	18	0.67	41	0.67	ShuntCapacitors	
4	20	0.336	0.061	10	46	0.229	0.122	29	30	0.061	0.015	21	0.45	42	0.13		
4	5	0.107	0.183	11	47	0.031	0.015	32	33	0.046	0.015	22	2.23	44	0.45	Bus No.	Nameplate Capacity
5	26	0.061	0.015	11	12	0.076	0.046	33	34	0.031	0	25	0.45	45	0.2		
5	6	0.015	0.031	15	18	0.046	0.015	35	36	0.076	0.015	26	0.2	46	0.45		
6	27	0.168	0.061	15	16	0.107	0.015	35	37	0.076	0.046	28	0.13	BaseVoltage (kV) = 12.35 Basek VA = 1000 Substation Voltage = 12.35			
6	7	0.031	0.046	16	17	0	0	35	38	0.107	0.015	29	0.13			1	6000kVAR
7	32	0.076	0.015	18	19	0	0	42	43	0.061	0.015	30	0.2			3	1200kVAR
7	8	0.015	0.015	20	21	0.122	0.092	43	44	0.061	0.015	31	0.07			37	1800kVAR
8	40	0.046	0.015	20	25	0.214	0.046	43	45	0.061	0.015	32	0.13			47	1800kVAR
8	39	0.224	0.046	21	24	0	0					33	0.27				

表 6.3 带有风能不确定性的 SCE 47 总线系统随机线性二阶锥互补最优潮流结果

(样本为 1000)

	Gaussian		Weibull	
Bus	p^g	q^g	p^g	q^g
No.	(MW)	(MV Ar)	(MW)	(MV Ar)
13	0.241	1.500	0.437	1.500
17	0.241	0.400	0.400	0.400
19	0.241	1.500	0.437	1.500
23	0.235	1.000	0.408	1.000
24	0.237	2.000	0.417	2.000

表 6.4 考虑高斯风电不确定性的随机二阶锥互补最优潮流的期望残差和发电成本

Sample Size	50	100	300	500	1000
Expected Residual	2.412	2.822	3.228	3.405	3.368
Generation Cost (MW)	22.915	23.909	23.848	23.907	24.740

表 6.5 考虑韦伯风电不确定性的随机二阶锥互补最优潮流的期望残差和发电成本

Sample Size	50	100	300	500	1000
Expected Residual	6.997	8.678	9.310	8.885	8.539
Generation Cost (MW)	35.664	41.476	44.628	41.989	42.076

此外，在实践中如何选择一个合适的参数 τ 是一个很有现实意义的问题. 总的来说，参数 τ 的取值取决于实际需要. 为了更好地对这个问题进行解释，我们对不同 τ 值的调度结果进行了比较，具体数据结果详见表6.6. 从表6.6中可以观察到，当 $\tau \in [0.5,3.5]$ 时，随着 τ 的增大，期望残差以振荡速度单调递减，而总发电成本以及运行时间迅速增加. 当 τ 的值大于3.5时，运行时间超过了默认时间，因此对这种情况我们不再讨论. 这个比较可以为我们提供一个 τ 值选取的标准，即，决策者可以用较大的发电成本来达到更好的可行性，或者以较差的可行性来换取更小的发电成本. 也就是说，根据实际情况和实际需要，人们在可接受的误差水平上，可以通过选取不同的 τ 值来达到他们的最优策略. 当风电的随机变量服从 Weibull 分布时，从数值结果可以得到相似的结论，因此不再对这种情况进行讨论.

表 6.6　考虑高斯风电不确定性的随机二阶锥互补最优潮流关于参数 τ 的计算结果

(样本为 50)

τ	0.5	1.0	1.5	2.0	2.5	3.0	3.5
p_{13}^{g}	0.131	0.157	0.191	0.235	0.296	0.383	0.491
p_{17}^{g}	0.131	0.157	0.191	0.235	0.296	0.383	0.400
p_{19}^{g}	0.131	0.157	0.191	0.235	0.296	0.383	0.491
p_{23}^{g}	0.130	0.156	0.187	0.229	0.284	0.360	0.449
p_{24}^{g}	0.131	0.156	0.188	0.231	0.288	0.367	0.462
Expected Residual	3.981	3.540	3.009	2.411	1.757	1.070	0.384
Generation Cost (MW)	13.075	15.689	18.961	23.281	29.189	37.515	45.893
Execution Time(s)	4.281	4.437	4.875	14.501	21.719	23.266	88.140

6.4　本章小结

本章主要考虑了径向网络中的随机最优潮流模型. 由于该模型中含有凸的二次约束条件, 因此利用旋转二阶锥和一般二阶锥之间的转换关系, 把随机最优潮流问题转化成了随机二阶锥规划. 在一定的条件下, 该随机二阶锥规划最优潮流问题的解就是其 KKT 点, 而其 KKT 条件就是一个混合随机线性二阶锥互补问题. 所以, 利用上一章中关于混合随机线性二阶锥互补问题的求解方法, 即期望残差极小化模型及其蒙特卡罗近似方法对随机二阶锥规划最优潮流问题进行了求解. 由于所选取的二阶锥互补函数带有参数 τ, 所以决策者可以根据实际情况和实际需要, 在可接受的误差水平上, 通过选取不同的 τ 值来达到他们的最优策略.

第 7 章 随机二阶锥互补问题期望残差极小化模型及其应用

本章介绍文献[196]中求解随机二阶锥互补问题的方法及其在随机天然气运输问题和径向网络中随机最优潮流问题中的应用.

7.1 引言

二阶锥互补问题(SOCCP) 是寻找向量 $\boldsymbol{x},\boldsymbol{y} \in \mathbf{R}^n$ 和 $z \in \mathbf{R}^l$ 满足以下条件:

$$\boldsymbol{x} \in K,\ \boldsymbol{y} \in K,\ \boldsymbol{x}^{\mathrm{T}}\boldsymbol{y} = 0,\ \boldsymbol{F}(\boldsymbol{x},\boldsymbol{y},z) = 0, \tag{7.1}$$

其中, $\boldsymbol{F}:\mathbf{R}^n \times \mathbf{R}^n \times \mathbf{R}^l \to \mathbf{R}^n \times \mathbf{R}^l$ 是连续可微的, 并且

$$K:=K^{n_1} \times \cdots \times K^{n_m} \tag{7.2}$$

满足 $n_1 + \cdots + n_m = n$, $K^v:=\{(x_1,\boldsymbol{x}_2) \in \mathbf{R} \times \mathbf{R}^{v-1} \mid \|\boldsymbol{x}_2\| \leqslant x_1\}$. 这个问题显然是经典混合互补问题的推广, 特别是它包括了各种二阶锥形程序(SOCP) 的 Karush-Kuhn-Tucker 条件, 作为特殊情况, 在工程设计和组合优化等方面有很多应用[24]. 二阶锥互补问题(7.1) 引起了许多研究人员的广泛关注, 并且已经提出了几种解决它的方法[180,56].

设 $\boldsymbol{x}=(\boldsymbol{x}^1,\cdots,\boldsymbol{x}^m) \in \mathbf{R}^{n_1} \times \cdots \times \mathbf{R}^{n_m}$, $\boldsymbol{y}=(\boldsymbol{y}^1,\cdots,\boldsymbol{y}^m) \in \mathbf{R}^{n_1} \times \cdots \times \mathbf{R}^{n_m}$. 通过二阶锥互补函数 $\phi(\boldsymbol{x},\boldsymbol{y})$, 二阶锥互补方程(7.1) 可以很容易地重新表示为非线性方程

$$\boldsymbol{\Phi}(\boldsymbol{x},\boldsymbol{y}):=\begin{bmatrix}\phi(\boldsymbol{x}^1,\boldsymbol{y}^1)\\ \vdots \\ \phi(\boldsymbol{x}^m,\boldsymbol{y}^m)\end{bmatrix}=0,\ \boldsymbol{F}(\boldsymbol{x},\boldsymbol{y},z)=0, \tag{7.3}$$

并且, 沿着这种方法, 已经有一些牛顿类型的方法被开发出来用于求解方程(7.1). 另一种方法是将问题(7.1) 重新表述为优化问题

$$\min_{(\boldsymbol{x},\boldsymbol{y},\boldsymbol{z})} \|\boldsymbol{\Phi}(\boldsymbol{x},\boldsymbol{y})\|^2 + \|\boldsymbol{F}(\boldsymbol{x},\boldsymbol{y},\boldsymbol{z})\|^2,$$

并给出了基于该方法求解方程(7.1) 的一些下降方法.

在本章中, 我们考虑以下随机二阶锥互补问题:求向量 $\boldsymbol{x},\boldsymbol{y} \in \mathbf{R}^v$ 和 $z \in \mathbf{R}^l$, 使得

$$\boldsymbol{x} \in K,\ \boldsymbol{y} \in K,\ \boldsymbol{x}^{\mathrm{T}}\boldsymbol{y} = 0,\ \boldsymbol{F}(\boldsymbol{x},\boldsymbol{y},\boldsymbol{z},\xi) = 0,\ \text{a.e. } \xi \in \Omega, \tag{7.4}$$

其中，Ω 表示随机变量 ξ 的支撑集，$\boldsymbol{F}:\mathbf{R}^n \times \mathbf{R}^n \times \mathbf{R}^l \times \Omega \to \mathbf{R}^n \times \mathbf{R}^l$，a.e. 是“几乎所有”的缩写. 这个问题显然是随机互补问题

$$\boldsymbol{x} \geqslant 0,\ \boldsymbol{F}(\boldsymbol{x},\xi) \geqslant 0,\ \boldsymbol{x}^{\mathrm{T}}\boldsymbol{F}(\boldsymbol{x},\xi) = 0,\ \text{a.e. } \xi \in \Omega \tag{7.5}$$

的推广. 关于问题(7.5) 的已有模型、数值方法和应用可参看文献[112].

考虑随机优化问题

$$\begin{aligned} &\min f(\boldsymbol{u}) \\ &\text{s.t. } h(\boldsymbol{u},\xi) = 0,\ g(\boldsymbol{u},\xi) \leqslant 0 \text{ a.e. } \xi \in \Omega, \end{aligned} \tag{7.6}$$

其中，目标可能涉及期望或方差. 这个问题有许多实际应用，例如冷却受限发电厂的水管理[198]、同质产品市场[32] 等. 需注意的是，具有随机优势约束的问题和具有补偿变量的两阶段随机规划可以改写为方程(7.6) 的一般形式[200].

如果 $g(\cdot,\xi)$ 的一些分量函数可表示为二阶锥形式[202]，那么式(7.6) 可以重写为二阶锥规划问题

$$\begin{aligned} &\min f(\boldsymbol{u}) \\ &\text{s.t. } h(\boldsymbol{u},\xi) = 0,\ H(\boldsymbol{x},\boldsymbol{u},\xi) = 0 \text{ a.e. } \xi \in \Omega \\ &\qquad \boldsymbol{x} \in \mathcal{K}. \end{aligned} \tag{7.7}$$

可表示为二阶锥形式的函数包括线性函数、凸二次函数、分数二次函数等，更多详细内容可参看文献[202]. 注意，问题(7.7) 中的等式约束可以重写为

$$\tilde{h}(\boldsymbol{u}) := E_\xi[h(\boldsymbol{u},\xi) \cdot h(\boldsymbol{u},\xi)] = 0,$$

$$\tilde{H}(\boldsymbol{u}) := E_\xi[H(\boldsymbol{x},\boldsymbol{u},\xi) \cdot H(\boldsymbol{x},\boldsymbol{u},\xi)] = 0,$$

其中，E_ξ 表示期望算子，$\cdot$ 表示 Hadamard 积. 则问题(7.7) 的 Karush-Kuhn-Tucker 系统为

$$\begin{aligned} &\nabla f(\boldsymbol{u}) + \nabla \tilde{h}(\boldsymbol{u})\lambda + \nabla_{\boldsymbol{u}} \tilde{H}(\boldsymbol{x},\boldsymbol{u})\mu = 0, \\ &\nabla_{\boldsymbol{x}} \tilde{H}(\boldsymbol{x},\boldsymbol{u})\mu - \boldsymbol{y} = 0, \\ &h(\boldsymbol{u},\xi) = 0,\ H(\boldsymbol{x},\boldsymbol{u},\xi) = 0,\ \text{a.e. } \xi \in \Omega, \\ &\boldsymbol{x} \in K,\ \boldsymbol{y} \in K,\ \boldsymbol{x}^{\mathrm{T}}\boldsymbol{y} = 0, \end{aligned}$$

正好是方程(7.4) 的形式. 这是研究随机二阶锥互补问题(7.4) 的动机之一. 此外，我们的研究不是通过上述二阶锥代表性方法将式(7.6) 改写为式(7.7)，而是受到一些公认的实际工程二阶锥规划问题的启发，如第 7.4.1 节和第 7.4.2 节所示. 具体来说，工程师在实践中通常使用二阶锥凸化来处理恶性非凸性. 有趣的是，在某些情况下，二阶锥松弛可能会与物理解

释是相通的(例如，在第7. 4.2节中，我们研究了一个树形拓扑的电路网络，其中交流最佳功率流(AC-OPF)可由精确的二阶锥松弛来表示). 当出现不确定性(例如，涉及可再生资源；参见第7.4.2节)时，问题(7.7)就应运而生，这也促使我们去探索随机二阶锥互补问题(7.4).

然而，由于随机元素 ξ 的存在，我们通常不能期望对几乎每个 $\xi \in \Omega$ 都存在满足式(7.4)的向量 $\{\boldsymbol{x},\boldsymbol{y},\boldsymbol{z}\}$，这意味着随机二阶锥互补问题(7.4)通常可能没有一个解. 因此，为了在某种意义上得到合理的解，我们需要给出式(7.4)的适当确定性模型. 在本章中，针对问题(7.4)，我们主要考虑一个确定性公式，称为期望残差极小化(ERM)模型，其是由著作[98]提出的用来求解随机互补问题(7.5)的. 7.2节提出了一种基于蒙特卡罗近似技术的近似方法来求解期望残差极小化模型，7.3节讨论了期望残差极小化模型解的存在性有关的一些性质. 然后，在第7.4节中，我们在两个实际工程环境的框架内报告了我们研究的建模有效性和计算效率，即随机天然气输送问题和径向网络中的随机最优潮流问题.

在本文中，我们假设支撑集 Ω 是有限维欧氏空间中具有无穷多个元素的紧集，且 $\boldsymbol{F}(\boldsymbol{x},\boldsymbol{y},\boldsymbol{z},\xi)$ 对于 $(\boldsymbol{x},\boldsymbol{y},\boldsymbol{z})$ 是两次连续可微的，对于 ξ 是连续可积的. 对于给定的可微函数 $\boldsymbol{H}$: $\mathbf{R}^n \to \mathbf{R}^m$，向量 $\boldsymbol{x} \in \mathbf{R}^n$，$\nabla \boldsymbol{H}(\boldsymbol{x})$ 表示 $\boldsymbol{H}$ 在 $\boldsymbol{x}$ 处的转置雅可比矩阵. 给定一个向量 $\boldsymbol{x} \in \mathbf{R}^n$ 和一个集合 $X \subseteq \mathbf{R}^n$，$\mathrm{dist}(\boldsymbol{x},X)$ 表示在欧几里得范数下从 $\boldsymbol{x}$ 到 X 的距离. 对于给定的 $m \times n$ 矩阵 $\boldsymbol{A}=(a_{ij})$，$\|\boldsymbol{A}\|_F$ 表示其Frobenius范数，即 $\|\boldsymbol{A}\|_F := \left(\sum_{i=1}^{m}\sum_{j=1}^{n} a_{ij}^2\right)^{1/2}$ 此外，$\boldsymbol{I}$ 和 $\boldsymbol{O}$ 分别表示具有适当维数的单位矩阵和零矩阵，$\mathrm{co}\{X\}$ 表示集合 X 的凸包. 而且，我们使用符号 $\mathrm{sign}(\cdot)$ 来表示符号函数.

7.2　随机二阶锥互补问题的期望残差极小化模型

如第7.1节所介绍的，通过二阶锥互补函数 $\phi(\boldsymbol{x},\boldsymbol{y})$，随机二阶锥互补问题(7.4)可以重新表述为随机非线性方程

$$\boldsymbol{\Phi}(\boldsymbol{x},\boldsymbol{y})=0,\ \boldsymbol{F}(\boldsymbol{x},\boldsymbol{y},\boldsymbol{z},\xi)=0,\ \text{a.e. } \xi \in \Omega,$$

其中，$\boldsymbol{\Phi}$ 如公式(7.3)所示. 回想一下，上述随机方程可能不会有一个共同的解决方案. 我们对公式(7.5)施行文献[98]中的方法，则问题(7.4)的期望残差极小化模型为

$$\min_{(\boldsymbol{x},\boldsymbol{y},\boldsymbol{z})} \theta_{\mathrm{ERM}}(\boldsymbol{x},\boldsymbol{y},\boldsymbol{z}) := E_\xi\left[\|\boldsymbol{F}(\boldsymbol{x},\boldsymbol{y},\boldsymbol{z},\xi)\|^2\right] + \|\boldsymbol{\Phi}(\boldsymbol{x},\boldsymbol{y})\|^2. \tag{7.8}$$

在处理问题(7.8)时，一个主要的困难是问题中包含一个期望，而这个期望通常没有解析表达式. 我们可以使用蒙特卡罗抽样技术来近似期望. 另一个可能的困难是二阶锥互补函数 ϕ 通常不是处处可微的，因此目标函数可能是非光滑的. 但情况并非总是如此. 虽然互补

函数 ϕ_{FB} 并非光滑的，但 $\|\phi_{FB}\|^2$ 实际上是一个光滑函数，而 $\|\phi_{NR}\|^2$ 和 ϕ_{NR} 都是非光滑函数.

正如我们所知，函数 ϕ_{FB} 和 ϕ_{NR} 分别是经典实值互补函数

$$\phi_{FB}(a,b):=a+b-\sqrt{a^2+b^2},\ (a,b)\in\mathbf{R}^2$$

和

$$\phi_{\min}(a,b):=\min\{a,b\},\ (a,b)\in\mathbf{R}^2$$

的推广. 与它们的原型相似，两者相比，ϕ_{FB} 具有更好的平滑性，ϕ_{NR} 具有更好的逼近性. 特别地，因为对于 $\mathbf{R}^v$ 中任何 $\boldsymbol{s}$ 和 $\boldsymbol{t}$ 都有 $\phi_{NR}(\boldsymbol{s},\boldsymbol{t})=\boldsymbol{s}-[\boldsymbol{s}-\boldsymbol{t}]_+=\boldsymbol{t}-[\boldsymbol{t}-\boldsymbol{s}]_+$，我们有

$$\phi_{NR}(\boldsymbol{s},\boldsymbol{t})=\begin{cases}\boldsymbol{s},\ \text{if } \boldsymbol{t}-\boldsymbol{s}\in K^v,\\ \boldsymbol{t},\ \text{if } \boldsymbol{s}-\boldsymbol{t}\in K^v,\end{cases}$$

而在 $\phi_{FB}(\boldsymbol{s},\boldsymbol{t})$ 和 $\boldsymbol{s}$ 或 $\boldsymbol{t}$ 之间总是存在着一个正的差距. ϕ_{NR} 所拥有的这种优势在处理二阶锥互补问题

$$\boldsymbol{G}(\boldsymbol{x})\in K,\ \boldsymbol{H}(\boldsymbol{x})\in K,\ \boldsymbol{G}(\boldsymbol{x})^{\mathrm{T}}\boldsymbol{H}(\boldsymbol{x})=0$$

时可能特别有用.

我们在第 7.4 节中报告的数值经验也表明，即使涉及一个相当小的平滑参数，ϕ_{NR} 也可能有更好的性能. 这两个互补函数的进一步比较在第 7.3 节中给出.

一般来说，对于一个可积函数 $\Psi:\Omega\to\mathbf{R}$，$E_\xi[\Psi(\xi)]$ 的蒙特卡罗采样估计是通过从 Ω 中取独立同分布的随机样本 $\Omega_k:=\{\xi^1,\cdots,\xi^{N_k}\}$，并让 $E_\xi[\Psi(\xi)]\approx\frac{1}{N_k}\sum_{\xi^i\in\Omega_k}\Psi(\xi^i)$ 而得到的. 我们假设 N_k 随着 k 的增加趋于无穷. 强大数定律保证了这个过程依概率 1(以下缩写为“w.p.1”) 地收敛，即

$$\lim_{k\to\infty}\frac{1}{N_k}\sum_{\xi^i\in\Omega_k}\psi(\xi^i)=\mathbb{E}_\xi[\psi(\xi)],\ \text{w.p.1.}\tag{7.9}$$

下面，我们考虑两种情况：二阶锥互补函数 ϕ 分别取为 ϕ_{FB} 和 ϕ_{NR}.

7.2.1　取 ϕ_{FB} 的情况

考虑平滑的期望残差极小化模型

$$\min_{(\boldsymbol{x},\boldsymbol{y},\boldsymbol{z})}\theta_{FB}(\boldsymbol{x},\boldsymbol{y},\boldsymbol{z}):=E_\xi[\|\boldsymbol{F}(\boldsymbol{x},\boldsymbol{y},\boldsymbol{z},\xi)\|^2]+\|\boldsymbol{\Phi}_{FB}(\boldsymbol{x},\boldsymbol{y})\|^2,\tag{7.10}$$

其中，$\boldsymbol{\Phi}_{FB}$ 表示式(7.3) 中函数 $\boldsymbol{\Phi}$ 中的 ϕ 取为 ϕ_{FB}. 通过从 Ω 生成独立同分布的随机样本 $\Omega_k=\{\xi^1,\cdots,\xi^{N_k}\}$，我们可以得到问题(7.10) 的如下近似：

$$\min_{(\boldsymbol{x},\boldsymbol{y},\boldsymbol{z})}\theta_{FB}^k(\boldsymbol{x},\boldsymbol{y},\boldsymbol{z}):=\frac{1}{N_k}\sum_{\xi^i\in\Omega_k}\|\boldsymbol{F}(\boldsymbol{x},\boldsymbol{y},\boldsymbol{z},\xi^i)\|^2+\|\boldsymbol{\Phi}_{FB}(x,y)\|^2.\tag{7.11}$$

接下来，我们将研究上述样本平均近似方法的收敛性. 由于式(7.11) 是一个非凸优化

问题，这里我们只研究其稳定点的极限行为. 实际上，它的最优解相似的收敛结果更容易得到.

定理 7.1 假设对每个 k，$(\boldsymbol{x}^k,\boldsymbol{y}^k,\boldsymbol{z}^k)$ 是问题(7.11)的驻点，$(\bar{\boldsymbol{x}},\bar{\boldsymbol{y}},\bar{\boldsymbol{z}})$ 是序列 $\{(\boldsymbol{x}^k,\boldsymbol{y}^k,\boldsymbol{z}^k)\}$ 的一个聚点. 那么，$(\bar{\boldsymbol{x}},\bar{\boldsymbol{y}},\bar{\boldsymbol{z}})$ 依概率 1 地是问题(7.10)的一个稳定点.

证明 为了不失一般性，我们可以假设 $\lim_{k\to\infty}(\boldsymbol{x}^k,\boldsymbol{y}^k,\boldsymbol{z}^k)=(\bar{\boldsymbol{x}},\bar{\boldsymbol{y}},\bar{\boldsymbol{z}})$. 设 B 是一个包含整个序列 $\{(\boldsymbol{x}^k,\boldsymbol{y}^k,\boldsymbol{z}^k)\}$ 的紧凸集. 由于 $\boldsymbol{F}$，$\nabla_{(x,y,z)}\boldsymbol{F}$ 和 $\nabla^2_{(x,y,z)}\boldsymbol{F}_j(j=1,\cdots,n+l)$ 在紧集 $B\times\Omega$ 上的连续性，存在一个常数 $\bar{C}>0$，使得对所有 $(\boldsymbol{x},\boldsymbol{y},z,\xi)\in B\times\Omega$，都有

$$\|\boldsymbol{F}(\boldsymbol{x},\boldsymbol{y},z,\xi)\|\leqslant\bar{C},\ \|\nabla_{(x,y,z)}\boldsymbol{F}(\boldsymbol{x},\boldsymbol{y},z,\xi)\|_F\leqslant\bar{C},\tag{7.12}$$

$$\|\nabla^2_{(x,y,z)}\boldsymbol{F}_j(\boldsymbol{x},\boldsymbol{y},z,\xi)\|_F\leqslant\bar{C}(j=1,\cdots,n+l).\tag{7.13}$$

令

$$\boldsymbol{\Psi}_{\mathrm{FB}}(\boldsymbol{x},\boldsymbol{y}):=\|\boldsymbol{\Phi}_{\mathrm{FB}}(\boldsymbol{x},\boldsymbol{y})\|^2.$$

根据文献[57]中的命题 2，$\boldsymbol{\Psi}_{\mathrm{FB}}$ 是光滑的，即 $\nabla\boldsymbol{\Psi}_{\mathrm{FB}}$ 处处连续. 对于每个 k，由于 $(\boldsymbol{x}^k,\boldsymbol{y}^k,\boldsymbol{z}^k)$ 是问题(7.11)的稳定点，我们有

$$\frac{2}{N_k}\sum_{\xi^i\in\Omega_k}\nabla_{(x,y,z)}\boldsymbol{F}(\boldsymbol{x}^k,\boldsymbol{y}^k,\boldsymbol{z}^k,\xi^i)\boldsymbol{F}(\boldsymbol{x}^k,\boldsymbol{y}^k,\boldsymbol{z}^k,\xi^i)+\begin{bmatrix}\nabla\boldsymbol{\Psi}_{\mathrm{FB}}(\boldsymbol{x}^k,\boldsymbol{y}^k)\\0\end{bmatrix}=0.\tag{7.14}$$

考虑方程(7.14)左边的第一项. 对于每个 k 和每个 $j=1,\cdots,n+l$，我们有

$$\begin{aligned}&\left|\frac{1}{N_k}\sum_{\xi^i\in\Omega_k}\nabla_{(x,y,z)}\boldsymbol{F}_j(\boldsymbol{x}^k,\boldsymbol{y}^k,\boldsymbol{z}^k,\xi^i)^{\mathrm{T}}\boldsymbol{F}(\boldsymbol{x}^k,\boldsymbol{y}^k,\boldsymbol{z}^k,\xi^i)\right.\\&\quad\left.-\frac{1}{N_k}\sum_{\xi^i\in\Omega_k}\nabla_{(x,y,z)}\boldsymbol{F}_j(\bar{\boldsymbol{x}},\bar{\boldsymbol{y}},\bar{\boldsymbol{z}},\xi^i)^{\mathrm{T}}\boldsymbol{F}(\bar{\boldsymbol{x}},\bar{\boldsymbol{y}},\bar{\boldsymbol{z}},\xi^i)\right|\\&\leqslant\frac{1}{N_k}\sum_{\xi^i\in\Omega_k}\|\nabla_{(x,y,z)}\boldsymbol{F}_j(\boldsymbol{x}^k,\boldsymbol{y}^k,\boldsymbol{z}^k,\xi^i)\|\|\boldsymbol{F}(\boldsymbol{x}^k,\boldsymbol{y}^k,\boldsymbol{z}^k,\xi^i)-\boldsymbol{F}(\bar{\boldsymbol{x}},\bar{\boldsymbol{y}},\bar{\boldsymbol{z}},\xi^i)\|\\&\quad+\frac{1}{N_k}\sum_{\xi^i\in\Omega_k}\|\nabla_{(x,y,z)}\boldsymbol{F}_j(\boldsymbol{x}^k,\boldsymbol{y}^k,\boldsymbol{z}^k,\xi^i)-\nabla_{(x,y,z)}\boldsymbol{F}_j(\bar{\boldsymbol{x}},\bar{\boldsymbol{y}},\bar{\boldsymbol{z}},\xi^i)\|\|\boldsymbol{F}(\bar{\boldsymbol{x}},\bar{\boldsymbol{y}},\bar{\boldsymbol{z}},\xi^i)\|\\&\leqslant\frac{\bar{C}}{N_k}\sum_{\xi^i\in\Omega_k}\int_0^1\Big(\|\nabla_{(x,y,z)}\boldsymbol{F}(t\boldsymbol{x}^k+(1-t)\bar{\boldsymbol{x}},t\boldsymbol{y}^k+(1-t)\bar{\boldsymbol{y}},tz^k+(1-t)\bar{z},\xi^i)\|_F\\&\quad+\|\nabla^2_{(x,y,z)}\boldsymbol{F}_j(t\boldsymbol{x}^k+(1-t)\bar{\boldsymbol{x}},t\boldsymbol{y}^k+(1-t)\bar{\boldsymbol{y}},tz^k+(1-t)\bar{z},\xi^i)\|_F\Big)\\&\quad\times\|(\boldsymbol{x}^k,\boldsymbol{y}^k,\boldsymbol{z}^k)-(\bar{\boldsymbol{x}},\bar{\boldsymbol{y}},\bar{\boldsymbol{z}})\|\mathrm{d}t\\&\leqslant2\bar{C}^2\|(\boldsymbol{x}^k,\boldsymbol{y}^k,\boldsymbol{z}^k)-(\bar{\boldsymbol{x}},\bar{\boldsymbol{y}},\bar{\boldsymbol{z}})\|\\&\to0,\ 其中\ k\to+\infty,\end{aligned}$$

其中，第二个不等式来自中值定理和方程(7.12)，第三个不等式可由方程(7.12)、(7.13)得到. 然后从方程(7.9)可得

$$\lim_{k\to\infty}\frac{2}{N_k}\sum_{\xi^i\in\Omega_k}\nabla_{(x,y,z)}\boldsymbol{F}(\boldsymbol{x}^k,\boldsymbol{y}^k,\boldsymbol{z}^k,\xi^i)\boldsymbol{F}(\boldsymbol{x}^k,\boldsymbol{y}^k,\boldsymbol{z}^k,\xi^i)$$

$$=\lim_{k\to\infty}\frac{2}{N_k}\sum_{\xi^i\in\Omega_k}\nabla_{(x,y,z)}\boldsymbol{F}(\bar{\boldsymbol{x}},\bar{\boldsymbol{y}},\bar{\boldsymbol{z}},\xi^i)\boldsymbol{F}(\bar{\boldsymbol{x}},\bar{\boldsymbol{y}},\bar{\boldsymbol{z}},\xi^i)$$

$$=2E_\xi[\nabla_{(x,y,z)}\boldsymbol{F}(\bar{\boldsymbol{x}},\bar{\boldsymbol{y}},\bar{\boldsymbol{z}},\xi)\boldsymbol{F}(\bar{\boldsymbol{x}},\bar{\boldsymbol{y}},\bar{\boldsymbol{z}},\xi)]$$

$$=E_\xi[\nabla_{(x,y,z)}(\|\boldsymbol{F}(\bar{\boldsymbol{x}},\bar{\boldsymbol{y}},\bar{\boldsymbol{z}},\xi)\|^2)]$$

依概率 1 地成立. 此外，根据式(7.12)，我们有

$$\|\nabla_{(x,y,z)}\boldsymbol{F}(\boldsymbol{x},\boldsymbol{y},\boldsymbol{z},\xi)\boldsymbol{F}(\boldsymbol{x},\boldsymbol{y},\boldsymbol{z},\xi)\|\leqslant\bar{C}^2,\ (\boldsymbol{x},\boldsymbol{y},\boldsymbol{z},\xi)\in B\times\Omega,$$

因此，根据文献[205]的定理 16.8，

$$\lim_{k\to\infty}\frac{2}{N_k}\sum_{\xi^i\in\Omega_k}\nabla_{(x,y,z)}\boldsymbol{F}(\boldsymbol{x}^k,\boldsymbol{y}^k,\boldsymbol{z}^k,\xi^i)\boldsymbol{F}(\boldsymbol{x}^k,\boldsymbol{y}^k,\boldsymbol{z}^k,\xi^i)=\nabla E_\xi[\|\boldsymbol{F}(\bar{\boldsymbol{x}},\bar{\boldsymbol{y}},\bar{\boldsymbol{z}},\xi)\|^2]$$

依概率 1 地成立. 因此，令式(7.14)中的 $k\to+\infty$，我们有

$$\nabla E_\xi[\|\boldsymbol{F}(\bar{\boldsymbol{x}},\bar{\boldsymbol{y}},\bar{\boldsymbol{z}},\xi)\|^2]+\nabla\Psi_{\mathrm{FB}}(\bar{\boldsymbol{x}},\bar{\boldsymbol{y}})=0,\ \text{w.p.1},$$

即$(\bar{\boldsymbol{x}},\bar{\boldsymbol{y}},\bar{\boldsymbol{z}})$依概率 1 地是问题(7.10)中的一个稳定点.

7.2.2　取 ϕ_{NR} 的情况

考虑非光滑期望残差极小化模型

$$\min_{(x,y,z)}\theta_{\mathrm{NR}}(\boldsymbol{x},\boldsymbol{y},\boldsymbol{z}):=E_\xi[\|\boldsymbol{F}(\boldsymbol{x},\boldsymbol{y},\boldsymbol{z},\xi)\|^2]+\|\boldsymbol{\Phi}_{\mathrm{NR}}(\boldsymbol{x},\boldsymbol{y})\|^2,\tag{7.15}$$

其中，$\boldsymbol{\Phi}_{\mathrm{NR}}$ 表示式(7.3)中的函数 $\boldsymbol{\Phi}$ 将 ϕ 取为 ϕ_{NR}. 为了处理该模型，除了蒙特卡罗采样技术外，还需要一些光滑技巧. 在这里，我们采用文献[55]中给出的光滑逼近方法对自然残差二阶锥互补函数

$$\phi_{\mathrm{NR}}(\boldsymbol{s},\boldsymbol{t})=\boldsymbol{s}-[\boldsymbol{s}-\boldsymbol{t}]_+=\boldsymbol{s}-([\lambda_1]_+\boldsymbol{u}^1+[\lambda_2]_+\boldsymbol{u}^2)$$

进行光滑化：给定一个标量 $\mu>0$，令

$$\phi_{\mathrm{NR}}^{\mu}(\boldsymbol{s},\boldsymbol{t}):=\boldsymbol{s}-\frac{1}{2}\left(\left(\sqrt{\lambda_1^2+4\mu^2}+\lambda_1\right)\boldsymbol{u}^1+\left(\sqrt{\lambda_2^2+4\mu^2}+\lambda_2\right)\boldsymbol{u}^2\right),$$

其中，

$$\lambda_i=s_1-t_1+(-1)^i\|\boldsymbol{s}_2-\boldsymbol{t}_2\|,$$

$$u^i = \begin{cases} \frac{1}{2}\left(1, (-1)^i \frac{s_2 - t_2}{\|s_2 - t_2\|}\right), & \text{if } s_2 \neq t_2, \\ \frac{1}{2}(1, (-1)^i \omega), & \text{if } s_2 = t_2, \end{cases}$$

$i = 1,2$. 由文献[16]可知，对于每个$(s,t) \in \mathbf{R}^{2v}$，

$$\lim_{\mu \to +0} \phi_{NR}^{\mu}(s,t) = \phi_{NR}(s,t),$$

且 ϕ_{NR}^{μ} 是一个光滑函数，梯度

$$\nabla \phi_{NR}^{\mu}(s,t) = \begin{bmatrix} I - M_{\mu}(s,t) \\ M_{\mu}(s,t) \end{bmatrix}, \tag{7.16}$$

其中，

$$M_{\mu}(s,t) := \begin{cases} a_{\mu}(s,t), & \text{if } \quad s_2 - t_2 = 0, \\ \begin{bmatrix} b_{\mu}(s,t) & \frac{d_{\mu}(s,t)(s_2 - t_2)^{\mathrm{T}}}{\|s_2 - t_2\|} \\ \frac{d_{\mu}(s,t)(s_2 - t_2)}{\|s_2 - t_2\|} & \frac{(b_{\mu}(s,t) - c_{\mu}(s,t))(s_2 - t_2)(s_2 - t_2)^{\mathrm{T}}}{\|s_2 - t_2\|^2} + c_{\mu}(s,t)I \end{bmatrix}, \\ \text{if} \quad s_2 - t_2 \neq 0, \end{cases}$$

对于 $s = (s_1, s_2) \in \mathbf{R} \times \mathbf{R}^{\nu-1}$ 和 $t = (t_1, t_2) \in \mathbf{R} \times \mathbf{R}^{\nu-1}$，有

$$a_{\mu}(s,t) = \frac{s_1 - t_1}{2\sqrt{(s_1 - t_1)^2 + 4\mu^2}} + \frac{1}{2}, \tag{7.17}$$

$$b_{\mu}(s,t) = \frac{s_1 - t_1 - \|s_2 - t_2\|}{4\sqrt{(s_1 - t_1 - \|s_2 - t_2\|)^2 + 4\mu^2}} + \frac{s_1 - t_1 + \|s_2 - t_2\|}{4\sqrt{(s_1 - t_1 + \|s_2 - t_2\|)^2 + 4\mu^2}} + \frac{1}{2}, \tag{7.18}$$

$$c_{\mu}(s,t) = \frac{s_1 - t_1}{\sqrt{(s_1 - t_1 - \|s_2 - t_2\|)^2 + 4\mu^2} + \sqrt{(s_1 - t_1 + \|s_2 - t_2\|)^2 + 4\mu^2}} + \frac{1}{2}, \tag{7.19}$$

$$d_{\mu}(s,t) = -\frac{s_1 - t_1 - \|s_2 - t_2\|}{4\sqrt{(s_1 - t_1 - \|s_2 - t_2\|)^2 + 4\mu^2}} + \frac{s_1 - t_1 + \|s_2 - t_2\|}{4\sqrt{(s_1 - t_1 + \|s_2 - t_2\|)^2 + 4\mu^2}}. \tag{7.20}$$

此外，根据文献[55]中命题 5.1 的证明不难看出，存在一个正常数 C，使得对每个$(s,t) \in \mathbf{R}^{2v}$，都有

$$\|\phi_{NR}^{\mu}(s,t) - \phi_{NR}(s,t)\| \leq C\mu. \tag{7.21}$$

取一个平滑参数 $\mu_k > 0$，并从 Ω 中取独立同分布的随机样本 $\Omega_k := \{\xi^1, \cdots, \xi^{N_k}\}$，我们可以得到问题(7.15)的如下光滑近似：

$$\min_{(x,y,z)} \theta_{\mathrm{NR}}^k(\boldsymbol{x},\boldsymbol{y},z):=\frac{1}{N_k}\sum_{\xi^i\in\Omega_k}\|\boldsymbol{F}(\boldsymbol{x},\boldsymbol{y},z,\xi^i)\|^2+\|\boldsymbol{\Phi}_{\mathrm{NR}}^{\mu_k}(\boldsymbol{x},\boldsymbol{y})\|^2, \tag{7.22}$$

其中，对 $\boldsymbol{x}=(\boldsymbol{x}^1,\cdots,\boldsymbol{x}^m)\in\mathbf{R}^{n_1}\times\cdots\times\mathbf{R}^{n_m}$，$\boldsymbol{y}=(\boldsymbol{y}^1,\cdots,\boldsymbol{y}^m)\in\mathbf{R}^{n_1}\times\cdots\times\mathbf{R}^{n_m}$，

$$\boldsymbol{\Phi}_{\mathrm{NR}}^{\mu}(\boldsymbol{x},\boldsymbol{y}):=\begin{bmatrix}\phi_{\mathrm{NR}}^{\mu}(\boldsymbol{x}^1,\boldsymbol{y}^1)\\ \vdots\\ \phi_{\mathrm{NR}}^{\mu}(\boldsymbol{x}^m,\boldsymbol{y}^m)\end{bmatrix}.$$

假设当 $k\to+\infty$ 时有 $\mu_k\to0^+$，接下来我们研究上述样本平均近似方法的收敛性. 如上一节所述，我们只需要研究问题(7.22) 的稳定点的极限行为，因为对于最优解可以更容易地得到类似的收敛结果. 为此需要先介绍下面的定义.

定义 7.2[213]　设 $\boldsymbol{H}:\mathbf{R}^p\to\mathbf{R}^q$ 为局部 Lipschitz 连续. $\boldsymbol{H}$ 在 $\boldsymbol{\omega}$ 处的 Clarke 广义梯度定义为

$$\partial\boldsymbol{H}(\boldsymbol{\omega}):=\mathrm{co}\left\{\lim_{\boldsymbol{\omega}'\to\boldsymbol{\omega},\,\boldsymbol{\omega}'\in D_H}\nabla\boldsymbol{H}(\boldsymbol{\omega}')\right\},$$

其中，D_H 表示 $\boldsymbol{H}$ 可微的点集.

定义 7.3[58]　设 $\boldsymbol{H}:\mathbf{R}^p\to\mathbf{R}^q$ 是局部 Lipschitz 连续的，$\boldsymbol{H}^\mu:\mathbf{R}^p\to\mathbf{R}^q$ 是一个对任意 $\mu>0$ 均处处连续可微的函数，且 $\lim\limits_{\mu\to0^+}\boldsymbol{H}^\mu(\boldsymbol{\omega})=\boldsymbol{H}(\boldsymbol{\omega})$ 对任意 $\boldsymbol{\omega}\in\mathbf{R}^p$ 均成立. 如果

$$\lim_{\mu\to0^+}\mathrm{dist}(\nabla\boldsymbol{H}^\mu(\boldsymbol{\omega}),\ \partial\boldsymbol{H}(\boldsymbol{\omega}))=0$$

对任意 $\boldsymbol{\omega}\in\mathbf{R}^p$ 都成立，则称 $\boldsymbol{H}^\mu$ 满足 $\boldsymbol{H}$ 的雅可比一致性.

为简单起见，记

$$\Psi_{\mathrm{NR}}(\boldsymbol{x},\boldsymbol{y}):=\|\boldsymbol{\Phi}_{\mathrm{NR}}(\boldsymbol{x},\boldsymbol{y})\|^2,\ \Psi_{\mathrm{NR}}^{\mu}(\boldsymbol{x},\boldsymbol{y}):=\|\boldsymbol{\Phi}_{\mathrm{NR}}^{\mu}(\boldsymbol{x},\boldsymbol{y})\|^2,$$

对于 $\boldsymbol{x}=(\boldsymbol{x}^1,\cdots,\boldsymbol{x}^m)\in\mathbf{R}^{n_1}\times\cdots\times\mathbf{R}^{n_m}$ 和 $\boldsymbol{y}=(\boldsymbol{y}^1,\cdots,\boldsymbol{y}^m)\in\mathbf{R}^{n_1}\times\cdots\times\mathbf{R}^{n_m}$，对每个 i，记 $\Psi_{\mathrm{NR}}^{i}(\boldsymbol{x}^i,\boldsymbol{y}^i):=\|\phi_{\mathrm{NR}}(\boldsymbol{x}^i,\boldsymbol{y}^i)\|^2$，$\Psi_{\mathrm{NR}}^{\mu,i}(\boldsymbol{x}^i,\boldsymbol{y}^i):=\|\phi_{\mathrm{NR}}^{\mu}(\boldsymbol{x}^i,\boldsymbol{y}^i)\|^2$. 则我们有

$$\partial\Psi_{\mathrm{NR}}(\boldsymbol{x},\boldsymbol{y})=\partial\Psi_{\mathrm{NR}}^{1}(\boldsymbol{x}^1,\boldsymbol{y}^1)\times\cdots\times\partial\Psi_{\mathrm{NR}}^{m}(\boldsymbol{x}^m,\boldsymbol{y}^m) \tag{7.23}$$

和

$$\nabla\Psi_{\mathrm{NR}}^{\mu}(\boldsymbol{x},\boldsymbol{y})=\begin{bmatrix}\nabla\Psi_{\mathrm{NR}}^{\mu,1}(\boldsymbol{x}^1,\boldsymbol{y}^1)\\ \vdots\\ \nabla\Psi_{\mathrm{NR}}^{\mu,m}(\boldsymbol{x}^m,\boldsymbol{y}^m)\end{bmatrix}. \tag{7.24}$$

根据文献[58] 中的定理 4.9，我们立即有以下引理.

引理 7.4　函数 Ψ_{NR}^{μ} 满足 Ψ_{NR} 的雅可比一致性.

接下来我们证明本小节的主要收敛结果.

定理 7.5　假设对每个 k，$(\boldsymbol{x}^k,\boldsymbol{y}^k,z^k)$ 是问题(7.22) 的一个稳定点，$(\bar{\boldsymbol{x}},\bar{\boldsymbol{y}},\bar{z})$ 是序列 $\{(\boldsymbol{x}^k,\boldsymbol{y}^k,z^k)\}$ 的一个聚点，则 $(\bar{\boldsymbol{x}},\bar{\boldsymbol{y}},\bar{z})$ 依概率 1 地是问题(7.15) 的一个稳定点.

证明 不失一般性，我们可以假设$\lim\limits_{k\to\infty}(\boldsymbol{x}^k,\boldsymbol{y}^k,z^k)=(\bar{\boldsymbol{x}},\bar{\boldsymbol{y}},\bar{z})$. 令$B$和$\bar{C}>0$与定理7.1的证明中的假设相同. 对于每个$k$，由于$(\boldsymbol{x}^k,\boldsymbol{y}^k,z^k)$对于问题(7.22)是稳定点，因此我们有

$$\frac{2}{N_k}\sum_{\xi^i\in\Omega_k}\nabla_{(x,y,z)}\boldsymbol{F}(\boldsymbol{x}^k,\boldsymbol{y}^k,z^k,\xi^i)\boldsymbol{F}(\boldsymbol{x}^k,\boldsymbol{y}^k,z^k,\xi^i)+\begin{bmatrix}\nabla\Psi_{\mathrm{NR}}^{\mu_k}(\boldsymbol{x}^k,\boldsymbol{y}^k)\\0\end{bmatrix}=0. \tag{7.25}$$

与定理7.1的证明类似，我们可以证明

$$\lim_{k\to\infty}\frac{2}{N_k}\sum_{\xi^i\in\Omega_k}\nabla_{(x,y,z)}\boldsymbol{F}(\boldsymbol{x}^k,\boldsymbol{y}^k,z^k,\xi^i)\boldsymbol{F}(\boldsymbol{x}^k,\boldsymbol{y}^k,z^k,\xi^i)$$
$$=\nabla E_\xi[\|\boldsymbol{F}(\bar{\boldsymbol{x}},\bar{\boldsymbol{y}},\bar{z},\xi)\|^2] \tag{7.26}$$

依概率1成立. 我们接下来证明

$$\lim_{k\to\infty}\operatorname{dist}(\nabla\Psi_{\mathrm{NR}}^{\mu_k}(\boldsymbol{x}^k,\boldsymbol{y}^k),\ \partial\Psi_{\mathrm{NR}}(\bar{\boldsymbol{x}},\bar{\boldsymbol{y}}))=0.$$

对每个k，记

$\boldsymbol{x}^k:=(\boldsymbol{x}^{k,1},\cdots,\boldsymbol{x}^{k,m})\in\mathbf{R}^{n_1}\times\cdots\times\mathbf{R}^{n_m}$，$\boldsymbol{y}^k:=(\boldsymbol{y}^{k,1},\cdots,\boldsymbol{y}^{k,m})\in\mathbf{R}^{n_1}\times\cdots\times\mathbf{R}^{n_m}$，

$\bar{\boldsymbol{x}}:=(\bar{\boldsymbol{x}}^1,\cdots,\bar{\boldsymbol{x}}^m)\in\mathbf{R}^{n_1}\times\cdots\times\mathbf{R}^{n_m}$，$\bar{\boldsymbol{y}}:=(\bar{\boldsymbol{y}}^1,\cdots,\bar{\boldsymbol{y}}^m)\in\mathbf{R}^{n_1}\times\cdots\times\mathbf{R}^{n_m}$.

由式(7.23)和式(7.24)，足以证明，对于每个i，有

$$\lim_{k\to\infty}\operatorname{dist}(\nabla\Psi_{\mathrm{NR}}^{\mu_k,i}(\boldsymbol{x}^{k,i},\boldsymbol{y}^{k,i}),\ \partial\Psi_{\mathrm{NR}}^{i}(\bar{\boldsymbol{x}}^i,\bar{\boldsymbol{y}}^i))=0. \tag{7.27}$$

首先，对于任何给定的i，我们有

$$\begin{aligned}&\|\phi_{\mathrm{NR}}^{\mu_k}(\boldsymbol{x}^{k,i},\boldsymbol{y}^{k,i})-\phi_{\mathrm{NR}}^{\mu_k}(\bar{\boldsymbol{x}}^i,\bar{\boldsymbol{y}}^i)\|\\&\leqslant\|\phi_{\mathrm{NR}}^{\mu_k}(\boldsymbol{x}^{k,i},\boldsymbol{y}^{k,i})-\phi_{\mathrm{NR}}(\boldsymbol{x}^{k,i},\boldsymbol{y}^{k,i})\|+\|\phi_{\mathrm{NR}}(\boldsymbol{x}^{k,i},\boldsymbol{y}^{k,i})-\phi_{\mathrm{NR}}(\bar{\boldsymbol{x}}^i,\bar{\boldsymbol{y}}^i)\|\\&\quad+\|\phi_{\mathrm{NR}}(\bar{\boldsymbol{x}}^i,\bar{\boldsymbol{y}}^i)-\phi_{\mathrm{NR}}^{\mu_k}(\bar{\boldsymbol{x}}^i,\bar{\boldsymbol{y}}^i)\|\\&\leqslant 2C\mu_k+\|\phi_{\mathrm{NR}}(\boldsymbol{x}^{k,i},\boldsymbol{y}^{k,i})-\phi_{\mathrm{NR}}(\bar{\boldsymbol{x}}^i,\bar{\boldsymbol{y}}^i)\|\\&\to 0,\ \text{其中},\ k\to+\infty,\end{aligned} \tag{7.28}$$

其中，第二个不等式可由式(7.21)得到. 我们考虑以下五种情况.

(Ⅰ) 假设$\bar{\boldsymbol{x}}^i=\bar{\boldsymbol{y}}^i$. 对于$j=1,2$，有$\bar{\lambda}_j=\bar{x}_1^i-\bar{y}_1^i+(-1)^j\|\bar{\boldsymbol{x}}_2^i-\bar{\boldsymbol{y}}_2^i\|=0$. 根据文献[58]中的定理4.6和命题4.8，我们有

$$\partial\Psi_{\mathrm{NR}}^{i}(\bar{\boldsymbol{x}}^i,\bar{\boldsymbol{y}}^i)=\left\{2\begin{bmatrix}\boldsymbol{I}-\boldsymbol{V}\\\boldsymbol{V}\end{bmatrix}\phi_{\mathrm{NR}}(\bar{\boldsymbol{x}}^i,\bar{\boldsymbol{y}}^i)\ \middle|\ \boldsymbol{V}\in\operatorname{co}(\boldsymbol{O},\boldsymbol{I},\boldsymbol{S})\right\},$$

其中，

$$\boldsymbol{S}:=\left\{\frac{1}{2}\begin{bmatrix}1&\boldsymbol{\omega}^{\mathrm{T}}\\\boldsymbol{\omega}&(1+\beta)\boldsymbol{I}-\beta\boldsymbol{\omega}\boldsymbol{\omega}^{\mathrm{T}}\end{bmatrix}\ \middle|\ \beta\in[-1,1],\|\boldsymbol{\omega}\|=1\right\}.$$

由式(7.17)～式(7.20)不难看出，序列

$$\left\{a_{\mu_k}(\boldsymbol{x}^{k,i},\boldsymbol{y}^{k,i})\right\},\left\{b_{\mu_k}(\boldsymbol{x}^{k,i},\boldsymbol{y}^{k,i})\right\},\left\{c_{\mu_k}(\boldsymbol{x}^{k,i},\boldsymbol{y}^{k,i})\right\},\left\{d_{\mu_k}(\boldsymbol{x}^{k,i},\boldsymbol{y}^{k,i})\right\}$$

的任意一个聚点都分别属于区间 $[0,1]$, $[0,1]$, $[0,1]$, $\left[0,\frac{1}{2}\right]$. 因此, $\{\boldsymbol{M}_{\mu_k}(\boldsymbol{x}^{k,i},\boldsymbol{y}^{k,i})\}$ 的任何聚点都一定属于 $\mathrm{co}(\boldsymbol{O},\boldsymbol{I},\boldsymbol{S})$. 另一方面, 从式(7.21) 和式(7.28) 中很容易看出 $\lim_{k\to\infty}\phi_{\mathrm{NR}}^{\mu_k}(\boldsymbol{x}^{k,i},\boldsymbol{y}^{k,i})=\phi_{\mathrm{NR}}(\bar{\boldsymbol{x}}^i,\bar{\boldsymbol{y}}^i)$. 因此, 根据式(7.16), 我们可以很容易地得到式(7.27).

(Ⅱ) 假设 $\bar{\boldsymbol{x}}^i\neq\bar{\boldsymbol{y}}^i$ 和 $\bar{\boldsymbol{x}}_2^i-\bar{\boldsymbol{y}}_2^i=0$. 由于 $\{\nabla\phi_{\mathrm{NR}}^{\mu_k}(\boldsymbol{x}^{k,i},\boldsymbol{y}^{k,i})\}$ 是有界的, 根据式(7.28) 可以得到

$$\lim_{k\to\infty}\nabla\phi_{\mathrm{NR}}^{\mu_k}(\boldsymbol{x}^{k,i},\boldsymbol{y}^{k,i})(\phi_{\mathrm{NR}}^{\mu_k}(\boldsymbol{x}^{k,i},\boldsymbol{y}^{k,i})-\phi_{\mathrm{NR}}^{\mu_k}(\bar{\boldsymbol{x}}^i,\bar{\boldsymbol{y}}^i))=0. \tag{7.29}$$

另一方面, 从式(7.17) ~ 式(7.20) 很容易得出

$$\begin{aligned}&\lim_{k\to\infty}a_{\mu_k}(\boldsymbol{x}^{k,i},\boldsymbol{y}^{k,i})=\lim_{k\to\infty}b_{\mu_k}(\boldsymbol{x}^{k,i},\boldsymbol{y}^{k,i})=\lim_{k\to\infty}c_{\mu_k}(\boldsymbol{x}^{k,i},\boldsymbol{y}^{k,i})\\&=\frac{1}{2}\mathrm{sign}(\bar{\boldsymbol{x}}_1^i-\bar{\boldsymbol{y}}_1^i)+\frac{1}{2}\end{aligned}$$

以及 $\lim\limits_{k\to\infty}d_{\mu_k}(\boldsymbol{x}^{k,i},\boldsymbol{y}^{k,i})=0$, 这意味着

$$\lim_{k\to\infty}(\boldsymbol{M}_{\mu_k}(\boldsymbol{x}^{k,i},\boldsymbol{y}^{k,i})-\boldsymbol{M}_{\mu_k}(\bar{\boldsymbol{x}}^i,\bar{\boldsymbol{y}}^i))=0, \tag{7.30}$$

从而

$$\lim_{k\to\infty}(\nabla\phi_{\mathrm{NR}}^{\mu_k}(\boldsymbol{x}^{k,i},\boldsymbol{y}^{k,i})-\nabla\phi_{\mathrm{NR}}^{\mu_k}(\bar{\boldsymbol{x}}^i,\bar{\boldsymbol{y}}^i))=0. \tag{7.31}$$

因为 $\left\{\phi_{\mathrm{NR}}^{\mu_k}(\bar{\boldsymbol{x}}^i,\bar{\boldsymbol{y}}^i)\right\}$ 是有界的, 所以我们有

$$\lim_{k\to\infty}(\nabla\phi_{\mathrm{NR}}^{\mu_k}(\boldsymbol{x}^{k,i},\boldsymbol{y}^{k,i})-\nabla\phi_{\mathrm{NR}}^{\mu_k}(\bar{\boldsymbol{x}}^i,\bar{\boldsymbol{y}}^i))\phi_{\mathrm{NR}}^{\mu_k}(\bar{\boldsymbol{x}}^i,\bar{\boldsymbol{y}}^i)=0. \tag{7.32}$$

因此, 从式(7.29) 和式(7.32) 可以得出

$$\begin{aligned}&\frac{1}{2}\|\nabla\Psi_{\mathrm{NR}}^{\mu_k,i}(\boldsymbol{x}^{k,i},\boldsymbol{y}^{k,i})-\nabla\Psi_{\mathrm{NR}}^{\mu_k,i}(\bar{\boldsymbol{x}}^i,\bar{\boldsymbol{y}}^i)\|\\&=\|\nabla\phi_{\mathrm{NR}}^{\mu_k}(\boldsymbol{x}^{k,i},\boldsymbol{y}^{k,i})\phi_{\mathrm{NR}}^{\mu_k}(\boldsymbol{x}^{k,i},\boldsymbol{y}^{k,i})-\nabla\phi_{\mathrm{NR}}^{\mu_k}(\bar{\boldsymbol{x}}^i,\bar{\boldsymbol{y}}^i)\phi_{\mathrm{NR}}^{\mu_k}(\bar{\boldsymbol{x}}^i,\bar{\boldsymbol{y}}^i)\|\\&\leqslant\|\nabla\phi_{\mathrm{NR}}^{\mu_k}(\boldsymbol{x}^{k,i},\boldsymbol{y}^{k,i})(\phi_{\mathrm{NR}}^{\mu_k}(\boldsymbol{x}^{k,i},\boldsymbol{y}^{k,i})-\phi_{\mathrm{NR}}^{\mu_k}(\bar{\boldsymbol{x}}^i,\bar{\boldsymbol{y}}^i))\|\\&+\|(\nabla\phi_{\mathrm{NR}}^{\mu_k}(\boldsymbol{x}^{k,i},\boldsymbol{y}^{k,i})-\nabla\phi_{\mathrm{NR}}^{\mu_k}(\bar{\boldsymbol{x}}^i,\bar{\boldsymbol{y}}^i))\phi_{\mathrm{NR}}^{\mu_k}(\bar{\boldsymbol{x}}^i,\bar{\boldsymbol{y}}^i)\|\\&\to0,\ \text{其中},\ k\to+\infty.\end{aligned}$$

根据引理 7.4, 我们有

$$\lim_{k\to\infty}\mathrm{dist}(\nabla\Psi_{\mathrm{NR}}^{\mu_k,i}(\bar{\boldsymbol{x}}^i,\bar{\boldsymbol{y}}^i),\ \partial\Psi_{\mathrm{NR}}^{i}(\bar{\boldsymbol{x}}^i,\bar{\boldsymbol{y}}^i))=0,$$

因此式(7.27) 成立.

(Ⅲ) 假设 $\bar{\boldsymbol{x}}_2^i - \bar{\boldsymbol{y}}_2^i \neq 0$ 和 $|\bar{x}_1^i - \bar{y}_1^i| \neq \|\bar{\boldsymbol{x}}_2^i - \bar{\boldsymbol{y}}_2^i\|$. 从式(7.17) ~ 式(7.20) 可以得到

$$\lim_{k\to\infty}(a_{\mu_k}(\boldsymbol{x}^{k,i},\boldsymbol{y}^{k,i}) - a_{\mu_k}(\bar{\boldsymbol{x}}^i,\bar{\boldsymbol{y}}^i)) = \lim_{k\to\infty}(b_{\mu_k}(\boldsymbol{x}^{k,i},\boldsymbol{y}^{k,i}) - b_{\mu_k}(\bar{\boldsymbol{x}}^i,\bar{\boldsymbol{y}}^i)) = 0,$$

$$\lim_{k\to\infty}(c_{\mu_k}(\boldsymbol{x}^{k,i},\boldsymbol{y}^{k,i}) - c_{\mu_k}(\bar{\boldsymbol{x}}^i,\bar{\boldsymbol{y}}^i)) = \lim_{k\to\infty}(d_{\mu_k}(\boldsymbol{x}^{k,i},\boldsymbol{y}^{k,i}) - d_{\mu_k}(\bar{\boldsymbol{x}}^i,\bar{\boldsymbol{y}}^i)) = 0,$$

这意味着式(7.30) 成立, 因此式(7.31) 也成立. 与(II) 证明方法相似, 我们可以得到式(7.27) 成立.

(IV) 假设 $\bar{\boldsymbol{x}}_2^i - \bar{\boldsymbol{y}}_2^i \neq 0$ 和 $\bar{x}_1^i - \bar{y}_1^i = \|\bar{\boldsymbol{x}}_2^i - \bar{\boldsymbol{y}}_2^i\|$. 由假设可得 $\bar{\lambda}_1 = 0$ 和 $\bar{\lambda}_2 > 0$. 根据文献[58] 中的定理 4.6 和命题 4.8, 我们有

$$\partial \Psi_{\mathrm{NR}}^i(\bar{\boldsymbol{x}}^i,\bar{\boldsymbol{y}}^i) = \left\{2\begin{bmatrix}\boldsymbol{I} - \boldsymbol{V}\\ \boldsymbol{V}\end{bmatrix}\phi_{\mathrm{NR}}(\bar{\boldsymbol{x}}^i,\bar{\boldsymbol{y}}^i) \mid V \in \mathrm{co}(\boldsymbol{I},\boldsymbol{I}+\boldsymbol{Z})\right\},$$

其中,

$$\boldsymbol{Z} = \frac{1}{2}\begin{bmatrix} -1 & \dfrac{(\bar{\boldsymbol{x}}_2^i - \bar{\boldsymbol{y}}_2^i)^{\mathrm{T}}}{\|\bar{\boldsymbol{x}}_2^i - \bar{\boldsymbol{y}}_2^i\|} \\ \dfrac{\bar{\boldsymbol{x}}_2^i - \bar{\boldsymbol{y}}_2^i}{\|\bar{\boldsymbol{x}}_2^i - \bar{\boldsymbol{y}}_2^i\|} & -\dfrac{(\bar{\boldsymbol{x}}_2^i - \bar{\boldsymbol{y}}_2^i)(\bar{\boldsymbol{x}}_2^i - \bar{\boldsymbol{y}}_2^i)^{\mathrm{T}}}{\|\bar{\boldsymbol{x}}_2^i - \bar{\boldsymbol{y}}_2^i\|^2}\end{bmatrix}.$$

注意, 根据式(7.17) ~ 式(7.20), 序列

$$\left\{b_{\mu_k}(\boldsymbol{x}^{k,i},\boldsymbol{y}^{k,i})\right\},\ \left\{c_{\mu_k}(\boldsymbol{x}^{k,i},\boldsymbol{y}^{k,i})\right\},\ \left\{d_{\mu_k}(\boldsymbol{x}^{k,i},\boldsymbol{y}^{k,i})\right\}$$

的任意聚点分别属于$\left[\frac{1}{2},1\right]$, $\left[\frac{1}{2},1\right]$, $\left[0,\frac{1}{2}\right]$. 不难看出, $\left\{\boldsymbol{M}_{\mu_k}(\boldsymbol{x}^{k,i},\boldsymbol{y}^{k,i})\right\}$ 的任一聚点一定属于 $\mathrm{co}(\boldsymbol{I},\boldsymbol{I}+\boldsymbol{Z})$. 既然$\lim_{k\to\infty}\phi_{\mathrm{NR}}^{\mu_k}(\boldsymbol{x}^{k,i},\boldsymbol{y}^{k,i}) = \phi_{\mathrm{NR}}(\bar{\boldsymbol{x}}^i,\bar{\boldsymbol{y}}^i)$, 根据式(7.16), 我们可以很容易地得到式(7.27).

(V) 假设 $\bar{\boldsymbol{x}}_2^i - \bar{\boldsymbol{y}}_2^i \neq 0$ 和 $\bar{x}_1^i - \bar{y}_1^i = -\|\bar{\boldsymbol{x}}_2^i - \bar{\boldsymbol{y}}_2^i\|$. 由此得出 $\bar{\lambda}_1 < 0$ 和 $\bar{\lambda}_2 = 0$. 根据文献[58] 中的定理 4.6 和命题 4.8, 我们有

$$\partial \Psi_{\mathrm{NR}}^i(\bar{\boldsymbol{x}}^i,\bar{\boldsymbol{y}}^i) = \left\{2\begin{bmatrix}\boldsymbol{I} - \boldsymbol{V}\\ \boldsymbol{V}\end{bmatrix}\phi_{\mathrm{NR}}(\bar{\boldsymbol{x}}^i,\bar{\boldsymbol{y}}^i) \mid V \in \mathrm{co}(\boldsymbol{O},\boldsymbol{Z})\right\},$$

其中,

$$\boldsymbol{Z} = \frac{1}{2}\begin{bmatrix} 1 & \dfrac{(\bar{\boldsymbol{x}}_2^i - \bar{\boldsymbol{y}}_2^i)^{\mathrm{T}}}{\|\bar{\boldsymbol{x}}_2^i - \bar{\boldsymbol{y}}_2^i\|} \\ \dfrac{\bar{\boldsymbol{x}}_2^i - \bar{\boldsymbol{y}}_2^i}{\|\bar{\boldsymbol{x}}_2^i - \bar{\boldsymbol{y}}_2^i\|} & -\dfrac{(\bar{\boldsymbol{x}}_2^i - \bar{\boldsymbol{y}}_2^i)(\bar{\boldsymbol{x}}_2^i - \bar{\boldsymbol{y}}_2^i)^{\mathrm{T}}}{\|\bar{\boldsymbol{x}}_2^i - \bar{\boldsymbol{y}}_2^i\|^2}\end{bmatrix}.$$

与(IV) 的方法类似，我们可以证得式(7.27) 成立.

总之，式(7.27) 在所有情况下都成立. 在式(7.25) 中让 $k \to +\infty$，从式(7.26) ~ 式(7.27) 可以得到

$$0 \in \nabla E_{\xi}[\|\boldsymbol{F}(\bar{\boldsymbol{x}},\bar{\boldsymbol{y}},\bar{\boldsymbol{z}},\xi)\|^2] + \partial \Psi_{\mathrm{NR}}(\bar{\boldsymbol{x}},\bar{\boldsymbol{y}}) \times \{0\}, \text{ w.p.1},$$

这意味着$(\bar{\boldsymbol{x}},\bar{\boldsymbol{y}},\bar{\boldsymbol{z}})$依概率 1 地是问题(7.15) 的一个稳定点.

7.2.3　指数收敛速度

在这一小节中，我们可证得，随着样本容量的增加，在适当的条件下，近似问题(7.11) 或(7.22) 的最优解依概率1地以指数速率收敛于期望残差极小化模型(7.10) 或(7.15) 的一个解，为此，我们首先引入一个引理.

引理 7.6[204]　设 W 为一个紧集，$h: W \times \Omega \to \mathbf{R}$ 处处可积. 假设以下条件成立：

(Ⅰ) 对于每个 $\omega \in W$，矩生成函数

$$E_{\xi}[\mathrm{e}^{t(h(\omega,\xi)-E_{\xi}[h(\omega,\xi)])}]$$

对于零邻域中的所有 t 都是有限值的；

(Ⅱ) 存在一个可测函数 $\kappa: \Omega \to R_+$ 和一个常数 $\gamma > 0$，使得

$$|h(\omega',\xi) - h(\omega,\xi)| \leqslant \kappa(\xi)\|\omega' - \omega\|^{\gamma}$$

对于所有 $\xi \in \Omega$ 和所有 $\omega',\omega \in W$ 成立；

(Ⅲ) 对于零邻域中的所有 t，矩阵生成函数 $E_{\xi}[\mathrm{e}^{t\kappa(\xi)}]$ 是有限值的.

则对于每个 $\varepsilon > 0$，存在独立于 N_k 的正常数 $D(\varepsilon)$ 和 $\beta(\varepsilon)$，使得

$$\mathrm{Prob}\left\{\sup_{\omega \in W}\left|\frac{1}{N_k}\sum_{\xi^i \in \Omega_k} h(\omega,\xi^i) - E_{\xi}[h(\omega,\xi)]\right| \geqslant \varepsilon\right\} \leqslant D(\varepsilon)\,\mathrm{e}^{-N_k\beta(\varepsilon)}.$$

应用上述引理，我们可以得到上面近似方法的指数收敛结果.

定理 7.7　令$(\boldsymbol{x}^k,\boldsymbol{y}^k,\boldsymbol{z}^k)$为问题(7.11) 或(7.22) 对于每个 k 的最优解，$(\bar{\boldsymbol{x}},\bar{\boldsymbol{y}},\bar{\boldsymbol{z}})$ 为序列$\{(\boldsymbol{x}^k,\boldsymbol{y}^k,\boldsymbol{z}^k)\}$的一个聚点. 则对于每个 $\varepsilon > 0$，存在与 N_k 无关的正常数 $D(\varepsilon)$ 和 $\beta(\varepsilon)$，使得

$$\mathrm{Prob}\{|\theta_{\mathrm{FB}}^k(\boldsymbol{x}^k,\boldsymbol{y}^k,\boldsymbol{z}^k) - \theta_{\mathrm{FB}}(\bar{\boldsymbol{x}},\bar{\boldsymbol{y}},\bar{\boldsymbol{z}})| \geqslant \varepsilon\} \leqslant D(\varepsilon)\,\mathrm{e}^{-N_k\beta(\varepsilon)}. \tag{7.33}$$

或

$$\mathrm{Prob}\{|\theta_{\mathrm{NR}}^k(\boldsymbol{x}^k,\boldsymbol{y}^k,\boldsymbol{z}^k) - \theta_{\mathrm{NR}}(\bar{\boldsymbol{x}},\bar{\boldsymbol{y}},\bar{\boldsymbol{z}})| \geqslant \varepsilon\} \leqslant D(\varepsilon)\,\mathrm{e}^{-N_k\beta(\varepsilon)}. \tag{7.34}$$

证明　不失一般性，我们假设序列$\{(\boldsymbol{x}^k,\boldsymbol{y}^k,\boldsymbol{z}^k)\}$本身收敛于$(\bar{\boldsymbol{x}},\bar{\boldsymbol{y}},\bar{\boldsymbol{z}})$，并设 B 是包含整个序列$\{(\boldsymbol{x}^k,\boldsymbol{y}^k,\boldsymbol{z}^k)\}$的一个紧集.

(I) 考虑问题(7.11) 的情况. 我们首先证明存在正常数 $D(\varepsilon)$ 和 $\beta(\varepsilon)$，使得

$$\text{Prob}\left\{\sup_{(\boldsymbol{x},\boldsymbol{y},\boldsymbol{z})\in B}\left|\theta_{\text{FB}}^{k}(\boldsymbol{x},\boldsymbol{y},\boldsymbol{z})-\theta_{\text{FB}}(\boldsymbol{x},\boldsymbol{y},\boldsymbol{z})\right|\geqslant\varepsilon\right\}\leqslant D(\varepsilon)\,\mathrm{e}^{-N_k\beta(\varepsilon)}. \tag{7.35}$$

根据式(7.10)和(7.11)，就是要证明

$$\text{Prob}\left\{\sup_{(\boldsymbol{x},\boldsymbol{y},\boldsymbol{z})\in B}\left|\frac{1}{N_k}\sum_{\xi^i\in\Omega_k}\|\boldsymbol{F}(\boldsymbol{x},\boldsymbol{y},\boldsymbol{z},\xi^i)\|^2-E_\xi[\|\boldsymbol{F}(\boldsymbol{x},\boldsymbol{y},\boldsymbol{z},\xi)\|^2]\right|\geqslant\varepsilon\right\}$$
$$\leqslant D(\varepsilon)\,\mathrm{e}^{-N_k\beta(\varepsilon)}.$$

为此，只需证明集合 $W:=B$ 和函数 $h(\boldsymbol{x},\boldsymbol{y},\boldsymbol{z},\xi):=\|\boldsymbol{F}(\boldsymbol{x},\boldsymbol{y},\boldsymbol{z},\xi)\|^2$ 满足引理7.6中给出的条件就足够了. 事实上，由于 Ω 和 B 都是紧集，因此根据第7.1节中给出的 $\boldsymbol{F}$ 的连续可微性假设，这些条件成立.

由于 $(\boldsymbol{x}^k,\boldsymbol{y}^k,\boldsymbol{z}^k)$ 是问题(7.11)对于每个 k 的最优解，与定理7.1的证明方法类似，我们可以证明 $(\bar{\boldsymbol{x}},\bar{\boldsymbol{y}},\bar{\boldsymbol{z}})$ 是问题(7.8)的一个最优解. 因此可得

$$\theta_{\text{FB}}^{k}(\boldsymbol{x}^k,\boldsymbol{y}^k,\boldsymbol{z}^k)\leqslant\theta_{\text{FB}}^{k}(\bar{\boldsymbol{x}},\bar{\boldsymbol{y}},\bar{\boldsymbol{z}}),\quad\theta_{\text{FB}}(\bar{\boldsymbol{x}},\bar{\boldsymbol{y}},\bar{\boldsymbol{z}})\leqslant\theta_{\text{FB}}(\boldsymbol{x}^k,\boldsymbol{y}^k,\boldsymbol{z}^k),$$

从中我们有

$$\begin{aligned}&\theta_{\text{FB}}^{k}(\boldsymbol{x}^k,\boldsymbol{y}^k,\boldsymbol{z}^k)-\theta_{\text{FB}}(\bar{\boldsymbol{x}},\bar{\boldsymbol{y}},\bar{\boldsymbol{z}})\\&=\theta_{\text{FB}}^{k}(\boldsymbol{x}^k,\boldsymbol{y}^k,\boldsymbol{z}^k)-\theta_{\text{FB}}^{k}(\bar{\boldsymbol{x}},\bar{\boldsymbol{y}},\bar{\boldsymbol{z}})+\theta_{\text{FB}}^{k}(\bar{\boldsymbol{x}},\bar{\boldsymbol{y}},\bar{\boldsymbol{z}})-\theta_{\text{FB}}(\bar{\boldsymbol{x}},\bar{\boldsymbol{y}},\bar{\boldsymbol{z}})\\&\leqslant\theta_{\text{FB}}^{k}(\boldsymbol{x}^k,\boldsymbol{y}^k,\boldsymbol{z}^k)-\theta_{\text{FB}}(\bar{\boldsymbol{x}},\bar{\boldsymbol{y}},\bar{\boldsymbol{z}})\\&\leqslant\sup_{(\boldsymbol{x},\boldsymbol{y},\boldsymbol{z})\in B}|\theta_{\text{FB}}^{k}(\boldsymbol{x},\boldsymbol{y},\boldsymbol{z})-\theta_{\text{FB}}(\boldsymbol{x},\boldsymbol{y},\boldsymbol{z})|\end{aligned}$$

和

$$\begin{aligned}&\theta_{\text{FB}}^{k}(\boldsymbol{x}^k,\boldsymbol{y}^k,\boldsymbol{z}^k)-\theta_{\text{FB}}(\bar{\boldsymbol{x}},\bar{\boldsymbol{y}},\bar{\boldsymbol{z}})\\&=\theta_{\text{FB}}^{k}(\boldsymbol{x}^k,\boldsymbol{y}^k,\boldsymbol{z}^k)-\theta_{\text{FB}}(\boldsymbol{x}^k,\boldsymbol{y}^k,\boldsymbol{z}^k)+\theta_{\text{FB}}(\boldsymbol{x}^k,\boldsymbol{y}^k,\boldsymbol{z}^k)-\theta_{\text{FB}}(\bar{\boldsymbol{x}},\bar{\boldsymbol{y}},\bar{\boldsymbol{z}})\\&\geqslant\theta_{\text{FB}}^{k}(\boldsymbol{x}^k,\boldsymbol{y}^k,\boldsymbol{z}^k)-\theta_{\text{FB}}(\boldsymbol{x}^k,\boldsymbol{y}^k,\boldsymbol{z}^k)\\&\geqslant-\sup_{(\boldsymbol{x},\boldsymbol{y},\boldsymbol{z})\in B}|\theta_{\text{FB}}^{k}(\boldsymbol{x},\boldsymbol{y},\boldsymbol{z})-\theta_{\text{FB}}(\boldsymbol{x},\boldsymbol{y},\boldsymbol{z})|.\end{aligned}$$

从而

$$|\theta_{\text{FB}}^{k}(\boldsymbol{x}^k,\boldsymbol{y}^k,\boldsymbol{z}^k)-\theta_{\text{FB}}(\bar{\boldsymbol{x}},\bar{\boldsymbol{y}},\bar{\boldsymbol{z}})|\leqslant\sup_{(\boldsymbol{x},\boldsymbol{y},\boldsymbol{z})\in B}|\theta_{\text{FB}}^{k}(\boldsymbol{x},\boldsymbol{y},\boldsymbol{z})-\theta_{\text{FB}}(\boldsymbol{x},\boldsymbol{y},\boldsymbol{z})|.$$

这与式(7.35)一起可推得式(7.33)成立.

(II) 考虑问题(7.22)的情况. 在这种情况下，只需证明集合 $W:=B\times[0,\mu_0]$ 和函数 $h(\boldsymbol{x},\boldsymbol{y},\boldsymbol{z},\mu,\xi):=\|\boldsymbol{F}(\boldsymbol{x},\boldsymbol{y},\boldsymbol{z},\xi)\|^2+\Phi_{\text{NR}}^{\mu}(\boldsymbol{x},\boldsymbol{y})$ 满足引理7.6中给出的条件. 事实上，这可以由第7.1节最后给出的假设和式(7.21)来保证. 因此，与(I)的方法相似，我们可以很容易地证得式(7.34)成立. 这样证明就完成了.

7.2.4　水平集的有界性

众所周知，迭代序列的有界性是各种优化方法的理想要求. 为了保证迭代序列的有界性，我们一般研究水平集的有界性. 给定一个非负数 γ，期望残差极小化模型(7.8) 的水平集为

$$L_{\mathrm{ERM}}(\gamma):=\{(\boldsymbol{x},\boldsymbol{y},z)\in R^{2n+1}\mid \theta_{\mathrm{ERM}}(\boldsymbol{x},\boldsymbol{y},z)\leqslant\gamma\}.$$

注意，如果某个 $n_i>1$，对每个 k，我们取

$$\boldsymbol{x}^k:=\Big(\cdots,\underbrace{k,k,0,\cdots,0,}_{K^{n_i}}\cdots\Big)^{\mathrm{T}},\ \boldsymbol{y}^k:=\Big(\cdots,\underbrace{k,-k,0,\cdots,0,}_{K^{n_i}}\cdots\Big)^{\mathrm{T}},$$

则 $\boldsymbol{x}^k$ 和 $\boldsymbol{y}^k$ 都属于二阶锥 K 并且它们相互垂直. 这意味着对于每个 k 都有 $\Phi(\boldsymbol{x}^k,\boldsymbol{y}^k)=0$，其中，$\Phi$ 在式(7.3) 中给出，ϕ 是一个二阶锥互补函数，无论它取 ϕ_{FB} 还是 ϕ_{NR}. 因此，我们只需研究映射 F 的条件以保证水平集 $L_{\mathrm{ERM}}(\gamma)$ 的有界性.

定义 7.8[214]　映射 $H:\mathbf{R}^p\times\Omega\to\mathbf{R}^q$ 是局部强制的，如果对任意$\{\boldsymbol{\omega}^k\}\subseteq\mathbf{R}^p$ 满足$\|\omega^k\|\to+\infty$，我们有

$$\mathrm{Prob}\{\lim_{k\to\infty}\|\boldsymbol{H}(\boldsymbol{\omega}^k,\xi)\|=+\infty\}>0.$$

本小节的主要结果如下.

定理 7.9　假设 $\boldsymbol{F}$ 是局部强制的，则对任意 $\gamma\geqslant0$，水平集 $L_{\mathrm{ERM}}(\gamma)$ 是有界的.

证明　反证法. 假设存在一个常数 $\gamma>0$ 和一个序列$\{(\boldsymbol{x}^k,\boldsymbol{y}^k,z^k)\}\subseteq\mathbf{R}^{2n+1}$ 且满足 $\|(\boldsymbol{x}^k,\boldsymbol{y}^k,z^k)\|\to+\infty$，使得每个 k 都有

$$\theta_{\mathrm{ERM}}(\boldsymbol{x}^k,\boldsymbol{y}^k,z^k)\leqslant\gamma,$$

则对于每个 k，都有

$$\gamma\geqslant E_\xi[\|\boldsymbol{F}(\boldsymbol{x}^k,\boldsymbol{y}^k,z^k,\xi)\|^2]\geqslant(E_\xi[\|\boldsymbol{F}(\boldsymbol{x}^k,\boldsymbol{y}^k,z^k,\xi)\|])^2. \tag{7.36}$$

根据 Fatou 引理[205]，我们有

$$E_\xi[\liminf_{k\to\infty}\|\boldsymbol{F}(\boldsymbol{x}^k,\boldsymbol{y}^k,z^k,\xi)\|]\leqslant\liminf_{k\to\infty}E_\xi[\|\boldsymbol{F}(\boldsymbol{x}^k,\boldsymbol{y}^k,z^k,\xi)\|]. \tag{7.37}$$

请注意，$\boldsymbol{F}$ 是局部强制的，这意味着

$$\mathrm{Prob}\{\lim_{k\to\infty}\|\boldsymbol{F}(\boldsymbol{x}^k,\boldsymbol{y}^k,z^k,\xi)\|=+\infty\}>0.$$

因此，式(7.37) 的左侧是无穷大的，因此

$$\liminf_{k\to\infty}E_\xi[\|\boldsymbol{F}(\boldsymbol{x}^k,\boldsymbol{y}^k,z^k,\xi)\|]=+\infty,$$

这与式(7.36) 相矛盾，所以水平集 $L_{\mathrm{ERM}}(\gamma)$ 对任何 $\gamma\geqslant0$ 都有界.

7.3　$\boldsymbol{\phi}_{\mathrm{NR}}$ 与 $\boldsymbol{\phi}_{\mathrm{FB}}$ 的比较

正如第 7.2 节开头所述，函数 ϕ_{FB}通常具有更好的平滑性，而函数 ϕ_{NR}拥有更好的逼近

性. 另一方面, Chen 和 Fukushima [98] 已证, 在一维情况下, ϕ_{NR} 具有一些 ϕ_{FB} 不具备的性质; 有关详细信息请参见文献[98] 中的引理 2.2 和例 1. 一个有趣而自然的问题是这个结果是否可以推广到多维情况. 我们将在本节中专门回答这个问题.

考虑下面特殊的仿射随机二阶锥互补问题:

$$\boldsymbol{x} \in K,\ \boldsymbol{M}(\xi)+\boldsymbol{q}(\xi) \in K,\ \boldsymbol{x}^{\mathrm{T}}\boldsymbol{M}(\xi)+\boldsymbol{q}(\xi)=0,\ \text{a.e. } \xi \in \Omega, \tag{7.38}$$

其中, $M:\Omega \to \mathbf{R}^{n\times n}$ 且 $q:\Omega \to \mathbf{R}^{n}$. 对于式(7.38), 很自然地提出其期望残差极小化模型如下:

$$\min_{\boldsymbol{x}} \theta(\boldsymbol{x}):=E_{\xi}[\|\boldsymbol{\Phi}(\boldsymbol{x},\boldsymbol{M}(\xi)+\boldsymbol{q}(\xi))\|^{2}], \tag{7.39}$$

其中, $\boldsymbol{\Phi}$ 与式(7.3) 中的相同. 那么对于 ϕ_{NR}, 我们有以下结果.

定理 7.10 设 $\Omega:=\{\xi^1,\xi^2,\cdots,\xi^N\}$ 且式(7.2) 中的每个 $n_i \leqslant 2$, 那么当 ϕ 取为 ϕ_{NR} 时问题(7.39) 的解集是非空的.

证明 首先, 我们证明当 $n_i \leqslant 2$ 时, $\|\phi_{\mathrm{NR}}(\boldsymbol{s},\boldsymbol{t})\|^2$ 是 $(\boldsymbol{s},\boldsymbol{t}) \in \mathbf{R}^{n_i}\times\mathbf{R}^{n_i}$ 中的多面体分区上的分段二次函数. 事实上, 当 $n_i=1$ 时, $\phi_{\mathrm{NR}}(\boldsymbol{s},\boldsymbol{t})=\min\{\boldsymbol{s},\boldsymbol{t}\}$ 显然是分段二次的. 接下来, 我们假设 $n_i=2$ 并考虑以下五种情况:

(Ⅰ) 假设 $\boldsymbol{s}_2-\boldsymbol{t}_2=0$, 很容易得出

$$\|\phi_{\mathrm{NR}}(\boldsymbol{s},\boldsymbol{t})\|^2=\begin{cases}\|\boldsymbol{s}\|^2, & \text{当 } s_1\leqslant t_1,\ s_2=t_2 \text{ 时},\\ \|\boldsymbol{t}\|^2, & \text{当 } s_1\geqslant t_1,\ s_2=t_2 \text{ 时}.\end{cases}$$

(Ⅱ) 假设 $s_1-t_1\geqslant|s_2-t_2|>0$, 这意味着 $\boldsymbol{s}-\boldsymbol{t}\in K^2$, 因此从第 7.2 节开头的讨论可知

$$\|\phi_{\mathrm{NR}}(\boldsymbol{s},\boldsymbol{t})\|^2=\|\boldsymbol{t}\|^2.$$

(Ⅲ) 假设 $s_1-t_1\leqslant|s_2-t_2|<0$, 这意味着 $\boldsymbol{t}-\boldsymbol{s}\in K^2$, 与 (II) 类似, 我们有

$$\|\phi_{\mathrm{NR}}(\boldsymbol{s},\boldsymbol{t})\|^2=\|\boldsymbol{s}\|^2.$$

(Ⅳ) 假设 $s_2-t_2>0$ 且 $t_2-s_2\leqslant s_1-t_1\leqslant s_2-t_2$, 根据 ϕ_{NR} 的函数定义, 我们有

$$\begin{aligned}\|\phi_{\mathrm{NR}}(\boldsymbol{s},\boldsymbol{t})\|^2&=\left\|\boldsymbol{s}-[s_1-t_1-|s_2-t_2|],\left(\frac{1}{2},-\frac{s_2-t_2}{2|s_2-t_2|}\right)^{\mathrm{T}}\right.\\&\qquad\left.-[s_1-t_1+|s_2-t_2|],\left(\frac{1}{2},\frac{s_2-t_2}{2|s_2-t_2|}\right)^{\mathrm{T}}\right\|^2\\&=\frac{1}{4}(s_1+t_1-s_2+t_2)^2+\frac{1}{4}(-s_1+t_1+s_2+t_2)^2.\end{aligned}$$

(Ⅴ) 假设 $s_2-t_2<0$ 且 $s_2-t_2\leqslant s_1-t_1\leqslant t_2-s_2$, 根据 ϕ_{NR} 的函数定义, 我们有

$$\begin{aligned}\|\phi_{\mathrm{NR}}(\boldsymbol{s},\boldsymbol{t})\|^2&=\left\|\boldsymbol{s}-[s_1-t_1-|s_2-t_2|]_+,\left(\frac{1}{2},-\frac{s_2-t_2}{2|s_2-t_2|}\right)^{\mathrm{T}}\right.\\&\qquad\left.-[s_1-t_1+|s_2-t_2|],\left(\frac{1}{2},\frac{s_2-t_2}{2|s_2-t_2|}\right)^{\mathrm{T}}\right\|^2\end{aligned}$$

$$= \frac{1}{4}(s_1 + t_1 + s_2 - t_2)^2 + \frac{1}{4}(s_1 - t_1 + s_2 + t_2)^2.$$

总之，从函数 ϕ_{NR} 的连续性来看，我们可以得到

$$\|\phi_{NR}(\boldsymbol{s},\boldsymbol{t})\|^2 = \begin{cases} t_1^2 + t_2^2, & s_1 - t_1 \geqslant s_2 - t_2,\ s_1 - t_1 \geqslant t_2 - s_2, \\ s_1^2 + s_2^2, & t_1 - s_1 \geqslant s_2 - t_2,\ t_1 - s_1 \geqslant t_2 - s_2, \\ \frac{1}{4}(s_1 + t_1 - s_2 + t_2)^2 + \frac{1}{4}(-s_1 + t_1 + s_2 + t_2)^2, \\ t_2 - s_2 \leqslant s_1 - t_1 \leqslant s_2 - t_2,\ s_2 - t_2 \geqslant 0, \\ \frac{1}{4}(s_1 + t_1 + s_2 - t_2)^2 + \frac{1}{4}(s_1 - t_1 + s_2 + t_2)^2, \text{其他} \end{cases}$$

这表明 $\|\phi_{NR}(\boldsymbol{s},\boldsymbol{t})\|^2$ 确实是 $(\boldsymbol{s},\boldsymbol{t})$ 中多面体分区上的分段二次函数.

值得注意的是问题(7.39) 中的目标函数可以写成

$$\theta(\boldsymbol{x}) = \sum_{i=1}^{m}\sum_{j=1}^{N} p_j \|\phi_{NR}(\boldsymbol{x}^i, \boldsymbol{y}_j^i)\|^2,$$

其中，$\boldsymbol{x} := (\boldsymbol{x}^1, \cdots, \boldsymbol{x}^m) \in \mathbf{R}^{n_1} \times \cdots \times \mathbf{R}^{n_m}$，$\boldsymbol{M}(\xi^j)\boldsymbol{x} + \boldsymbol{q}(\xi^j) := (\boldsymbol{y}_j^1, \cdots, \boldsymbol{y}_j^m) \in \mathbf{R}^{n_1} \times \cdots \times \mathbf{R}^{n_m}$. 对每个 $j(j = 1, \cdots, N)$，p_j 表示每个样本 $\xi^j (j = 1, \cdots, N)$ 的概率. 从上面的讨论不难看出，目标函数 θ 是多面体分区上的分段二次函数. 由于该函数在整个空间上是下有界的，根据文献[215] 中的 Frank-Wolfe 定理，问题(7.39) 至少有一个最优解. 这就完成了证明.

定理 7.10 表明文献[98] 中的引理 2.2 可以从一维情形扩展到二维情形. 但这个引理能否推广到一般情况仍然是一个悬而未决的问题. 需注意的是，根据文献[98] 中的例 1，定理 7.10 中的结论不适用于 ϕ_{FB} 的情况.

如果我们引入附加变量将仿射随机二阶锥互补问题(7.38) 改写为

$$\boldsymbol{x} \in K,\ \boldsymbol{y} \in K,\ \boldsymbol{x}^{\mathrm{T}}\boldsymbol{y} = 0,\ \boldsymbol{y} - \boldsymbol{M}(\xi)\boldsymbol{x} + \boldsymbol{q}(\xi) = 0,\ \text{a.e. } \xi \in \Omega,$$

并考虑其期望残差极小化模型

$$\min_{(\boldsymbol{x},\boldsymbol{y})} E_\xi[\|\boldsymbol{y} - \boldsymbol{M}(\xi)\boldsymbol{x} + \boldsymbol{q}(\xi)\|^2] + \|\boldsymbol{\Phi}(\boldsymbol{x},\boldsymbol{y})\|^2, \tag{7.40}$$

用问题(7.40) 代替问题(7.39)，那么我们可以得到一个有趣且可以理解的结果，也就是说，在没有与样本空间 Ω 相关的离散假设的情况下，定理 7.10 仍然成立(我们可以用非常类似的方法证明这个结果，因此这里省略它的证明). 我们的下一个问题是 ϕ_{FB} 的情况会如何? 需注意的是，文献[98] 中的例 1 不能作为这种情况下的反例. 事实上，在这个例子中，模型(7.40) 变成了

$$\min_{(\boldsymbol{x},\boldsymbol{y})} \boldsymbol{y}^2 + 1 + \left(\boldsymbol{x} - \boldsymbol{y} - \sqrt{\boldsymbol{x}^2 + \boldsymbol{y}^2}\right)^2,$$

它在 $x^* = 0$ 和 $y^* = 0$ 时达到其下确界. 我们不确定模型(7.40) 中 ϕ 为 ϕ_{FB} 时是否与 ϕ_{NR} 有类

似的结论. 我们把它留作未来的工作.

7.4 应用

前几节给出的理论结果表明随机二阶锥互补问题(7.4) 可以通过变分方案(7.8) 求解. 在本节中, 作为进一步的补充, 我们考虑两个实际的工程问题.

7.4.1 天然气生产与运输

天然气是我们生产和生活中增长最快的能源之一. 如何规划输电网络中天然气的生产和分配成为天然气生产和运输中的关键问题. 最近, 大量研究集中在天然气传输优化问题上[216-218]. 优化中最困难的问题是管道中传输流量与管道两端压力之间的非线性关系, 以及压缩站损失的不确定性. 在本小节中, 我们实施期望残差极小化方法来解决此类问题.

考虑一个天然气网络的优化模型, 该网络由许多中心辐射子结构的网格组成, 其中每个枢纽都是一个压缩机站, 有许多领域和市场连接到它, 并且只连接到它. 用 $\mathcal{N}:=\{1,2,\cdots,N\}$ 表示传输网络中的节点集合, 将其分为三个子集: $\mathcal{N}_g\subset\mathcal{N}$表示有生产者的所有现场节点, $\mathcal{N}_s\subset\mathcal{N}$表示有压缩机的所有站节点, 每个气流被分成两条或更多条管道, $\mathcal{N}_m\subset\mathcal{N}$表示有消费的所有市场节点. 不失一般性, 我们假设上述任意两个子集的交集是空的. 这个假设可以通过引入虚拟管道来实现. 对于每个节点 $i\in\mathcal{N}$, 我们有两组节点与其相连: $\mathcal{I}(i)$ 表示管道进入节点 i 的节点集, $\mathcal{O}(i)$ 表示管道从节点 i 流出的节点集. 值得强调的是, 由于中心辐射子结构, 对于任何 $i\in\mathcal{N}_g$, $\mathcal{I}(i)$ 是空的, $\mathcal{O}(i)$ 是一个单元素集, 其元素是节点 i 所连接的站节点. 类似地, 对于任何 $i\in\mathcal{N}_m$, $\mathcal{O}(i)$ 是空的, 并且 $\mathcal{I}(i)$ 是一个单元素集, 其元素是连接节点 i 的站节点.

传输操作中经常出现不确定性(例如, 一个站的一小部分气流从传输管道中分流, 为该站的压缩机提供燃料; 可参看文献[219] 中的第 5 节). 在这里, 我们将站点的损失视为不确定性, 并用 ξ_i 表示节点 $i\in\mathcal{N}_s$的损失. 我们还用随机向量 $\xi:=(\xi_1,\cdots,\xi_s)$ 表示所有压缩机站的损失, 其中 S 是网络中的站数.

传输网络集中运行, 为每个市场输送天然气. 我们用 $p_j(Q_j)$ 表示市场 $j\in N_m$ 的天然气单价, 其中, $p_j(Q_j)$ 是关于进入市场 j 的供应量 Q_j 的递减函数. 在我们的研究中, 对于每个 $j\in\mathcal{N}_m$, 我们考虑一个得到广泛调查的价格函数 $p_j(Q_j):=a_j-b_jQ_j$. 在现场节点上, 在真正的传输之前, 生产者签订了最小数量的生产合同. 我们用 G_i 表示节点 i 的最小生成量, C_i 表示气田 $i\in\mathcal{N}_g$ 的天然气单位生成量成本.

现在我们介绍管道的参数. 我们分别用 $P_{ij}^{\max}$ 和 $P_{ij}^{\min}$($\bar{p}_{ij}^{\max}$和 $\bar{p}_{ij}^{\min}$) 表示 $i,j\in\mathcal{N}$时从节

点 i 到节点 j 的管道入口(出口)端的最大和最小压力. 在这里, 当 i 和 j 不连接时, 我们定义 $P_{ij}^{\max}=P_{ji}^{\min}=0$ 和 $\bar{p}_{ij}^{\max}=\bar{p}_{ij}^{\min}=0$. 从 i 到 j 的管道产生一个单位的入口压力, 需要花费 c_{ij}. 在我们的模型中, 从油田到站点的管道进口端压力由生产合同负责确定, 对每个 $i\in\mathcal{N}_g$ 和相应的站点节点 $j\in\mathcal{O}(i)$, 用 $\hat{P}_{ij}$ 表示管道进口端压力, 并由生产标准强制执行. 另一方面, 从站点连接到市场的管道进口端压力由供应合同确定, 对每个 $i\in\mathcal{N}_m$ 和相应的站节点 $j\in\mathcal{I}(i)$, 由 $\hat{P}_{ji}$ 表示进口端压力, 这是根据市场标准预先确定的.

管道两端的压力差与通过该管道输送的天然气量之间的非线性关系可以用 Weymouth 方程来描述. 特别是连接节点 i 和 j 的管道流量 q_{ij} 的上限为

$$q_{ij}^{c}(\hat{p}_{ij},\breve{p}_{ij}):=K_{ij}\sqrt{(\hat{p}_{ij})^2-(\breve{p}_{ij})^2},\tag{7.41}$$

其中, $\hat{p}_{ij}$ 和 $\breve{p}_{ij}$ 分别是入口和出口压力, K_{ij} 是一个常数, 可根据该管道的物理特性(例如长度、尺寸、摩擦系数等) 计算得出. 例如, 对于特定管道, Weymouth 方程可以表示为(见文献[220] 中的式(1) 和(2), 并对参数单位进行调整)

$$q_{ij}^{c}(\hat{p}_{ij},\breve{p}_{ij})=77.52\times10^{-6}\times\left(\frac{T_b}{P_b}\right)D^{5/2}\sqrt{\frac{(\hat{p}_{ij})^2-(\breve{p}_{ij})^2}{\gamma_g ZTLf}},$$

其中, T_b 是基准温度(单位 R), P_b 是基准压力(单位 psia), D 是内径(单位 in), γ_g 是气体比重(空气 = 1), Z 是平均流动温度和平均压力下的气体偏差系数, T 是平均流动温度(单位 R), L 是管道长度(单位英里), f 是 Moody 摩擦系数.

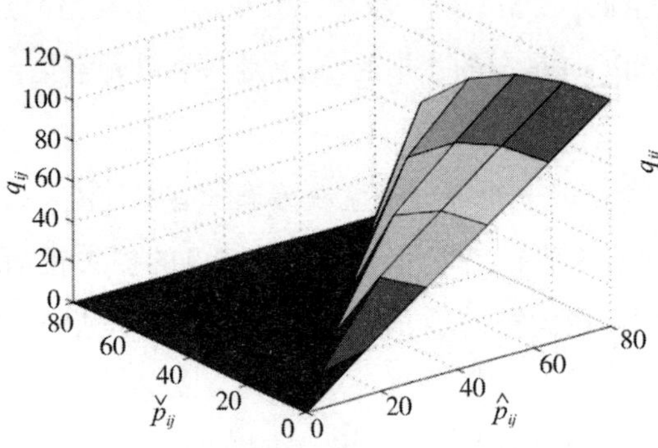

(a) 苇茅斯约束的线性近似, $T=T'=5$;

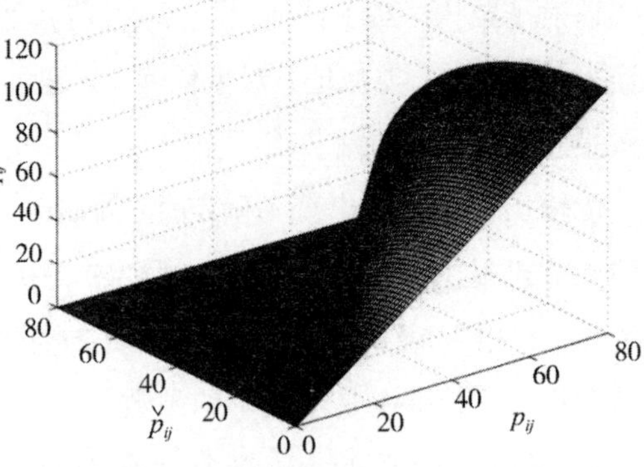

(b) 苇茅斯约束

图 7.1　韦茅斯约束及其线性近似

为了处理由式(7.41) 引入的非线性, 文献[217] 中提出了一个线性近似方法, 其中, Weymouth 方程(7.41) 由一组线性方程逼近, 见图 7.1. 对于连接节点 i 和 j 的管道, 通过以下两个步骤进行近似：

第一步，分别从可行集 $\hat{p}_{ij}$ 和 $\breve{p}_{ij}$ 中选取两个有限点集

$$\mathcal{T}:=\{\hat{p}_{ij}^{t},t=1,2,\cdots,T\},\ \mathcal{T}':=\{\breve{p}^{t'}{}_{ij},t'=1,2,\cdots,T'\}.$$

不失一般性，我们令

$$p_{ij}^{\min}\leqslant\hat{p}_{ij}^{1}\leqslant\hat{p}_{ij}^{2}\leqslant\cdots\leqslant\hat{p}_{ij}^{\mathrm{T}}\leqslant p_{ij}^{\max},$$

$$\bar{p}_{ij}^{\min}\leqslant\breve{p}_{ij}^{1}\leqslant\breve{p}_{ij}^{2}\leqslant\cdots\leqslant\breve{p}^{\mathrm{T}'}{}_{ij}\leqslant\bar{p}_{ij}^{\max},$$

其中，$\hat{p}_{ij}^{t}$ 和 $\breve{p}^{t'}{}_{ij}$ 被选为“断点”，与文献[2217] 一样.

第二步，对于 $t\in\mathcal{T}$ 和 $t'\in\mathcal{T}'$，和 $i,j\in\mathcal{N}$，用线性近似

$$q_{ij}\leqslant K_{ij}\left(\frac{\hat{p}_{ij}^{t}}{\sqrt{(\hat{p}_{ij}^{t})^{2}-(\breve{p}^{t'}{}_{ij})^{2}}}\hat{p}_{ij}-\frac{\breve{p}^{t'}{}_{ij}}{\sqrt{(\hat{p}_{ij}^{t})^{2}-(\breve{p}^{t'}{}_{ij})^{2}}}\breve{p}_{ij}\right)\tag{7.42}$$

来替换方程(7.41) 中的韦茅斯约束 $q_{ij}\leqslant q_{ij}^{c}(\hat{p}_{ij},\breve{p}_{ij})$. 读者可参考文献［217］以了解有关韦茅斯约束的线性逼近的更多详细信息. 为了便于记忆，我们定义

$$\hat{p}_{ij}^{tt'}:=\frac{\hat{p}_{ij}^{t}}{\sqrt{(\hat{p}_{ij}^{t})^{2}-(\breve{p}^{t'}{}_{ij})^{2}}},\ \breve{p}_{ij}^{tt'}:=\frac{\breve{p}^{t'}{}_{ij}}{\sqrt{(\hat{p}_{ij}^{t})^{2}-(\breve{p}^{t'}{}_{ij})^{2}}}.$$

现在让我们来研究整个网络中在生产、传输和压缩机的限制下天然气供应的整体利润最大化问题. 因为网络由许多中心辐射子结构的网络组成(参见下面给出的图 7.2)，问题可以简化为以下二阶锥规划：

$$\begin{aligned}
&\max\ \sum_{i\in\mathcal{N}_m}p_i(Q_i^{+})Q_i^{+}-\sum_{i\in\mathcal{N}_g}C_jQ_j^{-}-\sum_{i\in\mathcal{N}}\sum_{j\in\mathcal{I}(i)}c_{ji}\hat{p}_{ji}\\
&\text{s.t.}\ \Big\{\sum_{j\in\mathcal{O}(i)}q_{ij}\geqslant G_i,\ \forall i\in\mathcal{N}_g,\\
&q_{ij}^{2}+K_{ij}^{2}\breve{p}_{ij}^{2}\leqslant K_{ij}^{2}\hat{p}_{ij}^{2},\ \forall i\in\mathcal{N}_g,j\in\mathcal{O}(i),\\
&q_{ji}^{2}+K_{ji}^{2}\breve{p}_{ji}^{2}\leqslant K_{ji}^{2}\hat{p}_{ji}^{2},\ \forall i\in\mathcal{N}_m,j\in\mathcal{T}(i),\\
&q_{ij}\leqslant K_{ij}(\hat{p}_{ij}^{tt'}\hat{p}_{ij}-\breve{p}_{ij}^{tt'}\breve{p}_{ij}),\ \forall t\in\mathcal{T},\ t'\in\mathcal{T}',\ i\in\mathcal{N}_s,\ j\in\mathcal{O}(i)\cap\mathcal{N}_s,\\
&Q_i^{+}=\sum_{j\in T(i)}q_{ji},\ \forall i\in\mathcal{N},\\
&Q_i^{-}=\sum_{j\in\mathcal{O}(i)}q_{ij},\ \forall i\in\mathcal{N},\\
&Q_i^{-}-Q_i^{+}\leqslant-\xi_i,\ \forall i\in\mathcal{N}_s,\\
&\bar{p}_{ij}^{\min}\leqslant\breve{p}_{ij}\leqslant\bar{p}_{ij}^{\max},\ \forall j\in\mathcal{N},\ i\in\mathcal{T}(j),\\
&p_{ij}^{\min}\leqslant\hat{p}_{ij}\leqslant p_{ij}^{\max},\ \forall j\in\mathcal{N},\ i\in\mathcal{T}(j)\Big\},\ \forall\xi_i,\ i\in\mathcal{N}_s.
\end{aligned}\tag{7.43}$$

决策变量包括进口压力、出口压力和管道输送流量的向量，分别表示为：

$$\begin{cases}\breve{p}:=(\breve{p}_{12},\cdots,\breve{p}_{1N},\cdots,\breve{p}_{ij},\cdots,\breve{p}_{N1},\cdots,\breve{p}_{N(N-1)})\\ \hat{p}:=(\hat{p}_{12},\cdots,\hat{p}_{1N},\cdots,\hat{p}_{ij},\cdots,\hat{p}_{N1},\cdots,\hat{p}_{N(N-1)}),\\ q:=(q_{12},\cdots,q_{1N},\cdots,q_{ij},\cdots,q_{N1},\cdots,q_{N(N-1)}),\end{cases}$$

对每个$i\in\mathcal{N}$，中间变量 Q_i^+ 和 Q_i^- 分别是传入和传出节点i的总量. 目标函数包括三项：总收益，其中$p_i(Q_i^+)Q_i^+$ 为从市场$i\in\mathcal{N}_m$获得的收益；油田生产成本，其中 Q_i^- 为油田 $i\in\mathcal{N}_g$ 的产气量；以及用于产生压力的运行成本. 很明显，目标函数是凹的和二次的.

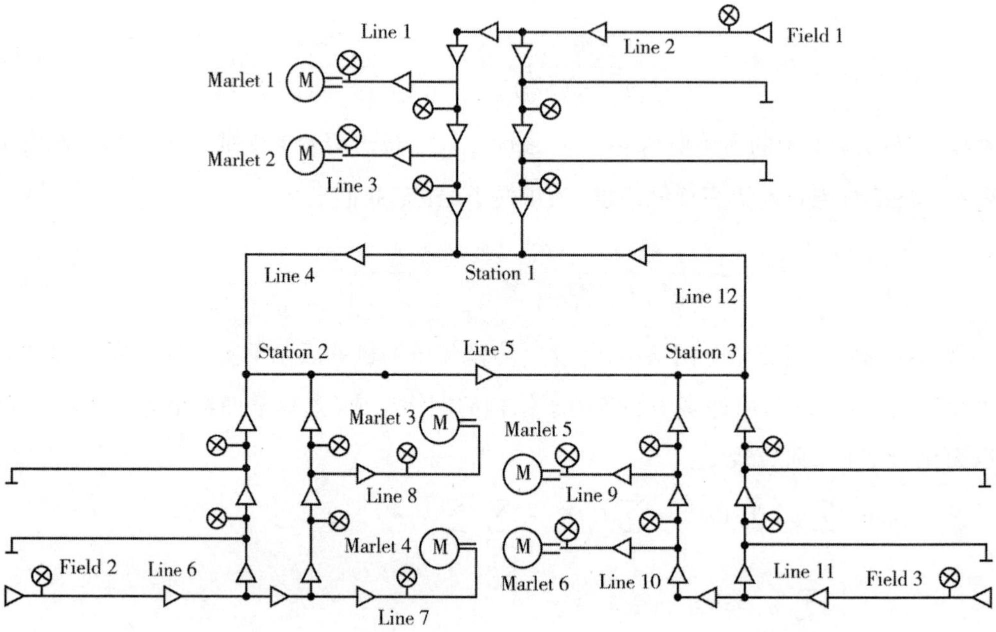

图 7.2　天然气管网结构

现在我们来看看约束条件. 第一组约束是关于气田节点的天然气产量，这意味着气田输送出去的天然气数量必须不低于最低合同产量.

第二组约束是关于从气田节点输入管道中传输流量. 通过对任意未连通的$i\in\mathcal{N}_g$ 和$j\in\mathcal{N}$设置 $p_{ij}^{\max}=0$，可得到 $\hat{p}_{ij}=0$，因此有 $q_{ij}=\breve{p}_{ij}=0$.

第三组约束是关于通过管道传递到市场节点的流量. 通过对任意未连通的 $i\in\mathcal{N}_m$ 和 $j\in\mathcal{N}$ 设置 $p_{ji}^{\max}=0$，就得到 $\hat{p}_{ji}=0$，因此有 $q_{ji}=\breve{p}_{ji}=0$.

需注意的是，问题(7.43) 中的第二组约束可改写为

$$\sqrt{q_{ij}^2+K_{ij}^2\breve{p}_{ij}^2}\leqslant K_{ij}\hat{p}_{ij},$$

对于每个 $i \in \mathcal{N}_g$ 和对应的 $j \in \mathcal{O}(i)$ 均成立. 同理, 问题(7.43) 中的第三组约束可以改写为

$$\sqrt{q_{ji}^2 + K_{ji}^2 \breve{p}_{ji}^2} \leqslant K_{ji}\hat{p}_{ji},$$

对于每个 $i \in \mathcal{N}_m$ 和对应的 $j \in \mathcal{I}(i)$ 都成立. 因此, 这两组约束实际上是二阶锥约束.

第四组约束是关于连接两个站节点的管道中的流量, 其中对约束 $q_{ij} \leqslant q_{ij}^c(\hat{p}_{ij}, \breve{p}_{ij})$, $i \neq j$, $i,j \in \mathcal{N}_s$ 实施线性近似, 转换为线性约束, $q_{ij}^c(\hat{p}_{ij}, \breve{p}_{ij})$ 由式(7.41) 给出. 在文献 [217] 中, 这种类型的线性近似已用于传输网络中的每条管道, 其中由线性近似产生的约束数量为 $N(N-1) \times T \times T'$. 对于具有中心辐射子结构的网络, 第二组、第三组和第四组约束表明, 我们只需要对连接站点的管道进行线性逼近, 因此我们的问题可以减少管道流约束的数量.

第五组和第六组约束分别将 Q_i^+ 和 Q_i^- 定义为节点 $i \in \mathcal{N}$ 处的输入流量和输出流量.

第七个约束集是关于站节点随机损失的约束, 其中, ξ_i 是站点 $i \in \mathcal{N}_s$ 处开采的天然气量.

第八组和第九组约束是管道进口压力和出口压力的上下界. 当 i 和 j 没有连接时, 则 $p_{ij}^{\max} = p_{ij}^{\min} = 0$ 和 $\bar{p}_{ij}^{\max} = \bar{p}_{ij}^{\min} = 0$. 此外, 连接油田的管道入口端的压力由合同固定, 因此对所有 $i \in \mathcal{N}_g$, 我们定义 $\bar{p}_{ij}^{\max} = \bar{p}_{ij}^{\min} = \hat{p}_{ij}$. 同理, 从站点连接到市场的管道入口端压力由供应合同固定, 因此我们对所有 $i \in \mathcal{N}_m$ 定义 $\bar{p}_{ji}^{\max} = \bar{p}_{ji}^{\min} = \hat{p}_{ji}$.

值得一提的是, 在现实世界中, 不同油田生产的天然气通常具有不同的化学成分百分比, 这些百分比通常用于衡量天然气的质量. 因此, 必须对入口和出口压力进行额外的一些约束, 以控制每个站点的混合气体来达到合同质量标准.

为了更好地应用理论方法解决问题, 我们假设不同油田的天然气质量是相同的, 并且在传输过程中不会发生变化. 可以通过引入一组关于每个元素的质量平衡的线性等式约束来放宽这个假设, 参看文献[217].

在进行数值试验之前, 我们在表 7.1 中给出了模型中使用的参数符号.

表 7.1 符 号 说 明

G_i	油田 $i \in \mathcal{N}_g$ 的最小产量
K_{ij}	从节点 i 到 $j \in \mathcal{O}(i)$ 的管道的韦茅斯常数
$\hat{P}_{ij}^{tt'}$, $\breve{P}_{ij}^{tt'}$	韦茅斯方程线性近似中的系数
$P_{ij}^{\min}$, $P_{ij}^{\max}$	从 i 到 $j \in \mathcal{O}(i)$ 的管道入口端的上下界
$\bar{P}_{ij}^{\min}$, $\bar{P}_{ij}^{\max}$	从 i 到 $j \in \mathcal{O}(i)$ 的管道出口端的上下界

续表

$a_i - b_i Q_i^+$	市场 $i \in \mathcal{N}_m$ 的天然气单价
C_i	气田 $i \in \mathcal{N}_g$ 的产气单位成本
c_{ij}	从 $i \in \mathcal{N}$ 到 $j \in \mathcal{O}(i)$ 在管道末端产生压力的单位成本

让我们考虑一个具有三个压缩机站的天然气传输网络的示例. 网络如图 7.2 所示. 在这个例子中, 市场节点集合 $\mathcal{N}_m = \{1,2,\cdots,6\}$, 气田节点集合 $\mathcal{N}_g = \{1',2',3'\}$, 站节点集合 $\mathcal{N}_s = \{7,8,9\}$. 此外, 市场 1 和 2(节点 $\{1, 2\}$) 和气田 1(节点$\{1'\}$) 连接到站点 1(节点 7)、市场 3 和 4(节点 $\{3,4\}$) 和气田 2(节点$\{2'\}$) 连接到站点2(节点 8), 市场 5 和 6(节点 $\{5, 6\}$) 和气田 3(节点 $\{3'\}$) 连接到站点 3(节点 9).

模型中的参数值如表 7.2 所示. 模型中, 我们将每个压缩机站的管道出口压力固定为 15(单位: psia); 对所有的管道, 产生一个单位入口压力的成本 c_{ij} 为 87(单位: k × CNY/psia). 此外, 对于模型中的不确定性, 我们设置站点(即节点 $i = 7,8,9$) 的损失 ξ_i 服从正态分布且均值分别为 15, 20, 10, 方差分别为 5.5, 9.0, 3.5.

在数值测试中, 对于韦茅斯方程(7.41), 我们使用了线性近似方程(7.42), 方程中 $T = T' = 10$. 请注意, 线性近似不会改变目标函数和其他约束. 我们用相同的 ξ 样本解决了优化问题和文献[217] 中的问题. 在表 7.3 中, 我们分别用 SOC(n) 和 LC(n) 表示我们的优化问题和文献 [217] 中的问题, 其中, n 是每个测试中的样本量. 在我们的测试中, 我们将 n 从 100、300 变为 1000, 并比较了 SOC(n) 和 LC(n) 的结果.

我们利用期望残差极小化方法来求解该模型, 并分析了站点损耗不确定性对输电网络整体利润和优化运行的影响. 表 7.3 中给出的结果是通过使用函数 ϕ_{NR} 获得的. 利用 GAMS 平台上 NLP 求解器计算了这些问题. 表 7.3 列出了样本平均解决方案. 在此, 为避免冗余, 我们只报告了不同样本容量下管道入口压力、管道输送气量和目标函数最优值的主要结果.

请注意, 在我们的方法中, 线性近似仅用于连接站的管道中的气体量约束, 而不是"LC(n)" 中的所有管道. 因此, 我们可以将"LC(n)" 模型求解的结果作为"SOC(n)" 问题结果的近似值. 从另一个角度来看, 这两个模型都可以看作是真正的天然气传输问题的近似, 其中, "SOC(n)" 问题中韦茅斯约束的线性近似数量较少, 更接近于真实问题. 在计算时间方面, 结果表明, 采用二阶锥约束求解模型几乎与"LC(n)" 具有相同的水平, 只是计算时间稍长一些而已.

表 7.2 韦茅斯方程参数，生产成本，价格系数

网络数据													
管道										市场数据			
从 节点	到 节点	Pb (psia)	Tb (R)	D (in)	γ_g (air=1)	Z (—)	长度 (mile)	f (—)	T (R)	节点	a_m (KCNY/mmcfd)	b_m (KCNY/mmcfd)	$p_{m'm}^{mim}$ (psia)
1′	7	15	560	20	0.87	0.93	33	0.01	560	1	29	0.04	15
7	1	15	560	30	0.87	0.93	11	0.01	560	2	26	0.04	15
7	2	15	560	20	0.87	0.93	12	0.01	560	3	22	0.03	15
7	8	15	560	25	0.87	0.93	75	0.01	560	4	21	0.03	15
2′	8	15	560	30	0.85	0.93	28	0.01	546	5	30	0.02	15
8	3	15	560	25	0.85	0.93	12	0.01	546	6	25	0.02	15
8	4	15	560	20	0.85	0.93	12	0.01	546	现场数据			
8	9	15	560	20	0.85	0.93	80	0.01	546	节点	G_g	C_g	$p_{gg'}^{max}$
3′	9	15	560	20	0.90	0.93	23	0.01	564	g	(mmcdf)	(KCNY/mmcfd)	(psia)
9	5	15	560	20	0.90	0.93	13	0.01	564	1′	450	19	50
9	6	15	560	25	0.90	0.93	12	0.01	564	2′	800	15	50
9	7	15	560	30	0.90	0.93	72	0.01	564	3′	275	18	50

表 7.3　最优流量、最优注入压力和最优值的数值结果

最佳解决方案										
样本量	流入市场 m						样本量	磁场 g 的入口压力		
	q_{71}(mmcfd)	q_{72}	q_{83}	q_{84}	q_{95}	q_{96}		$q_{1'7}$(mmcfd)	$q_{2'8}$	$q_{3'9}$
SOC(100)	297.13	242.36	200.00	131.94	764.05	368.92	SOC(100)	589.28	1136.50	378.83
LC(100)	283.92	244.73	196.78	136.54	742.03	339.83	LC(100)	559.71	1207.92	359.06
SOC(300)	303.59	254.21	200.00	137.75	753.24	361.26	SOC(300)	608.49	1045.08	402.18
LC(300)	312.71	262.43	194.41	139.05	724.55	312.90	LC(300)	589.28	1112.05	412.03
SOC(1000)	305.02	250.39	200.00	142.54	748.76	352.07	SOC(1000)	615.08	1008.24	437.90
LC(1000)	317.85	265.92	195.57	140.31	735.61	331.45	LC(1000)	601.44	1052.43	441.12
样本量	进口压力到市场 m						样本量	磁场 g 的入口压力		
	$\breve{p}_{71}$(psia)	$\breve{p}_{72}$	$\breve{p}_{83}$	$\breve{p}_{84}$	$\breve{p}_{95}$	$\breve{p}_{96}$		$\breve{p}_{1'7}$(psia)	$\breve{p}_{2'8}$	$\breve{p}_{3'9}$
SOC(100)	26.87	39.71	24.73	21.91	43.33	31.01	100	19.56	43.64	26.98
LC(100)	25.17	40.25	23.16	22.71	40.00	29.02	LC(100)	17.02	45.92	26.01
SOC(300)	28.10	40.54	24.73	22.16	43.06	30.76	300	19.69	42.06	27.55
LC(300)	29.74	42.98	23.01	23.22	39.55	28.32	LC(300)	18.03	43.53	28.31
SOC(1000)	28.15	40.27	24.73	22.37	42.94	30.56	1000	19.74	41.40	28.40
LC(1000)	30.29	43.12	23.11	23.90	39.11	27.88	LC(1000)	18.81	42.01	29.82
样本量			100	300	1000	样本量		100	300	1000
最优值(mCNY)			1.315	1.367	1.392	时间(秒)		129	217	289
LC 的最优值(mCNY)			1.233	1.172	1.216	LC 时间(秒)		107	194	296

7.4.2 随机二阶锥规划最优功率流

在本小节中，我们考虑连接到风电场的径向网络中的随机最优功率流模型，并将其重铸为随机二阶锥规划问题. 所提出的随机二阶锥规划最优潮流模型可以用作电力系统不同随机分析的工具. 我们利用前面的期望残差极小化方案来求解随机二阶锥规划最优潮流模型，并考察了功率注入不确定性对总电力系统发电成本的影响.

径向网络由总线和连接这些总线的线路组成，并具有树形拓扑结构. 树的根是连接到传输网络的变电站总线. 它具有固定电压并将从传输网络接收的大量电力重新分配到其他总线. 我们用0索引变电站总线，用$1,\cdots,N$索引其他总线. 用$\mathcal{N}:=\{0,1,\cdots,N\}$表示所有总线的集合，令$\mathcal{N}^{+}:=\mathcal{N}\backslash\{0\}$. 每条线路连接一对有序的$(i,j)$总线，其中总线$j$位于从总线$i$到总线0的唯一路径上. 让$\varepsilon$表示所有线路的集合，为方便起见，将$(i,j)\in\varepsilon$缩写为$i\to j$.

风能等可再生能源的使用往往会产生不确定性. 我们假设总线的子集W拥有不确定的电源(风电场)，并且对于每个拥有不确定电源的总线i，节点i处所产生的随机电量可表示为$\xi_i:=\xi_i^p+i\xi_i^q$，其中，ξ_i是一个具有已知均值和偏差的独立随机变量. 特别是，我们研究了ξ_i的高斯分布和威布尔分布. 在我们的模型中，我们进一步假设不同地点的风能波动是独立的，这可以通过风电场彼此相距足够远的事实来得以实现. 对于典型的最优潮流，当时间跨度为15分钟和典型风速为10m/s时，相距超过10km的农场的风波动是不相关的.

对于每条总线$i\in\mathcal{N}$，让V_i表示其复电压并定义$v_i:=|V_i|^2$. 具体来说，变电站电压V_0是给定的并且是固定的. 令$s_i:=p_i+iq_i$表示母线i的功率注入，其中，p_i和q_i分别表示有功功率和无功功率注入. 对于每条线$(i,j)\in\varepsilon$，令$z_{ij}:=r_{ij}+ix_{ij}$表示其阻抗. 用I_{ij}表示从母线i到母线j的复电流，并设$I_{ij}:=|I_{ij}|^2$. 进一步用$S_{ij}:=P_{ij}+iQ_{ij}$表示从母线i到母线j的发送端功率流，其中P_{ij}和Q_{ij}分别代表有功和无功功率流. 按照惯例，我们假设变电站母线上的复电压V_0是给定的. 我们在表7.4和图7.3中对符号进行了总结.

表 7.4 符号说明

V_i,v_i	总线i上的复电压$v_i:=\|V_i\|^2$
$s_i:=p_i+iq_i$	总线i上的复网络注入
I_{ij},I_{ij}	总线i到总线j的复电流，且$I_{ij}:=\|I_{ij}\|^2$
$S_{ij}:=P_{ij}+iQ_{ij}$	从母线i流向母线j的复合功率
$z_{ij}:=r_{ij}+ix_{ij}$	线路(i,j)上的阻抗

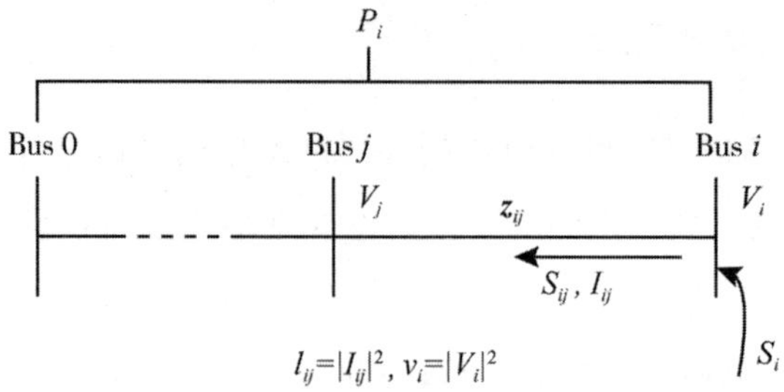

图 7.3　网络中的符号图示

最优潮流问题寻求最小化发电成本，受到功率流量约束、功率注入约束和电压约束. 根据文献[143,211]，在径向网络的情况下，使用分支流模型的随机最优潮流模型被简化为以下具有精确松弛的凸优化问题，或者更准确地说，是一个二阶锥规划，可表示为实变量规划问题：

$$\min \sum_{i\in\mathcal{N}} f_i(p_i^g)$$

$$\text{s.t.} \Big\{ P_{ij} = (p_i^g + \xi_i^g) - p_i^c + \sum_{h:h\to i}(P_{hi} - r_{hi}l_{hi}),\ \forall (i,j)\in\varepsilon,$$

$$Q_{ij} = (q_i^g + \xi_i^g) - q_i^c + \sum_{h:h\to i}(Q_{hi} - x_{hi}l_{hi}),\ \forall (i,j)\in\varepsilon,$$

$$p_0^g - p_0^c + \sum_{h:h\to 0}(P_{h0} - r_{h0}l_{h0}) = 0,$$

$$q_0^g - q_0^c + \sum_{h:h\to 0}(Q_{h0} - x_{h0}l_{h0}) = 0,$$

$$v_i - v_j = 2(r_{ij}P_{ij} + x_{ij}Q_{ij}) - l_{ij}(r_{ij}^2 + x_{ij}^2),\ \forall (i,j)\in\varepsilon,$$

$$\frac{P_{ij}^2 + Q_{ij}^2}{v_i} \leqslant l_{ij},\ \forall (i,j)\in\varepsilon,$$

$$s_i \in S_i,\ i\in\mathcal{N}^+,$$

$$\underline{v_i} \leqslant v_i \leqslant \overline{v_i},\ i\in\mathcal{N}^+ \Big\},\ \forall \xi_i,\ i\in\mathcal{N}^+,$$

其中，$\xi_i := \xi_i^p + i\xi_i^q$，$p_i := p_i^c - p_i^g$ 和 $q_i := q_i^c - q_i^g$ 是节点 i 的实际和无功净负荷. 特别地，p_i^c 和 q_i^c 是节点 i 的有功和无功功耗，p_i^g 和 q_i^g 是节点 i 的有功和无功常规发电量. 我们使用 $h:h\to i$ 表示在 $(h,i)\in\varepsilon$ 的树形网络拓扑中 $\mathcal{N}$ 中连接到 i 的总线集合，并使用 $h:h\to 0$ 表示 $\mathcal{N}$ 中连接到变电站的总线集合且 $(h,0)\in\varepsilon$. 此外，我们假设每个 f_i 是凸二次的，特别是在我们的模型中 $f_i(p_i^g) := c_{i2}(p_i^g)^2 + c_{i1}p_i^g + c_{i0}$.

请注意，潮流方程 $I_{ij} \geqslant \dfrac{P_{ij}^2 + Q_{ij}^2}{v_i}$，$(i,j) \in \varepsilon$ 的凸松弛正好是 $\mathbf{R}^4$ 中的旋转二阶锥的形式，旋转二阶锥是一个凸集，其形式为

$$K_r^2 := \{(x_1, x_2, \boldsymbol{x}_3) \in \mathbf{R} \times \mathbf{R} \times \mathbf{R}^2 \mid x_1 x_2 \geqslant x_3^{\mathrm{T}} x_3, x_1 \geqslant 0, x_2 \geqslant 0\}.$$

简单地说，由于

$$x_1 x_2 \geqslant \boldsymbol{x}_3^{\mathrm{T}} \boldsymbol{x}_3,\ x_1 \geqslant 0,\ x_2 \geqslant 0 \Leftrightarrow \left\| \begin{bmatrix} x_1 - x_2 \\ 2\boldsymbol{x}_3 \end{bmatrix} \right\| \leqslant x_1 + x_2,$$

所以 $\mathbf{R}^4$ 中的旋转二阶锥可以表示为(普通)二阶锥的一个线性变换(实际上是一次旋转).

回想一下，$(x_1, x_2, \boldsymbol{x}_3) \in K_r^2$ 当且仅当 $(x_1 + x_2, \boldsymbol{x}_4) \in K^4$，其中，$\boldsymbol{x}_4 := (x_1 - x_2, 2\boldsymbol{x}_3)$. 为了在后面的讨论中清楚地表达，我们将上述配电网络随机调度问题重铸为以下紧二阶锥规划形式：

$$\begin{aligned} & \min f(\boldsymbol{x}) \\ & \text{s.t.} \left\{ \begin{aligned} & \boldsymbol{x} \in \mathcal{X}, \\ & \boldsymbol{A}\boldsymbol{x} + \boldsymbol{B}\xi = 0, \\ & \| G_i \boldsymbol{x} \| \leqslant \boldsymbol{g}_i^{\mathrm{T}} \boldsymbol{x},\ \forall i \text{ with} (i,j) \in \varepsilon \end{aligned} \right\},\ \forall \xi, \end{aligned} \tag{7.44}$$

其中，向量 $\boldsymbol{x}$ 表示与配电网最优功率流相关的所有调度变量，$f(\boldsymbol{x})$ 表示总发电成本，$\mathcal{X}$ 是径向分布网络的可行集.

请注意，问题(7.44)实际上与方程(7.7)的线性形式一致. 这不是可以通过任何常用的商业二阶锥规划求解器(例如 MOSEK 或 Gurobi)进行计算求解的. 如前所述，我们计算问题方程式(7.44)的数值解的关键步骤是通过其 KKT 系统将其重新表述为随机二阶锥互补问题方程式(7.4). 因此，与凸规划一样，KKT 条件对于全局最优性来说是必要且充分的[212]. 因为每个 KKT 点都是问题(7.44)的全局最小值，我们可以考虑通过搜索(7.44)的 KKT 点来求解该问题，这正是我们在前面几节中讨论的随机二阶锥互补问题.

为了验证所提出的随机二阶锥互补最优潮流问题，我们考虑了一个略微修改过的南加州爱迪生公司(SCE)的服务区域内的实际 47 总线网络，其中两个风电场连接到总线 5 和总线 20. 参数在表 7.5 中给出. 我们假设系统调节器在存在可变风力发电的情况下以每小时为基础优化总发电成本，假设可用于下一个小时间隔的风速的预测分布是可得到的. 利用 GAMS 平台的默认 NLP 求解器对总线 5 和总线 20 分别注入高斯分布和威布尔分布的风电问题进行求解，分别采用二阶锥互补函数 ϕ_{FB} 和 ϕ_{NR} 得到的日前市场调度结果分别如表 7.6 和 7.7 所示. 表 7.6 和表 7.7 也给出了随着样本量的增加的预期残差和总发电成本.

表 7.5　线路阻抗、峰值点负荷千伏安、电容器和光伏发电铭牌额定值

网络数据																	
线数据				线数据				线数据				加载数据		加载数据		光伏发电	
从总线	到总线	R（Ω）	X（Ω）	从总线	到总线	R（Ω）	X（Ω）	从总线	到总线	R（Ω）	X（Ω）	总线数量	顶峰增值税	总线数量	顶峰增值税	总线数量	铭牌容量
1	2	0.259	0.808	8	41	0.107	0.031	21	22	0.198	0.046	1	10	34	0.2		
2	13	0	0	8	35	0.076	0.015	22	23	0	0	11	0.67	36	0.27	13	1.5MW
2	3	0.031	0.092	8	9	0.031	0.031	27	31	0.046	0.015	12	0.45	38	0.45	17	0.4MW
3	4	0.46	0.092	9	10	0.015	0.015	27	28	0.107	0.031	14	0.89	39	1.34	19	1.5MW
3	14	0.092	0.031	9	42	0.153	0.046	28	29	0.107	0.031	16	0.07	40	0.13	23	1MW
3	15	0.214	0.046	10	11	0.107	0.076	29	30	0.061	0.015	18	0.67	41	0.67	24	2MW
4	20	0.336	0.061	10	46	0.229	0.122	32	33	0.046	0.015	21	0.45	42	0.13		
4	5	0.107	0.183	11	47	0.031	0.015	33	34	0.031	0	22	2.23	44	0.45	并联电容器	
5	26	0.061	0.015	11	12	0.076	0.046	35	36	0.076	0.015	25	0.45	45	0.2	总线	铭牌
5	6	0.015	0.031	15	18	0.046	0.015	35	37	0.076	0.046	26	0.2	46	0.45	数量	1 个容量
6	27	0.168	0.061	15	16	0.107	0.015	35	38	0.107	0.015	28	0.13				
6	7	0.031	0.046	16	17	0	0	42	43	0.061	0.015	29	0.13	基准电压（kV）= 12.35		1	6000kW
7	32	0.076	0.015	18	19	0	0	43	44	0.061	0.015	30	0.2	基本千伏安 = 1000		3	1200kW
7	8	0.015	0.015	20	21	0.122	0.092	43	45	0.061	0.015	31	0.07	变电站电压 = 12.35		37	1800kW
8	40	0.046	0.015	20	25	0.214	0.046				32	0.13				47	1800kW
8	39	0.224	0.046	21	24	0	0				33	0.27					

表 7.6 使用 ϕ_{FB}从 SSOCP-OPF 获取 SCE 47 总线的 OPE 结果

功率不确定性	Gausian 风力发电不确定性				Weibull 风力发电不确定性			
样本量	100	500	1000	2000	100	500	1000	2000
预期剩余	2.849	3.433	3.397	3.407	8.625	8.840	8.504	8.660
发电成本(MW)	25.272	24.255	25.104	25.052	41.879	42.466	42.594	42.267
13 路(MW)	$p_{13}^g=0.242$	$p_{13}^g=0.194$	$p_{13}^g=0.244$	$p_{13}^g=0.248$	$p_{13}^g=0.437$	$p_{13}^g=0.444$	$p_{13}^g=0.437$	$p_{13}^g=0.437$
(MV Ar)	$q_{13}^g=1.500$	$q_{13}^g=1.500$	$q_{13}^g=1.500$	$q_{13}^g=1.500$	$q_{13}^g=1.500$	$q_{13}^g=1.500$	$q_{13}^g=1.500$	$q_{13}^g=1.500$
17 路(MW)	$p_{17}^g=0.180$	$p_{17}^g=0.194$	$p_{17}^g=0.244$	$p_{17}^g=0.237$	$p_{17}^g=0.400$	$p_{17}^g=0.400$	$p_{17}^g=0.400$	$p_{17}^g=0.400$
(MV Ar)	$q_{17}^g=0.400$	$q_{17}^g=0.400$	$q_{17}^g=0.400$	$q_{17}^g=0.400$	$q_{17}^g=0.400$	$q_{17}^g=0.400$	$q_{17}^g=0.400$	$q_{17}^g=0.400$
19 路(MW)	$p_{19}^g=0.185$	$p_{19}^g=0.200$	$p_{19}^g=0.244$	$p_{19}^g=0.233$	$p_{19}^g=0.459$	$p_{19}^g=0.466$	$p_{19}^g=0.437$	$p_{19}^g=0.443$
(MV Ar)	$q_{19}^g=1.500$	$q_{19}^g=1.500$	$q_{19}^g=1.500$	$q_{19}^g=1.500$	$q_{19}^g=1.500$	$q_{19}^g=1.500$	$q_{19}^g=1.500$	$q_{19}^g=1.500$
23 路(MW)	$p_{23}^g=0.189$	$p_{23}^g=0.205$	$p_{23}^g=0.239$	$p_{23}^g=0.230$	$p_{23}^g=0.474$	$p_{23}^g=0.482$	$p_{23}^g=0.419$	$p_{23}^g=0.428$
(MV Ar)	$q_{23}^g=1.000$	$q_{23}^g=1.000$	$q_{23}^g=1.000$	$q_{23}^g=1.000$	$q_{23}^g=1.000$	$q_{23}^g=1.000$	$q_{23}^g=1.000$	$q_{23}^g=1.000$
24 路(MW)	$p_{24}^g=0.187$	$p_{24}^g=0.202$	$p_{24}^g=0.241$	$p_{24}^g=0.228$	$p_{24}^g=0.466$	$p_{24}^g=0.474$	$p_{24}^g=0.428$	$p_{24}^g=0.440$
(MV Ar)	$q_{24}^g=2.000$	$q_{24}^g=2.000$	$q_{24}^g=2.000$	$q_{24}^g=2.000$	$q_{24}^g=2.000$	$q_{24}^g=2.000$	$q_{24}^g=2.000$	$q_{24}^g=2.000$
时间(s)	168.753	280.493	316.686	431.546	192.221	321.740	240.382	454.491

表 7.7　使用 ϕ_{NR}^{μ} 和 $\mu=10^{-4}$ 从 SSOCP-OPF 获取 SCE 47 总线的 OPF 结果

功率不确定性	Gausian 风力发电不确定性				Weibull 风力发电不确定性			
样本量	100	500	1000	2000	100	500	1000	2000
预期剩余	1.310	1.514	1.500	1.551	3.801	3.841	3.692	3.487
发电成本(MW)	11.534	11.504	11.807	11.667	18.742	18.906	18.923	18.806
13 路(MW)	$p_{13}^g=0.115$	$p_{13}^g=0.115$	$p_{13}^g=0.118$	$p_{13}^g=0.117$	$p_{13}^g=0.187$	$p_{13}^g=0.189$	$p_{13}^g=0.189$	$p_{13}^g=0.181$
(MV Ar)	$q_{13}^g=1.500$	$q_{13}^g=1.500$	$q_{13}^g=1.500$	$q_{13}^g=1.500$	$q_{13}^g=1.500$	$q_{13}^g=1.500$	$q_{13}^g=1.500$	$q_{13}^g=1.500$
17 路(MW)	$p_{17}^g=0.115$	$p_{17}^g=0.115$	$p_{17}^g=0.118$	$p_{17}^g=0.117$	$p_{17}^g=0.187$	$p_{17}^g=0.189$	$p_{17}^g=0.189$	$p_{17}^g=0.181$
(MV Ar)	$q_{17}^g=0.400$	$q_{17}^g=0.400$	$q_{17}^g=0.400$	$q_{17}^g=0.400$	$q_{17}^g=0.400$	$q_{17}^g=0.400$	$q_{17}^g=0.400$	$q_{17}^g=0.400$
19 路(MW)	$p_{19}^g=0.115$	$p_{19}^g=0.115$	$p_{19}^g=0.118$	$p_{19}^g=0.117$	$p_{19}^g=0.187$	$p_{19}^g=0.189$	$p_{19}^g=0.189$	$p_{19}^g=0.181$
(MV Ar)	$q_{19}^g=1.500$	$q_{19}^g=1.500$	$q_{19}^g=1.500$	$q_{19}^g=1.500$	$q_{19}^g=1.500$	$q_{19}^g=1.500$	$q_{19}^g=1.500$	$q_{19}^g=1.500$
23 路(MW)	$p_{23}^g=0.115$	$p_{23}^g=0.115$	$p_{23}^g=0.118$	$p_{23}^g=0.117$	$p_{23}^g=0.187$	$p_{23}^g=0.189$	$p_{23}^g=0.189$	$p_{23}^g=0.181$
(MV Ar)	$q_{23}^g=1.000$	$q_{23}^g=1.000$	$q_{23}^g=1.000$	$q_{23}^g=1.000$	$q_{23}^g=1.000$	$q_{23}^g=1.000$	$q_{23}^g=1.000$	$q_{23}^g=1.000$
24 路(MW)	$p_{24}^g=0.115$	$p_{24}^g=0.115$	$p_{24}^g=0.118$	$p_{24}^g=0.117$	$p_{24}^g=0.187$	$p_{24}^g=0.189$	$p_{24}^g=0.189$	$p_{24}^g=0.181$
(MV Ar)	$q_{24}^g=2.000$	$q_{24}^g=2.000$	$q_{24}^g=2.000$	$q_{24}^g=2.000$	$q_{24}^g=2.000$	$q_{24}^g=2.000$	$q_{24}^g=2.000$	$q_{24}^g=2.000$
时间(s)	10.278	18.773	20.925	18.909	9.944	10.064	34.614	34.946

从数值结果中我们观察到，随着样本量的增加，ϕ_{FB} 和 ϕ_{NR} 的收敛性是稳定的，例如，预期残差以及调度变量有明显的收敛趋势. 然而，正如从表中可以立即观察到的那样，即使平滑参数 $\mu = 10^{-4}$ 相当小，在某种意义上，ϕ_{NR} 也会产生更小和更好的预期残差. 另一个有趣的观察结果是，从时间消耗来看，使用 ϕ_{NR} 的 ERM 方案在计算上比使用 ϕ_{FB} 的情况长得多. 然而，这种现象对我们来说并不奇怪，因为正如在第二节开始时所提到的那样，与 ϕ_{FB} 相比，ϕ_{NR} 通常保存更多的信息互补结构.

7.5 本章小结

本章提出了随机二阶锥互补问题的期望残差极小化方法，给出了解存在性的一些性质，并给出了一种基于蒙特卡罗技术和一些平滑技术的近似方法。此外，还讨论了该方法在天然气生产和运输问题以及径向网络中的随机最优潮流问题等方面的应用。注意，我们可以使用有约束优化问题

$$\begin{aligned} &\min E_{\xi}[\|\boldsymbol{F}(\boldsymbol{x},\boldsymbol{y},\boldsymbol{z},\xi)\|^2] + \|\boldsymbol{\Phi}(\boldsymbol{x},\boldsymbol{y})\|^2 \\ &\text{s.t. } \boldsymbol{x} \in K,\ \boldsymbol{y} \in K \end{aligned}$$

作为一个新的 ERM 公式，而不是无约束公式。由于上述问题的可行域是凸的，且 Slater 的约束条件对其明显成立，因此可以将 7.2 节所示的收敛结果推广到这种情况。这种约束公式的一个优点是保证了近似解比无约束公式更好的可行性。但是，正如我们所知，约束优化问题通常比无约束优化问题更难解决。

第 8 章　随机二阶锥互补问题的期望值模型

本章应用自然残差互补函数 $\phi_{\mathrm{NR}}(\boldsymbol{x},\boldsymbol{y})$ 和二阶锥 Fischer-Burmeister 互补函数 $\phi_{\mathrm{FB}}(\boldsymbol{x},\boldsymbol{y})$ 建立了随机二阶锥互补问题的期望值模型，在 NNAMCQ 约束规范下，给出了期望值模型的误差界分析[221]. 借助光滑化技术和蒙特卡罗近似方法得到了期望值模型的近似问题，证明了近似问题的全局最优解序列和稳定点序列的收敛性，并且收敛速率可以达到指数收敛.

8.1　问题描述

考虑如下随机二阶锥互补问题：寻找向量 $\boldsymbol{x},\boldsymbol{y} \in \mathbf{R}^n$ 和 $\boldsymbol{z} \in \mathbf{R}^l$，使得

$$\boldsymbol{x} \in \mathcal{K}, \quad \boldsymbol{y} \in \mathcal{K}, \quad \langle \boldsymbol{x},\boldsymbol{y} \rangle = 0, \quad \boldsymbol{F}(\boldsymbol{x},\boldsymbol{y},\boldsymbol{z},\omega) = 0, \text{ a.e. } \omega \in \Omega, \tag{8.1}$$

其中，$\boldsymbol{F}(\boldsymbol{x},\boldsymbol{y},\boldsymbol{z},\omega): \mathbf{R}^n \times \mathbf{R}^n \times \mathbf{R}^l \times \Omega \to \mathbf{R}^n \times \mathbf{R}^l$ 是关于$(\boldsymbol{x},\boldsymbol{y},\boldsymbol{z})$ 连续可微、关于ω 连续可积的映射，Ω 是样本空间，ω 表示随机变量，" a.e." 是在基本概率测度下"almost every" 的简写，$\mathcal{K}$ 是有限个二阶锥的笛卡儿乘积，即

$$\mathcal{K} := \mathcal{K}^{n_1} \times \mathcal{K}^{n_2} \times \cdots \times \mathcal{K}^{n_l},$$

这里，$\mathcal{K}^{n_i} := \{(x_1,\boldsymbol{x}_2) \in \mathbf{R} \times \mathbf{R}^{n_i-1} \mid x_1 \geqslant \|\boldsymbol{x}_2\|\}, i = 1,\cdots,l; n_1 + n_2 + \cdots + n_l = n.$

由于随机变量的存在，随机二阶锥互补问题(8.1) 一般不会存在适合几乎所有情况的解. 因此，处理随机问题(8.1) 的一个可行的方法是构造一个确定性模型，由确定模型来产生一个与不确定情况有关的合理近似解. 在第 7 章，我们介绍了 Lin 等[196] 首先利用二阶锥互补函数 ϕ，将问题(8.1) 转化为下面的随机方程组

$$\begin{bmatrix} \Phi(\boldsymbol{x},\boldsymbol{y}) \\ \boldsymbol{F}(\boldsymbol{x},\boldsymbol{y},\boldsymbol{z},\omega) \end{bmatrix} = 0, \quad \text{a.e. } \omega \in \Omega,$$

这里，

$$\Phi(\boldsymbol{x},\boldsymbol{y}) := \begin{bmatrix} \phi(\boldsymbol{x}^1,\boldsymbol{y}^1) \\ \vdots \\ \phi(\boldsymbol{x}^m,\boldsymbol{y}^m) \end{bmatrix}, \tag{8.2}$$

其中，$\boldsymbol{x}:=(\boldsymbol{x}^1,\cdots,\boldsymbol{x}^m)\in\mathbf{R}^{n_1}\times\cdots\times\mathbf{R}^{n_m}$ 和 $\boldsymbol{y}:=(\boldsymbol{y}^1,\cdots,\boldsymbol{y}^m)\in\mathbf{R}^{n_1}\times\cdots\times\mathbf{R}^{n_m}$. 进而提出了问题(8.1) 的期望残差极小化模型

$$\min_{(\boldsymbol{x},\boldsymbol{y},\boldsymbol{z})}\ \mathbb{E}[\|\boldsymbol{F}(\boldsymbol{x},\boldsymbol{y},\boldsymbol{z},\omega)\|^2]+\|\boldsymbol{\Phi}(\boldsymbol{x},\boldsymbol{y})\|^2,\tag{8.3}$$

然后，结合蒙特卡罗技术对模型进行了近似求解.

对经典的随机互补问题：寻找向量 $\boldsymbol{x}$，使得

$$\boldsymbol{x}\geqslant 0,\quad G(\boldsymbol{x},\omega)\geqslant 0,\quad \langle \boldsymbol{x},G(\boldsymbol{x},\omega)\rangle=0,\quad \text{a.e. } \omega\in\boldsymbol{\Omega},$$

除了期望残差极小化确定性模型外，期望值模型也是处理随机互补问题的一种常见确定性模型，最早是由 Gürkan 等人在文献[103] 中提出，将 $G(\boldsymbol{x},\omega)$ 用它的期望$\mathbb{E}[G(\boldsymbol{x},\omega)]$ 代替，从而得到下面的期望值确定性模型：

$$\boldsymbol{x}\geqslant 0,\ \mathbb{E}[G(\boldsymbol{x},\omega)]\geqslant 0,\ \langle \boldsymbol{x},\mathbb{E}[G(\boldsymbol{x},\omega)]\rangle=0,$$

然后用 Sample-path 方法得到期望值模型的近似解.

受文献[103] 的启发，本章将 $F(\boldsymbol{x},\omega)$ 换成它的期望$\mathbb{E}[F(\boldsymbol{x},\omega)]$，考虑随机二阶锥互补问题(8.1) 的如下期望值确定性模型：寻找向量 $\boldsymbol{x},\boldsymbol{y}\in\mathbf{R}^n$ 和 $\boldsymbol{z}\in\mathbf{R}^l$，使得

$$\boldsymbol{x}\in\mathcal{K},\quad \boldsymbol{y}\in\mathcal{K},\quad \langle \boldsymbol{x},\boldsymbol{y}\rangle=0,\quad \mathbb{E}[\boldsymbol{F}(\boldsymbol{x},\boldsymbol{y},\boldsymbol{z},\omega)]=0.\tag{8.4}$$

借助二阶锥互补函数，模型(8.4) 等价于如下最优值为零的无约束极小化问题：

$$\min_{(\boldsymbol{x},\boldsymbol{y},\boldsymbol{z})}\ \Theta(\boldsymbol{x},\boldsymbol{y},\boldsymbol{z}):=\|\mathbb{E}[\boldsymbol{F}(\boldsymbol{x},\boldsymbol{y},\boldsymbol{z},\omega)]\|^2+\|\boldsymbol{\Phi}(\boldsymbol{x},\boldsymbol{y})\|^2,\tag{8.5}$$

其中，$\boldsymbol{\Phi}(\boldsymbol{x},\boldsymbol{y})$ 的形式同(8.2).

期望残差极小化模型(8.3) 实际是对随机方程组的残差函数加权平均后的极小化过程，因此它可以看成是最小二乘法在求解随机二阶锥互补问题(8.1) 上的一种应用. 所以，在理论和实际计算效果上，期望残差极小化模型(8.3) 比期望值模型(8.4) 应该会更具有优势. 但是，考虑到诸如随机设施选址、随机投资组合、带二阶锥约束的随机博弈等这样的实际二阶锥随机规划问题：

$$\begin{aligned}&\min\ \mathbb{E}[f(\boldsymbol{u},\omega)]\\&\text{s.t. } g(\boldsymbol{u})\leqslant 0,\ h(\boldsymbol{u})=0,\\&\qquad \boldsymbol{u}\in\mathcal{K},\end{aligned}$$

在满足期望和梯度可换的条件下，其 KKT 条件就是期望值模型(8.4) 的形式，因此对期望值模型(8.4) 的理论和算法做深入研究是很有意义的.

目前，人们对随机二阶锥互补问题的期望值模型的研究才刚刚开始. 2017 年，Luo 等对期望值模型(8.4) 进行了研究，利用样本平均近似方法得到了期望值模型的近似问题，并考虑了近似问题全局最优解或稳定点的收敛性[197]. 但文中并没有考虑期望值模型(8.4) 本身

诸如误差界分析等理论性质和模型在解决实际问题上的应用. 虽然给出了近似问题全局最优解或稳定点的收敛性分析, 但并未考虑其收敛速度.

鉴于期望值模型(8.4) 可作为二阶锥随机规划的 KKT 系统这一应用背景, 同时作为对以上文献的补充, 本章继续研究期望值模型(8.4) 的相关理论和算法. 首先给出了期望值模型(8.4) 的局部误差界分析, 利用二阶锥互补函数 $\phi_{\mathrm{NR}}(\boldsymbol{x},\boldsymbol{y})$ 和 $\phi_{\mathrm{FB}}(\boldsymbol{x},\boldsymbol{y})$, 构建无约束优化问题(8.5). 将 $F(\boldsymbol{x},\omega)$ 换成它的期望 $\mathbb{E}[F(\boldsymbol{x},\omega)]$ 是处理随机问题最自然的想法, 但难点是期望并不好计算, 另一困难是互补函数 $\phi_{\mathrm{NR}}(\boldsymbol{x},\boldsymbol{y})$ 的不光滑性, 因此接下来借助蒙特卡罗方法和光滑化技术产生一系列近似问题来近似求解问题(8.5), 证明了近似问题的全局最优解序列和稳定点序列会依概率 1 收敛到无约束优化问题(8.5) 的全局最优解和稳定点. 除此之外, 还证明了收敛速度可以达到指数收敛.

假设 $\boldsymbol{F}:\mathbf{R}^n\times\mathbf{R}^n\times\mathbf{R}^l\times\Omega\to\mathbf{R}^n\times\mathbf{R}^l$ 关于 $(\boldsymbol{x},\boldsymbol{y},\boldsymbol{z})$ 二次连续可微、关于 ω 连续可积在本章始终成立.

8.2　期望值模型的误差界分析

这一节主要探讨期望值模型(8.4) 具有局部误差界的条件. 为此, 首先将式(8.1) 重新等价写成如下约束系统:

$$\mathbb{E}[\boldsymbol{F}(\boldsymbol{x},\boldsymbol{y},\boldsymbol{z},\omega)]=0,\quad(\boldsymbol{x}^i,\boldsymbol{y}^i)\in\Lambda_i,\quad i=1,\cdots,m,$$

其中, $\Lambda_i\subseteq\mathbf{R}^{2n_i}(i=1,\cdots,m)$ 为二阶锥互补系统, 定义为

$$\Lambda_i=\left\{(\boldsymbol{u},\boldsymbol{v})\mid\boldsymbol{u}\in\mathcal{K}^{n_i},\boldsymbol{v}\in\mathcal{K}^{n_i},\langle\boldsymbol{u},\boldsymbol{v}\rangle=0\right\}=\left\{(\boldsymbol{u},\boldsymbol{v})\mid-\boldsymbol{v}\in\mathcal{N}_{K^{n_i}}(\boldsymbol{u})\right\}.$$

记 $\boldsymbol{x}:=(\boldsymbol{x}^1,\cdots,\boldsymbol{x}^m)\in\mathbf{R}^{n_1}\times\cdots\times\mathbf{R}^{n_m}$ 和 $\boldsymbol{y}:=(\boldsymbol{y}^1,\cdots,\boldsymbol{y}^m)\in\mathbf{R}^{n_1}\times\cdots\times\mathbf{R}^{n_m}$. 考虑上面约束系统的参数扰动系统

$$\mathbb{E}[\boldsymbol{F}(\boldsymbol{x},\boldsymbol{y},\boldsymbol{z},\omega)]+\boldsymbol{r}=0,\quad(\boldsymbol{x}^i,\boldsymbol{y}^i)+\boldsymbol{p}_i\in\Lambda_i,\quad i=1,\cdots,m,\tag{8.6}$$

其中, 扰动参数为 $\boldsymbol{r}\in\mathbf{R}^{n+l}$ 和 $\boldsymbol{p}_i\in\Lambda_i(i=1,\cdots,m)$. 特别地, 我们假设期望值模型存在最优解 $(\boldsymbol{x}^*,\boldsymbol{y}^*,\boldsymbol{z}^*)$, 并用 $S(\boldsymbol{r},\boldsymbol{p})$ 表示参数扰动系统(8.6) 的解集.

定义 8.1　称期望值模型(8.4) 在 $(\boldsymbol{x}^*,\boldsymbol{y}^*,\boldsymbol{z}^*)$ 处具有局部误差界, 如果存在 $\mu,\varepsilon>0$, 使得对任意 $(\boldsymbol{r},\boldsymbol{p})\in\varepsilon\mathbb{B}$ 和任意 $(\boldsymbol{x},\boldsymbol{y},\boldsymbol{z})\in S(r,p)\cap\mathbb{B}_\varepsilon(\boldsymbol{x}^*,\boldsymbol{y}^*,\boldsymbol{z}^*)$, 有

$$\mathrm{dist}((\boldsymbol{x},\boldsymbol{y},\boldsymbol{z}),S(0,0))\leqslant\mu\|(\boldsymbol{r},\boldsymbol{p})\|.$$

根据文献[222], 期望值模型(8.4) 在 $(\boldsymbol{x}^*,\boldsymbol{y}^*,\boldsymbol{z}^*)$ 处具有局部误差界当且仅当解集映射 $S:\mathbf{R}^{n+l}\times\mathbf{R}^{2n}\rightrightarrows\mathbf{R}^{2n+l}$ 在 $(0,0,\boldsymbol{x}^*,\boldsymbol{y}^*,\boldsymbol{z}^*)$ 处是平稳的或是在 $(0,0,\boldsymbol{x}^*,\boldsymbol{y}^*,\boldsymbol{z}^*)$ 处满足上半 Lipschitz 连续性. 这意味着, 如果 S 在 $(0,0,\boldsymbol{x}^*,\boldsymbol{y}^*,\boldsymbol{z}^*)$ 处是伪 Lipschitz 连续或者在 $(0,0)$

处是上半 Lipschitz 连续，那么期望值模型(8.4) 在$(\boldsymbol{x}^*,\boldsymbol{y}^*,\boldsymbol{z}^*)$处具有局部误差界.

接下来，我们假设$\boldsymbol{F}(\boldsymbol{x},\boldsymbol{y},\boldsymbol{z},\omega)$前面关于$\omega$取期望运算和关于$(\boldsymbol{x},\boldsymbol{y},\boldsymbol{z})$求梯度运算满足可换性. 做这样的假设一方面是为了后面表达式形式好看，另一方面在合适的有界性约束下很容易保证期望和梯度的可交换性. 值得一提的是，下面给出的结论即使没有可换性的假设，结论也依然成立.

定义 8.2 称期望值模型(8.4) 在$(\boldsymbol{x}^*,\boldsymbol{y}^*,\boldsymbol{z}^*)$处不存在非零反常乘子约束规范(No Nonzero Abnormal Multiplier Constraint Qualification, NNAMCQ) 成立，如果不存在非零的向量$(\boldsymbol{\lambda}^F,\boldsymbol{\lambda}^x,\boldsymbol{\lambda}^y)$，其中

$$(\boldsymbol{\lambda}^x,\boldsymbol{\lambda}^y)\in\mathcal{N}_{\Lambda_1}(\boldsymbol{x}^{*,1},\boldsymbol{y}^{*,1})\times\cdots\times\mathcal{N}_{\Lambda_m}(\boldsymbol{x}^{*,m},\boldsymbol{y}^{*,m}),$$

使得

$$\begin{cases}\mathbb{E}[\nabla_x F(\boldsymbol{x}^*,\boldsymbol{y}^*,\boldsymbol{z}^*,\omega)]\boldsymbol{\lambda}^F+\boldsymbol{\lambda}^x=0,\\ \mathbb{E}[\nabla_y F(\boldsymbol{x}^*,\boldsymbol{y}^*,\boldsymbol{z}^*,\omega)]\boldsymbol{\lambda}^F+\boldsymbol{\lambda}^y=0,\\ \mathbb{E}[\nabla_z F(\boldsymbol{x}^*,\boldsymbol{y}^*,\boldsymbol{z}^*,\omega)]\boldsymbol{\lambda}^F=0,\end{cases}$$

受文献[223] 的启发，下面证明 NNAMCQ 成立可以保证期望值模型(8.4) 具有局部误差界.

定理 8.3 假设期望值模型(8.4) 在解$(\boldsymbol{x}^*,\boldsymbol{y}^*,\boldsymbol{z}^*)$处的 NNAMCQ 成立，那么在$(0,0,\boldsymbol{x}^*,\boldsymbol{y}^*,\boldsymbol{z}^*)$处$S$是伪 Lipschitz 连续的，因而期望值模型(8.4) 在$(\boldsymbol{x}^*,\boldsymbol{y}^*,\boldsymbol{z}^*)$处具有局部误差界.

证明 根据文献[224] 中的 Mordukhovich 准则，只需要证明

$$D^*S(0,0,\boldsymbol{x}^*,\boldsymbol{y}^*,\boldsymbol{z}^*)(0,0,0)=\{(0,0)\}.$$

事实上，设$(\boldsymbol{\gamma},\boldsymbol{\eta})\in D^*S(0,0,\boldsymbol{x}^*,\boldsymbol{y}^*,\boldsymbol{z}^*)(0,0,0)$，这里$\boldsymbol{\gamma}\in\mathbf{R}^{n+l}$和$\boldsymbol{\eta}\in\mathcal{K}\times\mathcal{K}$. 根据文献[225] 中伴同导数概念，有

$$(\boldsymbol{\gamma},\boldsymbol{\eta},0,0,0)\in\mathcal{N}_{\mathrm{gphS}}(0,0,\boldsymbol{x}^*,\boldsymbol{y}^*,\boldsymbol{z}^*).$$

利用极限法锥的定义，序列$\{(\boldsymbol{r}^k,\boldsymbol{p}^k,\boldsymbol{x}^k,\boldsymbol{y}^k,\boldsymbol{z}^k)\}$和$\{(\boldsymbol{\gamma}^k,\boldsymbol{\eta}^k,\boldsymbol{\alpha}^k,\boldsymbol{\beta}^k,\boldsymbol{\tau}^k)\}$分别收敛到$(0,0,\boldsymbol{x}^*,\boldsymbol{y}^*,\boldsymbol{z}^*)$和$(\boldsymbol{\gamma},\boldsymbol{\eta},0,0,0)$，且

$$(\boldsymbol{\gamma}^k,\boldsymbol{\eta}^k,\boldsymbol{\alpha}^k,\boldsymbol{\beta}^k,\boldsymbol{\tau}^k)\in\mathcal{N}^{\pi}_{\mathrm{gph}S}(\boldsymbol{r}^k,\boldsymbol{p}^k,\boldsymbol{x}^k,\boldsymbol{y}^k,\boldsymbol{z}^k).$$

再根据邻近法锥的概念，对每一个k，存在$M_k>0$，对任意$(\boldsymbol{r},\boldsymbol{p},\boldsymbol{x},\boldsymbol{y},\boldsymbol{z})\in\mathrm{gph}S$，有

$$\begin{aligned}&\langle(\boldsymbol{\gamma}^k,\boldsymbol{\eta}^k,\boldsymbol{\alpha}^k,\boldsymbol{\beta}^k,\boldsymbol{\tau}^k),(\boldsymbol{r}-\boldsymbol{r}^k,\boldsymbol{p}-\boldsymbol{p}^k,\boldsymbol{x}-\boldsymbol{x}^k,\boldsymbol{y}-\boldsymbol{y}^k,\boldsymbol{z}-\boldsymbol{z}^k)\rangle\\ &\leqslant M_k\|(\boldsymbol{r}-\boldsymbol{r}^k,\boldsymbol{p}-\boldsymbol{p}^k,\boldsymbol{x}-\boldsymbol{x}^k,\boldsymbol{y}-\boldsymbol{y}^k,\boldsymbol{z}-\boldsymbol{z}^k)\|^2.\end{aligned}$$

从而，可以看出$(\boldsymbol{r}^k,\boldsymbol{p}^k,\boldsymbol{x}^k,\boldsymbol{y}^k,\boldsymbol{z}^k)$是下面优化问题的唯一解：

$$\min_{(r,p,x,y,z)} \quad M_k \|(\boldsymbol{r}-\boldsymbol{r}^k,\ \boldsymbol{p}-\boldsymbol{p}^k, \boldsymbol{x}-\boldsymbol{x}^k, \boldsymbol{y}-\boldsymbol{y}^k, z-z^k)\|^2$$

$$-\langle(\boldsymbol{\gamma}^k, \boldsymbol{\eta}^k, \boldsymbol{\alpha}^k, \boldsymbol{\beta}^k, \boldsymbol{\tau}^k), (\boldsymbol{r}-\boldsymbol{r}^k,\ \boldsymbol{p}-\boldsymbol{p}^k, \boldsymbol{x}-\boldsymbol{x}^k, \boldsymbol{y}-\boldsymbol{y}^k, z-z^k)\rangle$$

$$\text{s.t. } \mathbb{E}[\boldsymbol{F}(\boldsymbol{x},\boldsymbol{y},z,\omega)] + \boldsymbol{r} = 0,$$

$$(\boldsymbol{x}^i, \boldsymbol{y}^i) + \boldsymbol{p}^i \in \Lambda_i,\ i = 1, \cdots, m.$$

记 $\boldsymbol{x}^k := (\boldsymbol{x}^{k,1}, \cdots, \boldsymbol{x}^{k,m}) \in \mathbf{R}^{n_1} \times \cdots \times \mathbf{R}^{n_m}$ 和 $\boldsymbol{y}^k := (\boldsymbol{y}^{k,1}, \cdots, \boldsymbol{y}^{k,m}) \in \mathbf{R}^{n_1} \times \cdots \times \mathbf{R}^{n_m}$. 对每一个 k, 为了证明上面问题在 $(\boldsymbol{r}^k, \boldsymbol{p}^k, \boldsymbol{x}^k, \boldsymbol{y}^k, z^k)$ 处的 NNAMCQ 约束规范成立，只需要说明下面的系统

$$\begin{cases} \boldsymbol{\lambda}^F = 0,\ (\boldsymbol{\lambda}^x,\ \boldsymbol{\lambda}^y) = 0 \\ \mathbb{E}[\nabla_x \boldsymbol{F}(\boldsymbol{x}^k,\ \boldsymbol{y}^k,\ z^k,\ \omega)]\boldsymbol{\lambda}^F + \boldsymbol{\lambda}^x = 0 \\ \mathbb{E}[\nabla_y \boldsymbol{F}(\boldsymbol{x}^k,\ \boldsymbol{y}^k,\ z^k,\ \omega)]\boldsymbol{\lambda}^F + \boldsymbol{\lambda}^y = 0 \\ \mathbb{E}[\nabla_z \boldsymbol{F}(\boldsymbol{x}^k,\ \boldsymbol{y}^k,\ z^k,\ \omega)]\boldsymbol{\lambda}^F = 0 \\ (\boldsymbol{\lambda}^x, \boldsymbol{\lambda}^y) \in \mathcal{N}_{\Lambda_1}((\boldsymbol{x}^{k,1},\ \boldsymbol{y}^{k,1}) + \boldsymbol{p}^{k,1}) \times \cdots \times \mathcal{N}_{\Lambda_m}((\boldsymbol{x}^{k,m},\ \boldsymbol{y}^{k,m}) + \boldsymbol{p}^{k,m}), \end{cases}$$

仅在 $(\boldsymbol{\lambda}^F, \boldsymbol{\lambda}^x, \boldsymbol{\lambda}^y) = (0,0,0)$ 处成立. 为此，考察上面的优化问题在 $(\boldsymbol{r}^k, \boldsymbol{p}^k, \boldsymbol{x}^k, \boldsymbol{y}^k, z^k)$ 处的 KKT 条件，存在 Lagrangian 乘子 $\bar{\gamma}^k$ 和 $\bar{\eta}^k$，使得

$$\begin{cases} -\gamma^k + \bar{\gamma}^k = 0, \\ -\eta^k + \bar{\eta}^k = 0, \\ -(\alpha^k,\ \beta^k) + \mathbb{E}[\nabla_{x_i} F(\boldsymbol{x}^k,\ \boldsymbol{y}^k,\ z^k,\ \omega)]\bar{\boldsymbol{\gamma}}^k + \bar{\eta}^k = 0, \\ -\boldsymbol{\tau}^k + \mathbb{E}[\nabla_z F(\boldsymbol{x}^k,\ \boldsymbol{y}^k,\ z^k,\ \omega)]\bar{\boldsymbol{\gamma}}^k = 0, \\ \bar{\eta}^k \in \mathcal{N}_{\Lambda_1}((\boldsymbol{x}^{k,1},\ \boldsymbol{y}^{k,1}) + \boldsymbol{p}^{k,1}) \times \cdots \times \mathcal{N}_{\Lambda_m}((\boldsymbol{x}^{k,m},\ \boldsymbol{y}^{k,m}) + \boldsymbol{p}^{k,m}). \end{cases}$$

对上面系统取极限，注意到 F 的连续可微性及 $\gamma^k = \bar{\gamma}^k$ 和 $\eta^k = \bar{\eta}^k$，有

$$\begin{cases} \mathbb{E}[\nabla_{(x,y)} \boldsymbol{F}(\boldsymbol{x}^*,\ \boldsymbol{y}^*,\ z^*,\ \omega)]\gamma + \eta = 0 \\ \mathbb{E}[\nabla_z \boldsymbol{F}(\boldsymbol{x}^*,\ \boldsymbol{y}^*,\ z^*,\ \omega)]\gamma = 0, \\ \eta \in \mathcal{N}_{\Lambda_1}(\boldsymbol{x}^{*,1},\ \boldsymbol{y}^{*,1}) \times \cdots \times \mathcal{N}_{\Lambda_m}(\boldsymbol{x}^{*,m},\ \boldsymbol{y}^{*,m}). \end{cases}$$

根据定理对约束规范的假设，可以得到 $(\gamma, \eta) = (0,0)$，因此 S 在 $(0,0,\boldsymbol{x}^*, \boldsymbol{y}^*, z^*)$ 处是伪 Lipschitz 连续的，证毕.

定理 8.3 表明，若 NNANCQ 成立，就能说明期望值模型 (8.4) 具有局部误差界. 然而 NNANCQ 是否成立有时候并不容易验证，尤其是当 $\boldsymbol{F}(\boldsymbol{x},\boldsymbol{y},z,\omega)$ 的表达式特别复杂的时候. 为此，回顾多面体多元函数. 如果一个集值映射的图是有限多个多面体凸集的并集，则称它

为多面体多元函数. 文献[226] 指出, 多面体多元函数一定是上半 Lipschitz 连续的, 因此也是平稳的, 这等价说明期望值模型(8.4) 存在局部误差界. 下面借助多面体多元函数, 给出容易验证的局部误差界存在的充分条件.

定理 8.4 假设 $\boldsymbol{F}(\boldsymbol{x},\boldsymbol{y},\boldsymbol{z},\omega)$ 关于 $(\boldsymbol{x},\boldsymbol{y},\boldsymbol{z})$ 是仿射函数, $\boldsymbol{F}(\boldsymbol{x},\boldsymbol{y},\boldsymbol{z},\omega)$ 关于 ω 连续可积, 且 $n_i \leqslant 2, i=1,2,\cdots,l$. 那么解集 S 在 $(0,0)$ 处是上半 Lipschitz 连续的, 因而期望值模型(8.4) 在任意解 $(\boldsymbol{x}^*,\boldsymbol{y}^*,\boldsymbol{z}^*)$ 处具有局部误差界.

证明 根据定理假设, 可知 $\mathbb{E}[\boldsymbol{F}(\boldsymbol{x},\boldsymbol{y},\boldsymbol{z},\omega)]$ 是仿射函数. 注意到每个二阶锥 $\mathcal{K}^{n_i}$ 实际上是一个多面体, 因此每个互补系统 Λ_i 也是多面体. 不难验证集值映射 S 的图是有限多个多面体凸集的并集, 故 S 是一个多面体多元函数. 利用文献[226] 性质 1, 即可证得 S 在 $(0,0)$ 处上半 Lipschitz 连续. 证毕.

8.3 期望值模型的蒙特卡罗近似

为了近似求解期望值模型, 需要研究近似求解无约束优化问题(8.5) 的方法. 正如前面提到的, 这里主要有两个困难: 一个是问题里面含有数学期望, 另一个是互补函数 ϕ_{NR} 的非光滑性. 在这里, 我们依然采用前面介绍的蒙特卡罗近似方法处理数学期望. 回顾前面介绍的蒙特卡罗近似方法, 对一个可积函数 $\varphi: \Omega \to \mathbf{R}$, 其蒙特卡罗样本估计近似为

$$\mathbb{E}[\varphi(\omega)] \approx \frac{1}{N_k} \sum_{\omega^i \in \Omega_k} \phi(\omega^i),$$

其中, $\Omega_k := \{\omega^i \mid i=1,2,\cdots,N_k\} \subseteq \Omega$ 为独立同分布的随机样本. 假设随着 k 的增大 N_k 趋于无穷大, 强大数定律保证这个过程依概率 1(以下简记为 "w.p.1") 收敛, 即

$$\lim_{k\to\infty} \frac{1}{N_k} \sum_{\omega^i \in \Omega_k} \varphi(\omega^i) = \mathbb{E}[\varphi(\omega)], \quad \text{w.p.1.} \tag{8.7}$$

当(8.2) 中的互补函数 ϕ 分别取 ϕ_{NR} 和 ϕ_{FB} 时, 无约束优化问题(8.5) 则分别形成如下两个优化问题:

$$\min_{(\boldsymbol{x},\boldsymbol{y},\boldsymbol{z})} \Theta_{\mathrm{NR}}(\boldsymbol{x},\boldsymbol{y},\boldsymbol{z}) := \|\mathbb{E}[\boldsymbol{F}(\boldsymbol{x},\boldsymbol{y},\boldsymbol{z},\omega)]\|^2 + \|\boldsymbol{\Phi}_{\mathrm{NR}}(\boldsymbol{x},\boldsymbol{y})\|^2 \tag{8.8}$$

和

$$\min_{(\boldsymbol{x},\boldsymbol{y},\boldsymbol{z})} \Theta_{\mathrm{FB}}(\boldsymbol{x},\boldsymbol{y},\boldsymbol{z}) := \|\mathbb{E}[\boldsymbol{F}(\boldsymbol{x},\boldsymbol{y},\boldsymbol{z},\omega)]\|^2 + \|\boldsymbol{\Phi}_{\mathrm{FB}}(\boldsymbol{x},\boldsymbol{y})\|^2. \tag{8.9}$$

为了方便后面的讨论, 借助第二章介绍的谱分解定理, 给出二阶锥 $\mathcal{K}^\nu$ 上的互补函数 $\phi_{\mathrm{NR}}(\boldsymbol{s},\boldsymbol{t})$ 和 $\phi_{\mathrm{FB}}(\boldsymbol{s},\boldsymbol{t})$ 的具体表达式. 首先介绍自然残差函数 $\phi_{\mathrm{NR}}(\boldsymbol{s},\boldsymbol{t})$ 的解析式

$$\phi_{\mathrm{NR}}(\boldsymbol{s},\boldsymbol{t}) = \boldsymbol{s} - [\boldsymbol{s}-\boldsymbol{t}]_+ = \boldsymbol{s} - ([\lambda_1]_+ \boldsymbol{u}^1 + [\lambda_2]_+ \boldsymbol{u}^2),$$

其中，$\{\lambda_1,\lambda_2\}$ 和 $\{\boldsymbol{u}^1,\boldsymbol{u}^2\}$ 分别为向量 $\boldsymbol{s}-\boldsymbol{t}$ 的特征值和相应的特征向量. 具体地，对 $i=1,2$，有

$$\lambda_i := s_1 - t_1 + (-1)^i \|\boldsymbol{s}_2 - \boldsymbol{t}_2\|, \tag{8.10}$$

$$\boldsymbol{u}^i := \begin{cases} \dfrac{1}{2}\left(1,\ (-1)^i \dfrac{\boldsymbol{s}_2 - \boldsymbol{t}_2}{\|\boldsymbol{s}_2 - \boldsymbol{t}_2\|}\right), & 当\ \boldsymbol{s}_2 \neq \boldsymbol{t}_2\ 时, \\ \dfrac{1}{2}\left(1,\ (-1)^i \boldsymbol{w}\right), & 当\ \boldsymbol{s}_2 = \boldsymbol{t}_2\ 时. \end{cases} \tag{8.11}$$

FB 互补函数 $\phi_{\mathrm{FB}}(\boldsymbol{s},\ \boldsymbol{t})$ 的解析表达式为

$$\phi_{\mathrm{FB}}(\boldsymbol{s},\ \boldsymbol{t}) = \boldsymbol{s} + \boldsymbol{t} - (\boldsymbol{s}^2 + \boldsymbol{t}^2)^{1/2} = \boldsymbol{s} + \boldsymbol{t} - \left(\sqrt{\lambda_1}\boldsymbol{u}^1 + \sqrt{\lambda_2}\boldsymbol{u}^2\right),$$

其中，$\{\lambda_1,\lambda_2\}$ 和 $\{\boldsymbol{u}^1,\boldsymbol{u}^2\}$ 分别为向量 $\boldsymbol{s}^2+\boldsymbol{t}^2$ 的特征值和相应的特征向量. 具体地，对 $i=1,2$，有

$$\lambda_i := \|\boldsymbol{s}\|^2 + \|\boldsymbol{t}\|^2 + 2(-1)^i \|s_1\boldsymbol{s}_2 + t_1\boldsymbol{t}_2\|,$$

$$\boldsymbol{u}^i := \begin{cases} \dfrac{1}{2}\left(1,\ (-1)^i \dfrac{s_1\boldsymbol{s}_2 + t_1\boldsymbol{t}_2}{\|s_1\boldsymbol{s}_2 + t_1\boldsymbol{t}_2\|}\right), & 当\ s_1\boldsymbol{s}_2 + t_1\boldsymbol{t}_2 \neq 0\ 时, \\ \dfrac{1}{2}\left(1,\ (-1)^i \boldsymbol{w}\right), & 当\ s_1\boldsymbol{s}_2 + t_1\boldsymbol{t}_2 = 0\ 时, \end{cases}$$

这里，$\boldsymbol{w} \in \mathbf{R}^{\nu-1}$ 且 $\|\boldsymbol{w}\| = 1$.

虽然 ϕ_{FB} 是不光滑的，但是其平方之后 $\|\phi_{\mathrm{FB}}\|^2$ 却是光滑的. 然而 ϕ_{NR} 及其平方 $\|\phi_{\mathrm{NR}}\|^2$ 都不是光滑的. 因此我们首先采用文献[55] 提出的光滑化函数对 ϕ_{NR} 进行光滑. 给定常数 $\mu > 0$，令

$$\phi_{\mathrm{NR}}^{\mu}(\boldsymbol{s},\ \boldsymbol{t}) := \boldsymbol{s} - \mu\left(g\left(\frac{\lambda_1}{\mu}\right)\boldsymbol{u}^1 + g\left(\frac{\lambda_2}{\mu}\right)\boldsymbol{u}^2\right),$$

其中，$g(a) := \dfrac{\sqrt{a^2+4}+a}{2}$，$\{\lambda_1,\lambda_2\}$ 和 $\{\boldsymbol{u}^1,\boldsymbol{u}^2\}$ 分别同式(8.10) 和式(8.11).

文献[55] 证明了，对任意 $(\boldsymbol{s},\ \boldsymbol{t}) \in \mathbf{R}^{2\nu}$，有

$$\lim_{\mu\to 0+}\phi_{\mathrm{NR}}^{\mu}(\boldsymbol{s},\ \boldsymbol{t}) = \phi_{\mathrm{NR}}(\boldsymbol{s},\ \boldsymbol{t}).$$

因此，ϕ_{NR}^{μ} 可以作为 ϕ_{NR} 的光滑函数，而且

$$\nabla\phi_{\mathrm{NR}}^{\mu}(\boldsymbol{s},\ \boldsymbol{t}) = \begin{bmatrix} \boldsymbol{I} - \boldsymbol{M}_{\mu}(\boldsymbol{s},\ \boldsymbol{t}) \\ \boldsymbol{M}_{\mu}(\boldsymbol{s},\ \boldsymbol{t}) \end{bmatrix},$$

其中，

$$
M_\mu(s,t):=\begin{cases} a_\mu(s,t)I, & \text{当 } s_2-t_2=0 \text{ 时}, \\ \begin{bmatrix} b_\mu(s,t) & \dfrac{d_\mu(s,t)(s_2-t_2)^{\mathrm T}}{\|s_2-t_2\|} \\ \dfrac{d_\mu(s,t)(s_2-t_2)}{\|s_2-t_2\|} & \dfrac{(b_\mu(s,t)-c_\mu(s,t))(s_2-t_2)(s_2-t_2)^{\mathrm T}}{\|s_2-t_2\|^2}+c_\mu(s,t)I \end{bmatrix}, & \text{当 } s_2-t_2\neq 0 \text{ 时}. \end{cases}
$$

对任意 $s=(s_1,s_2)\in\mathbf{R}\times\mathbf{R}^{\nu-1}$ 和 $t=(t_1,t_2)\in\mathbf{R}\times\mathbf{R}^{\nu-1}$，有

$$
a_\mu(s,t):=g'\left(\frac{s_1-t_1}{\mu}\right), \tag{8.12}
$$

$$
b_\mu(s,t):=\frac{1}{2}\left(g'\left(\frac{\lambda_2}{\mu}\right)+g'\left(\frac{\lambda_1}{\mu}\right)\right), \tag{8.13}
$$

$$
c_\mu(s,t):=\frac{g\left(\dfrac{\lambda_2}{\mu}\right)-g\left(\dfrac{\lambda_1}{\mu}\right)}{\dfrac{\lambda_2}{\mu}-\dfrac{\lambda_1}{\mu}}, \tag{8.14}
$$

$$
d_\mu(s,t):=\frac{1}{2}\left(g'\left(\frac{\lambda_2}{\mu}\right)-g'\left(\frac{\lambda_1}{\mu}\right)\right). \tag{8.15}
$$

另外，根据文献[55]中性质5的证明，不难验证，存在一正数 C，使得对任意的 $(s,t)\in\mathbf{R}^{2\nu}$，有

$$
\|\phi_{\mathrm{NR}}^{\mu}(s,t)-\phi_{\mathrm{NR}}(s,t)\|\leq C\mu. \tag{8.16}
$$

选取光滑参数 $\mu_k>0$ 及 Ω 上的独立同分布的随机样本 $\Omega_k:=\{\omega^1,\cdots,\omega^{N_k}\}$，则优化问题(8.8)和(8.9)相应的近似问题分别为

$$
\min_{(x,y,z)}\ \Theta_{\mathrm{NR}}^{k}(x,y,z):=\left\|\frac{1}{N_k}\sum_{\omega^i\in\Omega_k}F(x,y,z,\omega^i)\right\|^2+\|\Phi_{\mathrm{NR}}(x,y)\|^2 \tag{8.17}
$$

和

$$
\min_{(x,y,z)}\ \Theta_{\mathrm{FB}}^{k}(x,y,z):=\left\|\frac{1}{N_k}\sum_{\omega^i\in\Omega_k}F(x,y,z,\omega^i)\right\|^2+\|\Phi_{\mathrm{FB}}(x,y)\|^2. \tag{8.18}
$$

这里，假设当 $k\to\infty$ 时，$\mu_k\to 0+$.

那么近似问题(8.17)或(8.18)的解是否收敛于原问题(8.8)和(8.9)的解呢？

8.4 蒙特卡罗近似问题全局最优解和稳定点的收敛性

下面讨论蒙特卡罗近似问题(8.17)或(8.18)解的全局收敛性结果.

定理 8.5　假设对每一个 k，$(\boldsymbol{x}^k,\boldsymbol{y}^k,\boldsymbol{z}^k)$ 是近似问题(8.17) 或(8.18) 的一个全局最优解，$(\bar{\boldsymbol{x}},\bar{\boldsymbol{y}},\bar{\boldsymbol{z}})$ 是序列$\{(\boldsymbol{x}^k,\boldsymbol{y}^k,\boldsymbol{z}^k)\}$ 的一个聚点，那么，$(\bar{\boldsymbol{x}},\bar{\boldsymbol{y}},\bar{\boldsymbol{z}})$ 是极小化问题(8.8) 或(8.9) 的一个全局最优解依概率 1 成立.

证明　首先证明互补函数为 ϕ_{NR} 时的情况. 不失一般性，假设整个序列$\{(\boldsymbol{x}^k,\boldsymbol{y}^k,\boldsymbol{z}^k)\}$ 收敛到点$(\bar{\boldsymbol{x}},\bar{\boldsymbol{y}},\bar{\boldsymbol{z}})$，即$\lim\limits_{k\to\infty}(\boldsymbol{x}^k,\boldsymbol{y}^k,\boldsymbol{z}^k)=(\bar{\boldsymbol{x}},\bar{\boldsymbol{y}},\bar{\boldsymbol{z}})$. 令 B 是一包含整个序列$\{(\boldsymbol{x}^k,\boldsymbol{y}^k,\boldsymbol{z}^k)\}$ 的紧凸集. 根据 $\boldsymbol{F}$ 和$\nabla_{(x,y,z)}\boldsymbol{F}$ 在紧集 $B\times\Omega$ 上连续知，存在一常数 $\bar{C}>0$，使得

$$\|\boldsymbol{F}(\boldsymbol{x},\boldsymbol{y},\boldsymbol{z},\xi)\|\leqslant\bar{C},\ \|\nabla_{(x,y,z)}\boldsymbol{F}(\boldsymbol{x},\boldsymbol{y},\boldsymbol{z},\xi)\|_{\mathcal{F}}\leqslant\bar{C},\ \forall(\boldsymbol{x},\boldsymbol{y},\boldsymbol{z},\xi)\in B\times\Omega. \tag{8.19}$$

因此，只需证明，对任意$(\boldsymbol{x},\boldsymbol{y},\boldsymbol{z})$，下式依概率 1 成立：

$$\|\mathbb{E}[\boldsymbol{F}(\bar{\boldsymbol{x}},\bar{\boldsymbol{y}},\bar{\boldsymbol{z}},\xi)]\|^2+\|\boldsymbol{\Phi}_{\mathrm{NR}}(\bar{\boldsymbol{x}},\bar{\boldsymbol{y}})\|^2\leqslant\|\mathbb{E}[\boldsymbol{F}(\boldsymbol{x},\boldsymbol{y},\boldsymbol{z},\xi)]\|^2+\|\boldsymbol{\Phi}_{\mathrm{NR}}(\boldsymbol{x},\boldsymbol{y})\|^2. \tag{8.20}$$

事实上，对每一个 k，由于$(\boldsymbol{x}^k,\boldsymbol{y}^k,\boldsymbol{z}^k)$ 是近似问题(8.17) 的最优解，因此对任意$(\boldsymbol{x},\boldsymbol{y},\boldsymbol{z})$，有

$$\begin{aligned}&\left\|\frac{1}{N_k}\sum_{\omega^i\in\Omega_k}\boldsymbol{F}(\boldsymbol{x}^k,\boldsymbol{y}^k,\boldsymbol{z}^k,\omega^i)\right\|^2+\|\boldsymbol{\Phi}_{\mathrm{NR}}^{\mu_k}(\boldsymbol{x}^k,\boldsymbol{y}^k)\|^2\\ \leqslant&\left\|\frac{1}{N_k}\sum_{\omega^i\in\Omega_k}\boldsymbol{F}(\boldsymbol{x},\boldsymbol{y},\boldsymbol{z},\omega^i)\right\|^2+\|\boldsymbol{\Phi}_{\mathrm{NR}}^{\mu_k}(\boldsymbol{x},\boldsymbol{y})\|^2.\end{aligned} \tag{8.21}$$

注意到

$$\begin{aligned}&\left\|\frac{1}{N_k}\sum_{\omega^i\in\Omega_k}\boldsymbol{F}(\boldsymbol{x}^k,\boldsymbol{y}^k,\boldsymbol{z}^k,\omega^i)-\frac{1}{N_k}\sum_{\omega^i\in\Omega_k}\boldsymbol{F}(\bar{\boldsymbol{x}},\bar{\boldsymbol{y}},\bar{\boldsymbol{z}},\omega^i)\right\|\\ \leqslant&\frac{1}{N_k}\sum_{\omega^i\in\Omega_k}\|\boldsymbol{F}(\boldsymbol{x}^k,\boldsymbol{y}^k,\boldsymbol{z}^k,\omega^i)-\boldsymbol{F}(\bar{\boldsymbol{x}},\bar{\boldsymbol{y}},\bar{\boldsymbol{z}},\omega^i)\|\\ \leqslant&\frac{1}{N_k}\sum_{\omega^i\in\Omega_k}\int_0^1\|\nabla_{(x,y,z)}\boldsymbol{F}(t\boldsymbol{x}^k+(1-t)\bar{\boldsymbol{x}},t\boldsymbol{y}^k+(1-t)\bar{\boldsymbol{y}},t\boldsymbol{z}^k+(1-t)\bar{\boldsymbol{z}},\omega^i)\|_{\mathcal{F}}\\ &\times\|(\boldsymbol{x}^k,\boldsymbol{y}^k,\boldsymbol{z}^k)-(\bar{\boldsymbol{x}},\bar{\boldsymbol{y}},\bar{\boldsymbol{z}})\|\,\mathrm{d}t\\ \leqslant&\bar{C}\|(\boldsymbol{x}^k,\boldsymbol{y}^k,\boldsymbol{z}^k)-(\bar{\boldsymbol{x}},\bar{\boldsymbol{y}},\bar{\boldsymbol{z}})\|\\ \to&0,\quad \text{当 } k\to\infty \text{ 时},\end{aligned}$$

其中，第二个不等式和第三个不等式分别根据中值定理和式(8.19) 得到. 利用式(8.7)，可得

$$\begin{aligned}\lim_{k\to\infty}\frac{1}{N_k}\sum_{\omega^i\in\Omega_k}\boldsymbol{F}(\boldsymbol{x}^k,\boldsymbol{y}^k,\boldsymbol{z}^k,\omega^i)&=\lim_{k\to\infty}\frac{1}{N_k}\sum_{\omega^i\in\Omega_k}\boldsymbol{F}(\bar{\boldsymbol{x}},\bar{\boldsymbol{y}},\bar{\boldsymbol{z}},\omega^i)\\ &=\mathbb{E}[\boldsymbol{F}(\bar{\boldsymbol{x}},\bar{\boldsymbol{y}},\bar{\boldsymbol{z}},\omega)],\ \text{w.p.1},\end{aligned} \tag{8.22}$$

即

$$\lim_{k\to\infty}\left\|\frac{1}{N_k}\sum_{\omega^i\in\Omega_k}\boldsymbol{F}(\boldsymbol{x}^k,\boldsymbol{y}^k,\boldsymbol{z}^k,\omega^i)\right\|^2=\|\mathbb{E}[\boldsymbol{F}(\bar{\boldsymbol{x}},\bar{\boldsymbol{y}},\bar{\boldsymbol{z}},\omega)]\|^2.$$

另一方面，由于

$$\begin{aligned}&\|\phi_{\rm NR}^{\mu_k}(\boldsymbol{x}^k,\boldsymbol{y}^k)-\phi_{\rm NR}^{\mu_k}(\bar{\boldsymbol{x}},\bar{\boldsymbol{y}})\|\\ \leqslant\ &\|\phi_{\rm NR}^{\mu_k}(\boldsymbol{x}^k,\boldsymbol{y}^k)-\phi_{\rm NR}(\boldsymbol{x}^k,\boldsymbol{y}^k)\|+\|\phi_{\rm NR}(\boldsymbol{x}^k,\boldsymbol{y}^k)-\phi_{\rm NR}(\bar{\boldsymbol{x}},\bar{\boldsymbol{y}})\|\\ &+\|\phi_{\rm NR}(\bar{\boldsymbol{x}},\bar{\boldsymbol{y}})-\phi_{\rm NR}^{\mu_k}(\bar{\boldsymbol{x}},\bar{\boldsymbol{y}})\|\\ \leqslant\ &2C\mu_k+\|\phi_{\rm NR}(\boldsymbol{x}^k,\boldsymbol{y}^k)-\phi_{\rm NR}(\bar{\boldsymbol{x}},\bar{\boldsymbol{y}})\|\\ \to\ &0,\quad k\to\infty,\end{aligned}$$

其中，第二个不等式根据式(8.16)得到，因此

$$\lim_{k\to\infty}\|\boldsymbol{\Phi}_{\rm NR}^{\mu_k}(\boldsymbol{x}^k,\boldsymbol{y}^k)\|^2=\|\boldsymbol{\Phi}_{\rm NR}(\bar{\boldsymbol{x}},\bar{\boldsymbol{y}})\|^2,\ \lim_{k\to\infty}\|\boldsymbol{\Phi}_{\rm NR}^{\mu_k}(\boldsymbol{x},\boldsymbol{y})\|^2=\|\boldsymbol{\Phi}_{\rm NR}(\boldsymbol{x},\boldsymbol{y})\|^2.\tag{8.23}$$

在式(8.21)中令 $k\to\infty$ 并再次利用式(8.7)，即可得到式(8.20)成立.

对于互补函数为 $\phi_{\rm FB}$ 的情况，可用类似的方法证明结论成立. 由于 $\|\phi_{\rm FB}\|^2$ 不需要光滑化，因此它的证明过程要简单些. 证毕.

由于优化问题式(8.8)和式(8.9)一般情况下并不是凸优化问题，因此需要研究稳定点的收敛性. 为此，需要下面的定义.

定义 8.6[213] 设 $\boldsymbol{H}:\mathbf{R}^p\to\mathbf{R}^q$ 是一局部 Lipschitz 连续函数. $\boldsymbol{H}$ 在 w 处的广义 Clarke 次微分定义为

$$\partial\boldsymbol{H}(\boldsymbol{w}):=\mathrm{co}\{\lim_{\boldsymbol{w}'\to\boldsymbol{w},\boldsymbol{w}'\in D_H}\nabla\boldsymbol{H}(\boldsymbol{w}')\},$$

其中，$D_{\boldsymbol{H}}$ 表示 $\boldsymbol{H}$ 的可微点的集合.

定义 8.7[58] 设 $\boldsymbol{H}:\mathbf{R}^p\to\mathbf{R}^q$ 是一局部 Lipschitz 连续函数，函数 $\boldsymbol{H}^\mu:\mathbf{R}^p\to\mathbf{R}^q$ 满足对任意 $\mu>0$，$\boldsymbol{H}^\mu$ 处处连续可微，且对任意 $\boldsymbol{w}\in\mathbf{R}^p$，

$$\lim_{\mu\to0+}\boldsymbol{H}^\mu(\boldsymbol{w})=\boldsymbol{H}(\boldsymbol{w}).$$

则称 $\boldsymbol{H}^\mu$ 和 $\boldsymbol{H}$ 满足 Jacobian 相容性，如果对任意 $\boldsymbol{w}\in\mathbf{R}^p$，有

$$\lim_{\mu\to0+}\mathrm{dist}(\nabla\boldsymbol{H}^\mu(\boldsymbol{w}),\partial\boldsymbol{H}(\boldsymbol{w}))=0.$$

为了方便，记

$$\Psi_{\rm NR}(\boldsymbol{x},\boldsymbol{y}):=\|\boldsymbol{\Phi}_{\rm NR}(\boldsymbol{x},\boldsymbol{y})\|^2,\quad\Psi_{\rm NR}^{\mu}(\boldsymbol{x},\boldsymbol{y}):=\|\boldsymbol{\Phi}_{\rm NR}^{\mu}(\boldsymbol{x},\boldsymbol{y})\|^2,$$

对任意 $\boldsymbol{x}=(\boldsymbol{x}^1,\cdots,\boldsymbol{x}^m)\in\mathbf{R}^{n_1}\times\cdots\times\mathbf{R}^{n_m}$ 和 $\boldsymbol{y}=(\boldsymbol{y}^1,\cdots,\boldsymbol{y}^m)\in\mathbf{R}^{n_1}\times\cdots\times\mathbf{R}^{n_m}$，令

$$\Psi_{\rm NR}^{i}(\boldsymbol{x}^i,\boldsymbol{y}^i):=\|\phi_{\rm NR}(\boldsymbol{x}^i,\boldsymbol{y}^i)\|^2,\quad\Psi_{\rm NR}^{\mu,i}(\boldsymbol{x}^i,\boldsymbol{y}^i):=\|\phi_{\rm NR}^{\mu}(\boldsymbol{x}^i,\boldsymbol{y}^i)\|^2,\ i=1,\cdots,m,$$

则有

$$\partial\Psi_{\rm NR}(\boldsymbol{x},\boldsymbol{y})=\partial\Psi_{\rm NR}^{1}(\boldsymbol{x}^1,\boldsymbol{y}^1)\times\cdots\times\partial\Psi_{\rm NR}^{m}(\boldsymbol{x}^m,\boldsymbol{y}^m),\tag{8.24}$$

其中，$\partial\Psi_{\rm NR}^{i}(\boldsymbol{x}^i,\boldsymbol{y}^i)=2\partial(\phi_{\rm NR}(\boldsymbol{x}^i,\boldsymbol{y}^i))\phi_{\rm NR}(\boldsymbol{x}^i,\boldsymbol{y}^i),i=1,\cdots,m$

和

$$\nabla \boldsymbol{\Psi}_{\mathrm{NR}}^{\mu}(\boldsymbol{x},\boldsymbol{y})=\begin{bmatrix}\nabla \boldsymbol{\Psi}_{\mathrm{NR}}^{\mu,1}(\boldsymbol{x}^1,\boldsymbol{y}^1)\\ \vdots \\ \nabla \boldsymbol{\Psi}_{\mathrm{NR}}^{\mu,m}(\boldsymbol{x}^m,\boldsymbol{y}^m)\end{bmatrix}. \tag{8.25}$$

定理 8.8　假设对每一个 k，$(\boldsymbol{x}^k,\boldsymbol{y}^k,\boldsymbol{z}^k)$ 是近似问题(8.17) 或(8.18) 的一个稳定点，$(\bar{\boldsymbol{x}},\bar{\boldsymbol{y}},\bar{\boldsymbol{z}})$ 是序列$\{(\boldsymbol{x}^k,\boldsymbol{y}^k,\boldsymbol{z}^k)\}$ 的一个聚点，那么，$(\bar{\boldsymbol{x}},\bar{\boldsymbol{y}},\bar{\boldsymbol{z}})$ 是极小化模型(8.8) 或(8.9) 的一个稳定点依概率 1 成立.

证明　首先考虑互补函数为 ϕ_{NR} 时的情况. 不失一般性，假设成立

$$\lim_{k\to\infty}(\boldsymbol{x}^k,\boldsymbol{y}^k,\boldsymbol{z}^k)=(\bar{\boldsymbol{x}},\bar{\boldsymbol{y}},\bar{\boldsymbol{z}}).$$

令 B 和 $\bar{C}>0$ 同定理 8.5 证明过程中定义的 B 和 $\bar{C}$. 对每一个 k，$(\boldsymbol{x}^k,\boldsymbol{y}^k,\boldsymbol{z}^k)$ 为近似问题(8.17) 的一个稳定点，则

$$\frac{2}{N_k^2}\sum_{\omega^i\in\Omega_k}\nabla_{(x,y,z)}\boldsymbol{F}(\boldsymbol{x}^k,\boldsymbol{y}^k,\boldsymbol{z}^k,\omega^i)\sum_{\omega^i\in\Omega_k}\boldsymbol{F}(\boldsymbol{x}^k,\boldsymbol{y}^k,\boldsymbol{z}^k,\omega^i)+\begin{bmatrix}\nabla \boldsymbol{\Psi}_{\mathrm{NR}}^{\mu_k}(\boldsymbol{x}^k,\boldsymbol{y}^k)\\ 0\end{bmatrix}=0. \tag{8.26}$$

注意到 $\boldsymbol{F}$ 是二次连续可微的，$\boldsymbol{F}$，$\nabla_{(x,y,z)}\boldsymbol{F}$ 和$\nabla^2_{(x,y,z)}\boldsymbol{F}$ 在紧集 $B\times\Omega$ 上连续，类似定理 8.5 的证明，可得

$$\begin{aligned}&\lim_{k\to\infty}\frac{2}{N_k^2}\sum_{\omega^i\in\Omega_k}\nabla_{(x,y,z)}\boldsymbol{F}(\boldsymbol{x}^k,\boldsymbol{y}^k,\boldsymbol{z}^k,\omega^i)\sum_{\omega^i\in\Omega_k}\boldsymbol{F}(\boldsymbol{x}^k,\boldsymbol{y}^k,\boldsymbol{z}^k,\omega^i)\\&=2\,\mathbb{E}[\nabla_{(x,y,z)}\boldsymbol{F}(\bar{\boldsymbol{x}},\bar{\boldsymbol{y}},\bar{\boldsymbol{z}},\omega)]\,\mathbb{E}[\boldsymbol{F}(\bar{\boldsymbol{x}},\bar{\boldsymbol{y}},\bar{\boldsymbol{z}},\omega)]\\&=2\,\nabla_{(x,y,z)}(\mathbb{E}[\boldsymbol{F}(\bar{\boldsymbol{x}},\bar{\boldsymbol{y}},\bar{\boldsymbol{z}},\omega)])\,\mathbb{E}[\boldsymbol{F}(\bar{\boldsymbol{x}},\bar{\boldsymbol{y}},\bar{\boldsymbol{z}},\omega)]\\&=\nabla_{(x,y,z)}(\|\mathbb{E}[\boldsymbol{F}(\bar{\boldsymbol{x}},\bar{\boldsymbol{y}},\bar{\boldsymbol{z}},\omega)]\|^2),\qquad \text{w.p.1},\end{aligned} \tag{8.27}$$

其中，第二个不等式是由于$\nabla_{(x,y,z)}\boldsymbol{F}$ 在紧集 $B\times\Omega$ 上连续，进而根据文献[205] 中定理 16.8 得来. 下面证明

$$\lim_{k\to\infty}\operatorname{dist}(\nabla \boldsymbol{\Psi}_{\mathrm{NR}}^{\mu_k}(\boldsymbol{x}^k,\boldsymbol{y}^k),\partial \boldsymbol{\Psi}_{\mathrm{NR}}(\bar{\boldsymbol{x}},\bar{\boldsymbol{y}}))=0.$$

对每一个 k，记

$$\begin{aligned}\boldsymbol{x}^k&:=(\boldsymbol{x}^{k,1},\cdots,\boldsymbol{x}^{k,m})\in\mathbf{R}^{n_1}\times\cdots\times\mathbf{R}^{n_m},\\ \boldsymbol{y}^k&:=(\boldsymbol{y}^{k,1},\cdots,\boldsymbol{y}^{k,m})\in\mathbf{R}^{n_1}\times\cdots\times\mathbf{R}^{n_m},\\ \bar{\boldsymbol{x}}&:=(\bar{\boldsymbol{x}}^1,\cdots,\bar{\boldsymbol{x}}^m)\in\mathbf{R}^{n_1}\times\cdots\times\mathbf{R}^{n_m},\\ \bar{\boldsymbol{y}}&:=(\bar{\boldsymbol{y}}^1,\cdots,\bar{\boldsymbol{y}}^m)\in\mathbf{R}^{n_1}\times\cdots\times\mathbf{R}^{n_m}.\end{aligned}$$

根据式(8.24) 和式(8.25)，只需证明对每一个 i，

$$\lim_{k\to\infty}\mathrm{dist}(\nabla\Psi_{\mathrm{NR}}^{\mu_k,i}(\boldsymbol{x}^{k,i},\boldsymbol{y}^{k,i}),\partial\Psi_{\mathrm{NR}}^{i}(\bar{\boldsymbol{x}}^{i},\bar{\boldsymbol{y}}^{i}))=0. \tag{8.28}$$

对给定的 i，令

$$\lambda_j^{k,i}:=x_1^{k,i}-y_1^{k,i}+(-1)^j\|\boldsymbol{x}_2^{k,i}-\boldsymbol{y}_2^{k,i}\|,\bar{\lambda}_j^{i}:=\bar{x}_1^{i}-\bar{y}_1^{i}+(-1)^j\|\bar{\boldsymbol{x}}_2^{i}-\bar{\boldsymbol{y}}_2^{i}\|,\quad j=1,2.$$

考虑以下六种情况：

（Ⅰ）假设 $\bar{\lambda}_1^i>0$，即 $\bar{x}_1^i-\bar{y}_1^i>\|\bar{\boldsymbol{x}}_2^i-\bar{\boldsymbol{y}}_2^i\|$. 根据文献[177]中的引理 5.1，有

$$\partial\Psi_{\mathrm{NR}}^{i}(\bar{\boldsymbol{x}}^{i},\bar{\boldsymbol{y}}^{i})=\left\{2\begin{bmatrix}O\\I\end{bmatrix}\phi_{\mathrm{NR}}(\bar{\boldsymbol{x}}^{i},\bar{\boldsymbol{y}}^{i})\right\}.$$

如果对无限多个 k，$\boldsymbol{x}_2^{k,i}-\boldsymbol{y}_2^{k,i}=0$ 都成立. 注意到 $\lim\limits_{k\to\infty}\dfrac{x_1^{k,i}-y_1^{k,i}}{\mu_k}=+\infty$，再结合式(8.12)，得

$$\lim_{k\to\infty}\boldsymbol{M}_{\mu_k}(\boldsymbol{x}^{k,i},\boldsymbol{y}^{k,i})=\lim_{k\to\infty}a_{\mu_k}(\boldsymbol{x}^{k,i},\boldsymbol{y}^{k,i})\boldsymbol{I}=\lim_{k\to\infty}g'\left(\frac{x_1^{k,i}-y_1^{k,i}}{\mu_k}\right)\boldsymbol{I}=\boldsymbol{I}.$$

如果对任意充分大的 k，$\boldsymbol{x}_2^{k,i}-\boldsymbol{y}_2^{k,i}\neq 0$ 都成立. 注意到 $\lim\limits_{k\to\infty}\dfrac{\lambda_1^{k,i}}{\mu_k}=+\infty$ 和 $\lim\limits_{k\to\infty}\dfrac{\lambda_2^{k,i}}{\mu_k}=+\infty$，于是通过计算式(8.13) ~ 式(8.15)，即可得到

$$\lim_{k\to\infty}b_{\mu_k}(\boldsymbol{x}^{k,i},\boldsymbol{y}^{k,i})=1,\quad \lim_{k\to\infty}c_{\mu_k}(\boldsymbol{x}^{k,i},\boldsymbol{y}^{k,i})=1,\quad \lim_{k\to\infty}d_{\mu_k}(\boldsymbol{x}^{k,i},\boldsymbol{y}^{k,i})=0,$$

这意味着

$$\lim_{k\to\infty}\boldsymbol{M}_{\mu_k}(\boldsymbol{x}^{k,i},\boldsymbol{y}^{k,i})=\boldsymbol{I}.$$

因此序列 $\{\boldsymbol{M}_{\mu_k}(\boldsymbol{x}^{k,i},\boldsymbol{y}^{k,i})\}$ 的任意聚点都是 $\boldsymbol{I}$. 另一方面，利用定理 8.3 证明过程中的表达式(8.23)，可得 $\lim\limits_{k\to\infty}\phi_{\mathrm{NR}}^{\mu_k}(\boldsymbol{x}^{k,i},\boldsymbol{y}^{k,i})=\phi_{\mathrm{NR}}(\bar{\boldsymbol{x}}^{i},\bar{\boldsymbol{y}}^{i})$，这样即可证得式(8.28)成立.

（Ⅱ）假设 $\bar{\lambda}_2^i<0$，即 $\bar{x}_1^i-\bar{y}_1^i<-\|\bar{\boldsymbol{x}}_2^i-\bar{\boldsymbol{y}}_2^i\|$. 根据文献[177]中的引理 5.1，有

$$\partial\Psi_{\mathrm{NR}}^{i}(\bar{\boldsymbol{x}}^{i},\bar{\boldsymbol{y}}^{i})=\left\{2\begin{bmatrix}\boldsymbol{I}\\\boldsymbol{O}\end{bmatrix}\phi_{\mathrm{NR}}(\bar{\boldsymbol{x}}^{i},\bar{\boldsymbol{y}}^{i})\right\}.$$

类似(1)的证明过程，可得 $\{\boldsymbol{M}_{\mu_k}(\boldsymbol{x}^{k,i},\boldsymbol{y}^{k,i})\}$ 的任意聚点都为 O，因此证得式(8.28)成立.

（Ⅲ）假设 $\bar{\lambda}_1^i<0$，$\bar{\lambda}_2^i>0$，即 $|\bar{x}_1^i-\bar{y}_1^i|<\|\bar{\boldsymbol{x}}_2^i-\bar{\boldsymbol{y}}_2^i\|$. 根据文献[177]中的引理5.1，有

$$\partial\Psi_{\mathrm{NR}}^{i}(\bar{\boldsymbol{x}}^{i},\bar{\boldsymbol{y}}^{i})=\left\{2\begin{bmatrix}\boldsymbol{I}-\boldsymbol{Z}\\\boldsymbol{Z}\end{bmatrix}\phi_{\mathrm{NR}}(\bar{\boldsymbol{x}}^{i},\bar{\boldsymbol{y}}^{i})\right\},$$

其中，

$$Z := \frac{1}{2}\begin{bmatrix} 1 & \dfrac{(\bar{x}_2^i - \bar{y}_2^i)^{\mathrm{T}}}{\|\bar{x}_2^i - \bar{y}_2^i\|} \\ \dfrac{\bar{\boldsymbol{x}}_2^i - \bar{\boldsymbol{y}}_2^i}{\|\bar{\boldsymbol{x}}_2^i - \bar{\boldsymbol{y}}_2^i\|} & I + \dfrac{\bar{x}_1^i - \bar{y}_1^i}{\|\bar{\boldsymbol{x}}_2^i - \bar{\boldsymbol{y}}_2^i\|}\left(I - \dfrac{(\bar{\boldsymbol{x}}_2^i - \bar{\boldsymbol{y}}_2^i)(\bar{\boldsymbol{x}}_2^i - \bar{\boldsymbol{y}}_2^i)^{\mathrm{T}}}{\|\bar{\boldsymbol{x}}_2^i - \bar{\boldsymbol{y}}_2^i\|^2}\right) \end{bmatrix}.$$

类似(I) 的证明过程，可得$\{\boldsymbol{M}_{\mu_k}(\boldsymbol{x}^{k,i},\boldsymbol{y}^{k,i})\}$ 的任意聚点都为 $\boldsymbol{Z}$，因此证得式(8.28) 成立.

(IV) 假设 $\bar{\lambda}_1^i = 0$，$\bar{\lambda}_2^i > 0$，即 $\bar{x}_1^i - \bar{y}_1^i = \|\bar{\boldsymbol{x}}_2^i - \bar{\boldsymbol{y}}_2^i\| \neq 0$. 根据文献[177] 中的引理 5.1，有

$$\partial \Psi_{\mathrm{NR}}^i(\bar{\boldsymbol{x}}^i,\bar{\boldsymbol{y}}^i) = \left\{ 2\begin{bmatrix} \boldsymbol{I} - \boldsymbol{V} \\ \boldsymbol{V} \end{bmatrix} \phi_{\mathrm{NR}}(\bar{\boldsymbol{x}}^i,\bar{\boldsymbol{y}}^i) \;\middle|\; \boldsymbol{V} \in \mathrm{co}(\boldsymbol{I},\boldsymbol{Z}) \right\},$$

其中，

$$\boldsymbol{Z} := \frac{1}{2}\begin{bmatrix} 1 & \dfrac{(\bar{\boldsymbol{x}}_2^i - \bar{\boldsymbol{y}}_2^i)^{\mathrm{T}}}{\|\bar{\boldsymbol{x}}_2^i - \bar{\boldsymbol{y}}_2^i\|} \\ \dfrac{\bar{\boldsymbol{x}}_2^i - \bar{\boldsymbol{y}}_2^i}{\|\bar{\boldsymbol{x}}_2^i - \bar{\boldsymbol{y}}_2^i\|} & 2I - \dfrac{(\bar{\boldsymbol{x}}_2^i - \bar{\boldsymbol{y}}_2^i)(\bar{\boldsymbol{x}}_2^i - \bar{\boldsymbol{y}}_2^i)^{\mathrm{T}}}{\|\bar{\boldsymbol{x}}_2^i - \bar{\boldsymbol{y}}_2^i\|^2} \end{bmatrix}.$$

注意到$\lim\limits_{k\to\infty} \dfrac{\lambda_2^{k,i}}{\mu_k} = +\infty$. 假设$\lim\limits_{k\to\infty} \dfrac{\lambda_1^{k,i}}{\mu_k} = \alpha \in \mathbf{R} \cup \{\pm\infty\}$，如果需要可考虑子列收敛.

如果$\lim\limits_{k\to\infty} \dfrac{\lambda_1^{k,i}}{\mu_k} = +\infty$，此时

$$\lim_{k\to\infty} b_{\mu_k}(\boldsymbol{x}^{k,i},\boldsymbol{y}^{k,i}) = 1, \quad \lim_{k\to\infty} c_{\mu_k}(\boldsymbol{x}^{k,i},\boldsymbol{y}^{k,i}) = 1, \quad \lim_{k\to\infty} d_{\mu_k}(\boldsymbol{x}^{k,i},\boldsymbol{y}^{k,i}) = 0,$$

这表明

$$\lim_{k\to\infty} \boldsymbol{M}_{\mu_k}(\boldsymbol{x}^{k,i},\boldsymbol{y}^{k,i}) = \boldsymbol{I}.$$

如果$\lim\limits_{k\to\infty} \dfrac{\lambda_1^{k,i}}{\mu_k} = \alpha \in \mathbf{R}$，令 $\gamma := g'(\alpha) \in (0,1)$，有

$$\lim_{k\to\infty} b_{\mu_k}(\boldsymbol{x}^{k,i},\boldsymbol{y}^{k,i}) = \frac{1+\gamma}{2}, \quad \lim_{k\to\infty} c_{\mu_k}(\boldsymbol{x}^{k,i},\boldsymbol{y}^{k,i}) = 1, \quad \lim_{k\to\infty} d_{\mu_k}(\boldsymbol{x}^{k,i},\boldsymbol{y}^{k,i}) = \frac{1-\gamma}{2},$$

这意味着

$$\lim_{k\to\infty} \boldsymbol{M}_{\mu_k}(\boldsymbol{x}^{k,i},\boldsymbol{y}^{k,i}) = \begin{bmatrix} \dfrac{1+\gamma}{2} & \dfrac{1-\gamma}{2}\dfrac{(\bar{\boldsymbol{x}}_2^i - \bar{\boldsymbol{y}}_2^i)^{\mathrm{T}}}{\|\bar{\boldsymbol{x}}_2^i - \bar{\boldsymbol{y}}_2^i\|} \\ \dfrac{1-\gamma}{2}\dfrac{\bar{\boldsymbol{x}}_2^i - \bar{\boldsymbol{y}}_2^i}{\|\bar{\boldsymbol{x}}_2^i - \bar{\boldsymbol{y}}_2^i\|} & I + \left(\dfrac{\gamma - 1}{2}\right)\dfrac{(\bar{\boldsymbol{x}}_2^i - \bar{\boldsymbol{y}}_2^i)(\bar{\boldsymbol{x}}_2^i - \bar{\boldsymbol{y}}_2^i)^{\mathrm{T}}}{\|\bar{\boldsymbol{x}}_2^i - \bar{\boldsymbol{y}}_2^i\|^2} \end{bmatrix}$$

$$= \gamma \boldsymbol{I} + (1-\gamma)\boldsymbol{Z},$$

因此，序列$\{\boldsymbol{M}_{\mu_k}(\boldsymbol{x}^{k,i},\boldsymbol{y}^{k,i})\}$的聚点是$\boldsymbol{I}$和$\boldsymbol{Z}$的凸组合. 如果$\lim\limits_{k\to\infty}\dfrac{\lambda_1^{k,i}}{\mu_k}=-\infty$，此时

$$\lim_{k\to\infty} b_{\mu_k}(\boldsymbol{x}^{k,i},\boldsymbol{y}^{k,i})=\frac{1}{2},\quad \lim_{k\to\infty} c_{\mu_k}(\boldsymbol{x}^{k,i},\boldsymbol{y}^{k,i})=1,\quad \lim_{k\to\infty} d_{\mu_k}(\boldsymbol{x}^{k,i},\boldsymbol{y}^{k,i})=\frac{1}{2},$$

则有

$$\lim_{k\to\infty}\boldsymbol{M}_{\mu_k}(\boldsymbol{x}^{k,i},\boldsymbol{y}^{k,i})=\begin{bmatrix} \dfrac{1}{2} & \dfrac{1}{2}\dfrac{(\bar{\boldsymbol{x}}_2^i-\bar{\boldsymbol{y}}_2^i)^{\mathrm{T}}}{\|\bar{\boldsymbol{x}}_2^i-\bar{\boldsymbol{y}}_2^i\|} \\ \dfrac{1}{2}\dfrac{\bar{\boldsymbol{x}}_2^i-\bar{\boldsymbol{y}}_2^i}{\|\bar{\boldsymbol{x}}_2^i-\bar{\boldsymbol{y}}_2^i\|} & I-\dfrac{1}{2}\dfrac{(\bar{\boldsymbol{x}}_2^i-\bar{\boldsymbol{y}}_2^i)(\bar{\boldsymbol{x}}_2^i-\bar{\boldsymbol{y}}_2^i)^{\mathrm{T}}}{\|\bar{\boldsymbol{x}}_2^i-\bar{\boldsymbol{y}}_2^i\|^2} \end{bmatrix}.$$

因此，在所有的情况下$\{\boldsymbol{M}_{\mu_k}(\boldsymbol{x}^{k,i},\boldsymbol{y}^{k,i})\}$的任意聚点必属于凸包$\mathrm{co}(\boldsymbol{I},\boldsymbol{Z})$，故式(8.28)得证.

(V) 假设$\bar{\lambda}_1^i<0$，$\bar{\lambda}_2^i=0$，即$-\bar{x}_1^i+\bar{y}_1^i=\|\bar{\boldsymbol{x}}_2^i-\bar{\boldsymbol{y}}_2^i\|\neq 0$. 根据文献[177]中的引理5.1，有

$$\partial\Psi_{\mathrm{NR}}^i(\bar{\boldsymbol{x}}^i,\bar{\boldsymbol{y}}^i)=\left\{2\begin{bmatrix}\boldsymbol{I}-\boldsymbol{V}\\ \boldsymbol{V}\end{bmatrix}\phi_{\mathrm{NR}}(\bar{\boldsymbol{x}}^i,\bar{\boldsymbol{y}}^i)\ \middle|\ \boldsymbol{V}\in\mathrm{co}(\boldsymbol{O},\boldsymbol{Z})\right\},$$

其中，

$$\boldsymbol{Z}:=\frac{1}{2}\begin{bmatrix} 1 & \dfrac{(\bar{\boldsymbol{x}}_2^i-\bar{\boldsymbol{y}}_2^i)^{\mathrm{T}}}{\|\bar{\boldsymbol{x}}_2^i-\bar{\boldsymbol{y}}_2^i\|} \\ \dfrac{\bar{\boldsymbol{x}}_2^i-\bar{\boldsymbol{y}}_2^i}{\|\bar{\boldsymbol{x}}_2^i-\bar{\boldsymbol{y}}_2^i\|} & \dfrac{(\bar{\boldsymbol{x}}_2^i-\bar{\boldsymbol{y}}_2^i)(\bar{\boldsymbol{x}}_2^i-\bar{\boldsymbol{y}}_2^i)^{\mathrm{T}}}{\|\bar{\boldsymbol{x}}_2^i-\bar{\boldsymbol{y}}_2^i\|^2} \end{bmatrix}.$$

类似(IV)的证明过程，可得$\{\boldsymbol{M}_{\mu_k}(\boldsymbol{x}^{k,i},\boldsymbol{y}^{k,i})\}$的任意聚点必定属于凸包$\mathrm{co}(O,Z)$. 因此式(8.28)得证.

(VI) 假设$\bar{\lambda}_1^i=0$，$\bar{\lambda}_2^i=0$，即$\bar{\boldsymbol{x}}^i-\bar{\boldsymbol{y}}^i=0$. 根据文献[177]中的引理5.1，有

$$\partial\Psi_{\mathrm{NR}}^i(\bar{\boldsymbol{x}}^i,\bar{\boldsymbol{y}}^i)=\left\{2\begin{bmatrix}\boldsymbol{I}-\boldsymbol{V}\\ \boldsymbol{V}\end{bmatrix}\phi_{\mathrm{NR}}(\bar{\boldsymbol{x}}^i,\bar{\boldsymbol{y}}^i)\ \middle|\ \boldsymbol{V}\in\mathrm{co}(\boldsymbol{O},\boldsymbol{I},\boldsymbol{S})\right\},$$

其中，

$$\boldsymbol{S}:=\left\{\frac{1}{2}\begin{bmatrix}1 & \boldsymbol{w}^{\mathrm{T}}\\ \boldsymbol{w} & (1+\beta)I-\beta\boldsymbol{w}\boldsymbol{w}^{\mathrm{T}}\end{bmatrix}\ \middle|\ \beta\in[-1,1],\ \|\boldsymbol{w}\|=1\right\}.$$

首先考虑存在无限多个k，$\boldsymbol{x}_2^{k,i}-\boldsymbol{y}_2^{k,i}=0$的情况. 如果$\lim\limits_{k\to\infty}\dfrac{x_1^{k,i}-y_1^{k,i}}{\mu_k}=+\infty$，利用式(8.12)，得

$$\lim_{k\to\infty}\boldsymbol{M}_{\mu_k}(\boldsymbol{x}^{k,i},\boldsymbol{y}^{k,i}) = \lim_{k\to\infty}a_{\mu_k}(\boldsymbol{x}^{k,i},\boldsymbol{y}^{k,i})\boldsymbol{I} = \lim_{k\to\infty}g'\left(\frac{x_1^{k,i} - y_1^{k,i}}{\mu_k}\right)\boldsymbol{I} = \boldsymbol{I}.$$

如果$\lim\limits_{k\to\infty}\dfrac{x_1^{k,i} - y_1^{k,i}}{\mu_k} = \delta \in \mathbf{R}$，由式(8.12)，得

$$\lim_{k\to\infty}\boldsymbol{M}_{\mu_k}(\boldsymbol{x}^{k,i},\boldsymbol{y}^{k,i}) = \lim_{k\to\infty}a_{\mu_k}(\boldsymbol{x}^{k,i},\boldsymbol{y}^{k,i})\boldsymbol{I} = \lim_{k\to\infty}g'\left(\frac{\boldsymbol{x}_1^{k,i} - \boldsymbol{y}_1^{k,i}}{\mu_k}\right)\boldsymbol{I} = \tau\boldsymbol{I},$$

其中，$\tau := g'(\delta) \in (0,1)$. 如果$\lim\limits_{k\to\infty}\dfrac{x_1^{k,i} - y_1^{k,i}}{\mu_k} = -\infty$，根据式(8.12)，得

$$\lim_{k\to\infty}\boldsymbol{M}_{\mu_k}(\boldsymbol{x}^{k,i},\boldsymbol{y}^{k,i}) = \lim_{k\to\infty}a_{\mu_k}(\boldsymbol{x}^{k,i},\boldsymbol{y}^{k,i})\boldsymbol{I} = \lim_{k\to\infty}g'\left(\frac{x_1^{k,i} - y_1^{k,i}}{\mu_k}\right)\boldsymbol{I} = \boldsymbol{O}.$$

因此，可知$\{\boldsymbol{M}_{\mu_k}(\boldsymbol{x}^{k,i},\boldsymbol{y}^{k,i})\}$的任意聚点必定是$\boldsymbol{O}$,$\boldsymbol{I}$和$\boldsymbol{S}$的凸包.

接下来考虑对任意充分大的 k，$\boldsymbol{x}_2^{k,i} - \boldsymbol{y}_2^{k,i} \neq 0$ 的情况. 根据中值定理知，存在 $\lambda^{k,i} \in [\lambda_1^{k,i},\lambda_2^{k,i}]$，使得

$$g\left(\frac{\lambda_2^{k,i}}{\mu_k}\right) - g\left(\frac{\lambda_1^{k,i}}{\mu_k}\right) = g'\left(\frac{\lambda^{k,i}}{\mu_k}\right)\left(\frac{\lambda_2^{k,i}}{\mu_k} - \frac{\lambda_1^{k,i}}{\mu_k}\right).$$

如果$\lim\limits_{k\to\infty}\dfrac{\lambda_1^{k,i}}{\mu_k} = +\infty$ 且$\lim\limits_{k\to\infty}\dfrac{\lambda_2^{k,i}}{\mu_k} = +\infty$，显然有

$$\lim_{k\to\infty}\frac{\lambda^{k,i}}{\mu_k} = +\infty.$$

由式(8.13) ~ (8.15)，得

$$\lim_{k\to\infty}b_{\mu_k}(\boldsymbol{x}^{k,i},\boldsymbol{y}^{k,i}) = 1,\quad \lim_{k\to\infty}c_{\mu_k}(\boldsymbol{x}^{k,i},\boldsymbol{y}^{k,i}) = \lim_{k\to\infty}g'\left(\frac{\lambda^{k,i}}{\mu_k}\right) = 1,\quad \lim_{k\to\infty}d_{\mu_k}(\boldsymbol{x}^{k,i},\boldsymbol{y}^{k,i}) = 0,$$

这说明

$$\lim_{k\to\infty}\boldsymbol{M}_{\mu_k}(\boldsymbol{x}^{k,i},\boldsymbol{y}^{k,i}) = \boldsymbol{I}.$$

如果$\lim\limits_{k\to\infty}\dfrac{\lambda_1^{k,i}}{\mu_k} = \alpha \in \mathbf{R}$ 且$\lim\limits_{k\to\infty}\dfrac{\lambda_2^{k,i}}{\mu_k} = +\infty$，此时

$$\lim_{k\to\infty}b_{\mu_k}(\boldsymbol{x}^{k,i},\boldsymbol{y}^{k,i}) = \frac{1+\gamma_1}{2},\quad \lim_{k\to\infty}c_{\mu_k}(\boldsymbol{x}^{k,i},\boldsymbol{y}^{k,i}) = 1,\quad \lim_{k\to\infty}d_{\mu_k}(\boldsymbol{x}^{k,i},\boldsymbol{y}^{k,i}) = \frac{1-\gamma_1}{2},$$

其中，$\gamma_1 := g'(\alpha) \in (0,1)$，那么

$$\lim_{k\to\infty}\boldsymbol{M}_{\mu_k}(\boldsymbol{x}^{k,i},\boldsymbol{y}^{k,i}) = \begin{bmatrix} \dfrac{1+\gamma_1}{2} & \dfrac{1-\gamma_1}{2}\boldsymbol{w}^{\mathrm{T}} \\ \dfrac{1-\gamma_1}{2}\boldsymbol{w} & \boldsymbol{I} + \dfrac{\gamma_1 - 1}{2}\boldsymbol{w}\boldsymbol{w}^{\mathrm{T}} \end{bmatrix}$$

$$= \gamma_1 \boldsymbol{I} + (1-\gamma_1)\frac{1}{2}\begin{bmatrix} 1 & \boldsymbol{w}^{\mathrm{T}} \\ \boldsymbol{w} & (1+\beta_1)\boldsymbol{I} - \beta_1 \boldsymbol{w}\boldsymbol{w}^{\mathrm{T}} \end{bmatrix},$$

这里，$\beta_1 := 1$. 此时得到$\{\boldsymbol{M}_{\mu_k}(\boldsymbol{x}^{k,i},\boldsymbol{y}^{k,i})\}$的任意聚点可表示成$\boldsymbol{O}$，$\boldsymbol{I}$和$\boldsymbol{S}$的凸组合.

实际上，对以下四种情况：

（Ⅰ）$\lim\limits_{k\to\infty}\dfrac{\lambda_1^{k,i}}{\mu_k} = -\infty$ 且$\lim\limits_{k\to\infty}\dfrac{\lambda_2^{k,i}}{\mu_k} = +\infty$；

（Ⅱ）$\lim\limits_{k\to\infty}\dfrac{\lambda_1^{k,i}}{\mu_k} = \alpha \in \mathbf{R}$ 且$\lim\limits_{k\to\infty}\dfrac{\lambda_2^{k,i}}{\mu_k} = \eta \in \mathbf{R}(\alpha \leqslant \eta)$；

（Ⅲ）$\lim\limits_{k\to\infty}\dfrac{\lambda_1^{k,i}}{\mu_k} = -\infty$ 且$\lim\limits_{k\to\infty}\dfrac{\lambda_2^{k,i}}{\mu_k} = \eta \in \mathbf{R}$；

（Ⅳ）$\lim\limits_{k\to\infty}\dfrac{\lambda_1^{k,i}}{\mu_k} = -\infty$ 且$\lim\limits_{k\to\infty}\dfrac{\lambda_2^{k,i}}{\mu_k} = -\infty$，

可类似证得式(8.28)成立.

在式(8.26)中令$k\to\infty$，结合式(8.27)和式(8.28)，可得

$$0 \in \nabla\mathbb{E}[\|\boldsymbol{F}(\bar{\boldsymbol{x}},\bar{\boldsymbol{y}},\bar{\boldsymbol{z}},\omega)\|^2] + \partial\Psi_{\mathrm{NR}}(\bar{\boldsymbol{x}},\bar{\boldsymbol{y}}) \times \{0\}, \quad \text{w.p.1},$$

这说明$(\bar{\boldsymbol{x}},\bar{\boldsymbol{y}},\bar{\boldsymbol{z}})$是优化问题(8.8)的一个稳定点依概率1成立.

下面考虑互补函数为ϕ_{FB}时的情况. 对每一个k，因为$(\boldsymbol{x}^k,\boldsymbol{y}^k,\boldsymbol{z}^k)$是近似问题(8.18)的一个稳定点，所以有

$$\frac{2}{N_k^2}\sum_{\xi^i\in\Omega_k}\nabla_{(x,y,z)}\boldsymbol{F}(\boldsymbol{x}^k,\boldsymbol{y}^k,\boldsymbol{z}^k,\xi^i)\sum_{\xi^i\in\Omega_k}\boldsymbol{F}(\boldsymbol{x}^k,\boldsymbol{y}^k,\boldsymbol{z}^k,\xi^i) + \begin{bmatrix}\nabla\Psi_{\mathrm{FB}}(\boldsymbol{x}^k,\boldsymbol{y}^k)\\ 0\end{bmatrix} = 0. \tag{8.29}$$

根据文献[57]中的性质2知，Ψ_{FB}是光滑函数，也就是说$\nabla\Psi_{\mathrm{FB}}$处处连续. 在式(8.29)中令$k\to\infty$，结合式(8.27)，可得

$$\nabla\mathbb{E}[\|\boldsymbol{F}(\bar{\boldsymbol{x}},\bar{\boldsymbol{y}},\bar{\boldsymbol{z}},\omega)\|^2] + \nabla\Psi_{\mathrm{FB}}(\bar{\boldsymbol{x}},\bar{\boldsymbol{y}}) = 0, \quad \text{w.p.1},$$

说明$(\bar{\boldsymbol{x}},\bar{\boldsymbol{y}},\bar{\boldsymbol{z}})$是优化问题(8.9)的一个稳定点依概率1成立. 证毕.

8.5 蒙特卡罗近似问题解的指数收敛速率

前面定理8.5表明近似问题(8.17)或近似问题(8.18)的最优解依概率1收敛到极小化问题(8.8)或(8.9)的最优解，下面借助第3章介绍的引理3.10讨论它们的收敛速度问题.

定理8.9 假设对每一个k，$(\boldsymbol{x}^k,\boldsymbol{y}^k,\boldsymbol{z}^k)$是近似问题(8.17)或(8.18)的最优解，$(\bar{\boldsymbol{x}},\bar{\boldsymbol{y}},\bar{\boldsymbol{z}})$是序列$\{(\boldsymbol{x}^k,\boldsymbol{y}^k,\boldsymbol{z}^k)\}$的一个聚点. 那么，对任意的$\varepsilon>0$，存在与$N_k$无关的正常数$D(\varepsilon)$

和$\beta(\varepsilon)$, 使得

$$\text{Prob}\{\,|\,\Theta_{\text{NR}}^{k}(\boldsymbol{x}^{k},\boldsymbol{y}^{k},\boldsymbol{z}^{k})-\Theta_{\text{NR}}(\bar{\boldsymbol{x}},\bar{\boldsymbol{y}},\bar{\boldsymbol{z}})\,|\geqslant\varepsilon\}\leqslant D(\varepsilon)\mathrm{e}^{-N_{k}\beta(\varepsilon)} \tag{8.30}$$

或

$$\text{Prob}\{\,|\,\Theta_{\text{FB}}^{k}(\boldsymbol{x}^{k},\boldsymbol{y}^{k},\boldsymbol{z}^{k})-\Theta_{\text{FB}}(\bar{\boldsymbol{x}},\bar{\boldsymbol{y}},\bar{\boldsymbol{z}})\,|\geqslant\varepsilon\}\leqslant D(\varepsilon)\mathrm{e}^{-N_{k}\beta(\varepsilon)}. \tag{8.31}$$

证明　不失一般性, 假设整个序列$\{(\boldsymbol{x}^{k},\boldsymbol{y}^{k},\boldsymbol{z}^{k})\}$收敛到$(\bar{\boldsymbol{x}},\bar{\boldsymbol{y}},\bar{\boldsymbol{z}})$. 令$B$是包含整个序列$\{(\boldsymbol{x}^{k},\boldsymbol{y}^{k},\boldsymbol{z}^{k})\}$的一个紧集.

(Ⅰ) 考虑互补函数为ϕ_{FB}时的情况.

首先证明, 对任意的$\varepsilon>0$, 存在与N_k无关的正常数$D(\varepsilon)$和$\beta(\varepsilon)$, 使得

$$\text{Prob}\left\{\sup_{(\boldsymbol{x},\boldsymbol{y},\boldsymbol{z})\in B}\left|\Theta_{\text{FB}}^{k}(\boldsymbol{x},\boldsymbol{y},\boldsymbol{z})-\Theta_{\text{FB}}(\boldsymbol{x},\boldsymbol{y},\boldsymbol{z})\right|\geqslant\varepsilon\right\}\leqslant D(\varepsilon)\mathrm{e}^{-N_{k}\beta(\varepsilon)}. \tag{8.32}$$

结合式(8.8)和式(8.15), 只需要证明下式成立:

$$\text{Prob}\left\{\sup_{(\boldsymbol{x},\boldsymbol{y},\boldsymbol{z})\in B}\left|\left\|\frac{1}{N_k}\sum_{\omega^i\in\Omega_k}\boldsymbol{F}(\boldsymbol{x},\boldsymbol{y},\boldsymbol{z},\omega^i)\right\|^2-\|\mathbb{E}[\boldsymbol{F}(\boldsymbol{x},\boldsymbol{y},\boldsymbol{z},\omega)]\|^2\right|\geqslant\varepsilon\right\}\leqslant D(\varepsilon)\mathrm{e}^{-N_{k}\beta(\varepsilon)}. \tag{8.33}$$

注意到F实际上可以看成一个$(n+l)$维向量, 因此, 有

$$\begin{aligned}
&\left|\left\|\frac{1}{N_k}\sum_{\omega^i\in\Omega_k}\boldsymbol{F}(\boldsymbol{x},\boldsymbol{y},\boldsymbol{z},\omega^i)\right\|^2-\|\mathbb{E}[\boldsymbol{F}(\boldsymbol{x},\boldsymbol{y},\boldsymbol{z},\omega)]\|^2\right|\\
&=\left|\sum_{i=1}^{n+l}\left(\frac{1}{N_k}\sum_{\omega^i\in\Omega_k}\boldsymbol{F}_i(\boldsymbol{x},\boldsymbol{y},\boldsymbol{z},\omega^i)\right)^2-\sum_{i=1}^{n+l}(\mathbb{E}[\boldsymbol{F}_i(\boldsymbol{x},\boldsymbol{y},\boldsymbol{z},\omega)])^2\right|\\
&\leqslant\sum_{i=1}^{n+l}\left\{\left|\frac{1}{N_k}\sum_{\omega^i\in\Omega_k}\boldsymbol{F}_i(\boldsymbol{x},\boldsymbol{y},\boldsymbol{z},\omega^i)+\mathbb{E}[\boldsymbol{F}_i(\boldsymbol{x},\boldsymbol{y},\boldsymbol{z},\omega)]\right|\right.\\
&\quad\left.\cdot\left|\frac{1}{N_k}\sum_{\omega^i\in\Omega_k}\boldsymbol{F}_i(\boldsymbol{x},\boldsymbol{y},\boldsymbol{z},\omega^i)-\mathbb{E}[\boldsymbol{F}_i(\boldsymbol{x},\boldsymbol{y},\boldsymbol{z},\omega)]\right|\right\}.
\end{aligned}$$

因$\boldsymbol{F}(\boldsymbol{x},\boldsymbol{y},\boldsymbol{z},\omega)$在紧集$B\times\Omega$上连续可微, 故存在正数$M>0$, 对$i\in\{1,\cdots,n+l\}$, 有

$$\left|\frac{1}{N_k}\sum_{\omega^i\in\Omega_k}\boldsymbol{F}_i(\boldsymbol{x},\boldsymbol{y},\boldsymbol{z},\omega^i)+\mathbb{E}[\boldsymbol{F}_i(\boldsymbol{x},\boldsymbol{y},\boldsymbol{z},\omega)]\right|\leqslant M,\ \forall(\boldsymbol{x},\boldsymbol{y},\boldsymbol{z},\omega)\in B\times\Omega.$$

令

$$\begin{aligned}
&\left|\frac{1}{N_k}\sum_{\omega^i\in\Omega_k}\boldsymbol{F}_j(\boldsymbol{x},\boldsymbol{y},\boldsymbol{z},\omega^i)-\mathbb{E}[\boldsymbol{F}_j(\boldsymbol{x},\boldsymbol{y},\boldsymbol{z},\omega)]\right|\\
&:=\max\left\{\left|\frac{1}{N_k}\sum_{\omega^i\in\Omega_k}\boldsymbol{F}_i(\boldsymbol{x},\boldsymbol{y},\boldsymbol{z},\omega^i)-\mathbb{E}[\boldsymbol{F}_i(\boldsymbol{x},\boldsymbol{y},\boldsymbol{z},\omega)]\right|,1\leqslant i\leqslant n+l\right\},
\end{aligned}$$

则有

$$\left|\left\|\frac{1}{N_k}\sum_{\omega^i\in\Omega_k}\boldsymbol{F}(\boldsymbol{x},\boldsymbol{y},\boldsymbol{z},\omega^i)\right\|^2-\|\mathbb{E}[\boldsymbol{F}(\boldsymbol{x},\boldsymbol{y},\boldsymbol{z},\omega)]\|^2\right|$$

$$\leqslant \sum_{i=1}^{n+l} M \left| \frac{1}{N_k} \sum_{\omega^i \in \Omega_k} \boldsymbol{F}_i(\boldsymbol{x},\boldsymbol{y},\boldsymbol{z},\omega^i) - \mathbb{E}[\boldsymbol{F}_i(\boldsymbol{x},\boldsymbol{y},\boldsymbol{z},\omega)] \right|$$

$$= (n+l)M \left| \frac{1}{N_k} \sum_{\omega^i \in \Omega_k} \boldsymbol{F}_j(\boldsymbol{x},\boldsymbol{y},\boldsymbol{z},\omega^i) - \mathbb{E}[\boldsymbol{F}_j(\boldsymbol{x},\boldsymbol{y},\boldsymbol{z},\omega)] \right|,$$

这意味着

$$\sup_{(\boldsymbol{x},\boldsymbol{y},\boldsymbol{z}) \in B} \left| \left\| \frac{1}{N_k} \sum_{\omega^i \in \Omega_k} \boldsymbol{F}(\boldsymbol{x},\boldsymbol{y},\boldsymbol{z},\omega^i) \right\|^2 - \| \mathbb{E}[\boldsymbol{F}(\boldsymbol{x},\boldsymbol{y},\boldsymbol{z},\omega)] \|^2 \right| \geqslant \varepsilon$$

$$\Rightarrow \sup_{(\boldsymbol{x},\boldsymbol{y},\boldsymbol{z}) \in B} \left| \frac{1}{N_k} \sum_{\omega^i \in \Omega_k} \boldsymbol{F}_j(\boldsymbol{x},\boldsymbol{y},\boldsymbol{z},\omega^i) - \mathbb{E}[\boldsymbol{F}_j(\boldsymbol{x},\boldsymbol{y},\boldsymbol{z},\omega)] \right| \geqslant \frac{\varepsilon}{(n+l)M}.$$

因此，

$$\text{Prob}\left\{ \sup_{(\boldsymbol{x},\boldsymbol{y},\boldsymbol{z}) \in B} \left| \left\| \frac{1}{N_k} \sum_{\omega^i \in \Omega_k} \boldsymbol{F}(\boldsymbol{x},\boldsymbol{y},\boldsymbol{z},\omega^i) \right\|^2 - \| \mathbb{E}[\boldsymbol{F}(\boldsymbol{x},\boldsymbol{y},\boldsymbol{z},\omega)] \|^2 \right| \geqslant \varepsilon \right\}$$

$$\Rightarrow \sup_{(\boldsymbol{x},\boldsymbol{y},\boldsymbol{z}) \in B} \left| \frac{1}{N_k} \sum_{\omega^i \in \Omega_k} \boldsymbol{F}_j(\boldsymbol{x},\boldsymbol{y},\boldsymbol{z},\omega^i) - \mathbb{E}[\boldsymbol{F}_j(\boldsymbol{x},\boldsymbol{y},\boldsymbol{z},\omega)] \right| \geqslant \frac{\varepsilon}{(n+l)M}. \tag{8.34}$$

令 $\mathcal{X} := B$，$h(\boldsymbol{x},\boldsymbol{y},\boldsymbol{z},\omega) := \boldsymbol{F}_j(\boldsymbol{x},\boldsymbol{y},\boldsymbol{z},\omega)$. 由于 B 和 Ω 都是紧集，$\boldsymbol{F}(\boldsymbol{x},\boldsymbol{y},\boldsymbol{z},\omega)$ 二次连续可微，易验证 $\mathcal{X}$ 和 $h(\boldsymbol{x},\boldsymbol{y},\boldsymbol{z},\omega)$ 满足引理3.10的条件，因此对任意的 $\varepsilon > 0$，存在与 N_k 无关的正常数 $\bar{D}\left(\frac{\varepsilon}{(n+l)M}\right)$ 和 $\bar{\beta}\left(\frac{\varepsilon}{(n+l)M}\right)$，使得

$$\text{Prob}\left\{ \sup_{(\boldsymbol{x},\boldsymbol{y},\boldsymbol{z}) \in B} \left| \frac{1}{N_k} \sum_{\omega^i \in \Omega_k} \boldsymbol{F}_j(\boldsymbol{x},\boldsymbol{y},\boldsymbol{z},\omega^i) - \mathbb{E}[\boldsymbol{F}_j(\boldsymbol{x},\boldsymbol{y},\boldsymbol{z},\omega)] \right| \geqslant \frac{\varepsilon}{(n+l)M} \right\}$$

$$\leqslant \bar{D}\left(\frac{\varepsilon}{(n+l)M}\right) \mathrm{e}^{-N_k \bar{\beta}\left(\frac{\varepsilon}{(n+l)M}\right)}.$$

对于任意的 ε 来说，$(n+l)M$ 只是一个常数，因此可以将 $\bar{D}\left(\frac{\varepsilon}{(n+l)M}\right)$ 和 $\bar{\beta}\left(\frac{\varepsilon}{(n+l)M}\right)$ 分别等价用 $D(\varepsilon)$ 和 $\beta(\varepsilon)$ 表示，这样再结合式(8.34)就可证得式(8.33)成立.

对每一个 k，由于 $(\boldsymbol{x}^k,\boldsymbol{y}^k,\boldsymbol{z}^k)$ 是近似问题(8.18)的最优解，根据定理8.5知，$(\bar{\boldsymbol{x}},\bar{\boldsymbol{y}},\bar{\boldsymbol{z}})$ 依概率1是极小化问题(8.9)的最优解. 因此，有

$$\theta_{\mathrm{FB}}^k(\boldsymbol{x}^k,\boldsymbol{y}^k,\boldsymbol{z}^k) \leqslant \theta_{\mathrm{FB}}^k(\bar{\boldsymbol{x}},\bar{\boldsymbol{y}},\bar{\boldsymbol{z}}), \quad \theta_{\mathrm{FB}}(\bar{\boldsymbol{x}},\bar{\boldsymbol{y}},\bar{\boldsymbol{z}}) \leqslant \theta_{\mathrm{FB}}(\boldsymbol{x}^k,\boldsymbol{y}^k,\boldsymbol{z}^k),$$

进而，有

$$\begin{aligned}
&\theta_{\mathrm{FB}}^k(\boldsymbol{x}^k,\boldsymbol{y}^k,\boldsymbol{z}^k) - \theta_{\mathrm{FB}}(\bar{\boldsymbol{x}},\bar{\boldsymbol{y}},\bar{\boldsymbol{z}}) \\
&= \theta_{\mathrm{FB}}^k(\boldsymbol{x}^k,\boldsymbol{y}^k,\boldsymbol{z}^k) - \theta_{\mathrm{FB}}^k(\bar{\boldsymbol{x}},\bar{\boldsymbol{y}},\bar{\boldsymbol{z}}) + \theta_{\mathrm{FB}}^k(\bar{\boldsymbol{x}},\bar{\boldsymbol{y}},\bar{\boldsymbol{z}}) - \theta_{\mathrm{FB}}(\bar{\boldsymbol{x}},\bar{\boldsymbol{y}},\bar{\boldsymbol{z}}) \\
&\leqslant \theta_{\mathrm{FB}}^k(\bar{\boldsymbol{x}},\bar{\boldsymbol{y}},\bar{\boldsymbol{z}}) - \theta_{\mathrm{FB}}(\bar{\boldsymbol{x}},\bar{\boldsymbol{y}},\bar{\boldsymbol{z}}) \\
&\leqslant \sup_{(\boldsymbol{x},\boldsymbol{y},\boldsymbol{z}) \in B} |\theta_{\mathrm{FB}}^k(\boldsymbol{x},\boldsymbol{y},\boldsymbol{z}) - \theta_{\mathrm{FB}}(\boldsymbol{x},\boldsymbol{y},\boldsymbol{z})|
\end{aligned}$$

和

$$\begin{aligned}
&\theta_{\mathrm{FB}}^k(\boldsymbol{x}^k,\boldsymbol{y}^k,\boldsymbol{z}^k)-\theta_{\mathrm{FB}}(\bar{\boldsymbol{x}},\bar{\boldsymbol{y}},\bar{\boldsymbol{z}})\\
&=\theta_{\mathrm{FB}}^k(\boldsymbol{x}^k,\boldsymbol{y}^k,\boldsymbol{z}^k)-\theta_{\mathrm{FB}}(\boldsymbol{x}^k,\boldsymbol{y}^k,\boldsymbol{z}^k)+\theta_{\mathrm{FB}}(\boldsymbol{x}^k,\boldsymbol{y}^k,\boldsymbol{z}^k)-\theta_{\mathrm{FB}}(\bar{\boldsymbol{x}},\bar{\boldsymbol{y}},\bar{\boldsymbol{z}})\\
&\geqslant\theta_{\mathrm{FB}}^k(\boldsymbol{x}^k,\boldsymbol{y}^k,\boldsymbol{z}^k)-\theta_{\mathrm{FB}}(\boldsymbol{x}^k,\boldsymbol{y}^k,\boldsymbol{z}^k)\\
&\geqslant-\sup_{(\boldsymbol{x},\boldsymbol{y},\boldsymbol{z})\in B}\left|\theta_{\mathrm{FB}}^k(\boldsymbol{x},\boldsymbol{y},\boldsymbol{z})-\theta_{\mathrm{FB}}(\boldsymbol{x},\boldsymbol{y},\boldsymbol{z})\right|.
\end{aligned}$$

利用上两式，得

$$\left|\theta_{\mathrm{FB}}^k(\boldsymbol{x}^k,\boldsymbol{y}^k,\boldsymbol{z}^k)-\theta_{\mathrm{FB}}(\bar{\boldsymbol{x}},\bar{\boldsymbol{y}},\bar{\boldsymbol{z}})\right|\leqslant\sup_{(\boldsymbol{x},\boldsymbol{y},\boldsymbol{z})\in B}\left|\theta_{\mathrm{FB}}^k(\boldsymbol{x},\boldsymbol{y},\boldsymbol{z})-\theta_{\mathrm{FB}}(\boldsymbol{x},\boldsymbol{y},\boldsymbol{z})\right|.$$

进一步，结合式(8.32)，可证式(8.31)成立.

(II) 考虑互补函数为 ϕ_{NR} 时的情况.

在(I)中已经证明了式(8.33)成立，即对任意的 $\varepsilon>0$，存在与 N_k 无关的正常数 $D(\varepsilon)$ 和 $\beta(\varepsilon)$，使得

$$\mathrm{Prob}\left\{\sup_{(\boldsymbol{x},\boldsymbol{y},\boldsymbol{z})\in B}\left|\left\|\frac{1}{N_k}\sum_{\omega^i\in\Omega_k}\boldsymbol{F}(\boldsymbol{x},\boldsymbol{y},\boldsymbol{z},\omega^i)\right\|^2-\left\|\mathbb{E}[\boldsymbol{F}(\boldsymbol{x},\boldsymbol{y},\boldsymbol{z},\omega)]\right\|^2\right|\geqslant\varepsilon\right\}\leqslant D(\varepsilon)\mathrm{e}^{-N_k\beta(\varepsilon)}.$$

由式(8.16)知，存在一正数 C_0，使得

$$\left|\left\|\boldsymbol{\Phi}_{\mathrm{NR}}^{\mu_k}(\boldsymbol{x},\boldsymbol{y})\right\|^2-\left\|\boldsymbol{\Phi}_{\mathrm{NR}}(\boldsymbol{x},\boldsymbol{y})\right\|^2\right|\leqslant C_0\mu_k.$$

进而，有

$$\begin{aligned}
&\left|\Theta_{\mathrm{NR}}^k(\boldsymbol{x},\boldsymbol{y},\boldsymbol{z})-\Theta_{\mathrm{NR}}(\boldsymbol{x},\boldsymbol{y},\boldsymbol{z})\right|\\
&\leqslant\left|\left\|\frac{1}{N_k}\sum_{\omega^i\in\Omega_k}\boldsymbol{F}(\boldsymbol{x},\boldsymbol{y},\boldsymbol{z},\omega^i)\right\|^2-\left\|\mathbb{E}[\boldsymbol{F}(\boldsymbol{x},\boldsymbol{y},\boldsymbol{z},\omega)]\right\|^2\right|+\left|\left\|\boldsymbol{\Phi}_{\mathrm{NR}}^{\mu_k}(\boldsymbol{x},\boldsymbol{y})\right\|^2\right.\\
&\qquad\left.-\left\|\boldsymbol{\Phi}_{\mathrm{NR}}(\boldsymbol{x},\boldsymbol{y})\right\|^2\right|\\
&\leqslant\left|\left\|\frac{1}{N_k}\sum_{\omega^i\in\Omega_k}\boldsymbol{F}(\boldsymbol{x},\boldsymbol{y},\boldsymbol{z},\omega^i)\right\|^2-\left\|\mathbb{E}[\boldsymbol{F}(\boldsymbol{x},\boldsymbol{y},\boldsymbol{z},\omega)]\right\|^2\right|+C_0\mu_k.
\end{aligned}$$

因为当 $k\to\infty$ 时，$\mu_k\to 0$，结合上面的不等式及式(8.33)知，存在常数 $K>0$，使得当 $k>K$ 且 $\mu_k\leqslant\dfrac{\varepsilon}{C_0}$ 时，有

$$\begin{aligned}
&\mathrm{Prob}\left\{\sup_{(\boldsymbol{x},\boldsymbol{y},\boldsymbol{z})\in B}\left|\Theta_{\mathrm{NR}}^k(\boldsymbol{x},\boldsymbol{y},\boldsymbol{z})-\Theta_{\mathrm{NR}}(\boldsymbol{x},\boldsymbol{y},\boldsymbol{z})\right|\geqslant 2\varepsilon\right\}\\
&\leqslant\mathrm{Prob}\left\{\sup_{(\boldsymbol{x},\boldsymbol{y},\boldsymbol{z})\in B}\left|\left\|\frac{1}{N_k}\sum_{\omega^i\in\Omega_k}\boldsymbol{F}(\boldsymbol{x},\boldsymbol{y},\boldsymbol{z},\omega^i)\right\|^2-\left\|\mathbb{E}[\boldsymbol{F}(\boldsymbol{x},\boldsymbol{y},\boldsymbol{z},\omega)]\right\|^2\right|\geqslant\varepsilon\right\}\\
&\leqslant D(\varepsilon)\mathrm{e}^{-N_k\beta(\varepsilon)}.
\end{aligned}$$

接下来，仿照(I)中的证明，可证得

$$|\theta_{\mathrm{NR}}^{k}(\boldsymbol{x}^{k},\boldsymbol{y}^{k},\boldsymbol{z}^{k})-\theta_{\mathrm{NR}}(\bar{\boldsymbol{x}},\bar{\boldsymbol{y}},\bar{\boldsymbol{z}})| \leqslant \sup_{(\boldsymbol{x},\boldsymbol{y},\boldsymbol{z})\in B}|\theta_{\mathrm{FB}}^{k}(\boldsymbol{x},\boldsymbol{y},\boldsymbol{z})-\theta_{\mathrm{FB}}(\boldsymbol{x},\boldsymbol{y},\boldsymbol{z})|.$$

结合上面两个不等式，即可推得式(8.30)成立. 证毕.

8.6 本章小结

本章对随机二阶锥互补问题，利用自然残差互补函数和FB互补函数，建立了它的期望值模型，讨论了期望值模型问题存在局部误差界的条件. 由于期望值模型中不仅含有数学期望，而且自然残差互补函数还是不光滑的，故借助蒙特卡罗近似技术和光滑化技术相结合的方法，建立了期望值模型的近似问题，证明了近似问题的全局最优解序列和稳定点序列会依概率1收敛到期望残差极小化模型的全局最优解和稳定点，而且给出了收敛速度分析.

参 考 文 献

[1]Val P Du. The unloading problem for plane curves[J]. American Journal of Mathematics, 1940, 62: 307-311.

[2]Cottle R W. Nonlinear programs with positively bounded jacobians[D]. California: University of California, 1964.

[3]韩继业, 修乃华, 戚厚铎. 非线性互补理论与算法[M]. 上海:上海科学技术出版社, 2006.

[4]Cottle R W. Note on a fundamental theorem in quadratic programming[J]. Journal of the Society of Industrial and Applied Mathematics, 1964, 12: 663.

[5]Dantzig G B, Cottle R W. Positive (Semi-) definite programming[M]. In: Abadie J, ed. Nonlinear Programming. Amsterdam: North-Holland, 1967.

[6]Cottle R W, Dantzig G B. Complementarity pivot theory in mathematical programming - ScienceDirect[J]. Linear Algebra and Its Applications, 1968, 1(1):103-125.

[7]Cottle R W, Pang J S, Stone R E. The linear complementarity Problem[M]. Boston: Academic Press, 1992.

[8]Mandel J. A multilevel iterative method for symmetric, positive definite linear complementarity problems[J]. Applied Mathematics & Optimization, 1984, 11(1): 77-95.

[9]Pang J S, Yang J M. Two-stage parallel iterative methods for the symmetric linear complementarity problem[J]. Annals of Operations Research, 1988, 14(1): 61-75.

[10]Luo Z Q, Tseng P. On the convergence of a matrix splitting algorithm for the symmetric monotone linear complementarity problem[J]. SIAM Journal on Control & Optimization, 1989, 29(5): 1037-1060.

[11]Machida N, Fukushima M, Ibaraki T. A multisplitting method for symmetric linear complementarity problems[J]. Journal of Computational & Applied Mathematics, 1995, 62(2): 217-227.

[12]Wu S, Li C, Agarwal P. Relaxed modulus-based matrix splitting methods for the linear

complementarity problem[J]. Symmetry, 2021, 13(3):503-516.

[13] Mezzadri F, Galligani E. Modulus-based matrix splitting methods for horizontal linear complementarity problems[J]. Numerical Algorithms, 2020,83(1): 201-219.

[14] Chi X, Wang G. A full-newton step infeasible interior-point method for the special weighted linear complementarity problem[J]. Journal of Optimization Theory and Applications, 2021, 190(11-12): 108-129.

[15] Asadi S, Darvay Z, Lesaja G, et al. A Full-Newton step interior-point method for monotone weighted linear complementarity problems [J]. Journal of Optimization Theory and Applications, 2020, 186(115): 864-878.

[16] Zhou S, Pan L, Li M U, et al. Newton hard thresholding pursuit for sparse linear complementarity problem via a new merit function [J]. SIAM Journal on Scientific Computing, 2021, 43(2):A772-A799.

[17] Mezzadri F, Galligani E. A modulus-based nonsmooth Newton's method for solving horizontal linear complementarity problems[J]. Optimization Letters, 2021, 15(5):1785-1798.

[18] Smith T E. A solution condition for complementarity problem: with application to spatial price equilibrium[J]. Applied Mathematics and Computation, 1984, 15: 61-69.

[19] Kanzow C, Kleinmichel H. A new class of semismooth Newton-type methods for nonlinear complementarity problems[J]. Computational Optimization & Applications, 1998, 11(3): 227-251.

[20] Luca T D, Facchinei F, Kanzow C. A semismooth equation approach to the solution of nonlinear complementarity problems [J]. Mathematical Programming, 1996, 75 (3): 407-439.

[21] MJ Mietański. On a nonsmooth Gauss-Newton algorithms for solving nonlinear complementarity problems[J]. Algorithms, 2020, 13(8):190-200.

[22] Harker P T, Pang J S. Finite-dimensional variational inequalities and complementarity problems: a survey oftheorey, algorithms and applications [J]. Mathematical Programming, 1990, 48: 161-220.

[23] Facchinei F, Pang J S. Finite-dimensional variational inequalities and complementarity problems[M]. New York: Springer-Verlag, 2003.

[24] Alizadeh F, Goldfarb D. Second-order cone programming[J]. Mathematical Programming, 2003,95: 3-51.

[25] Lobo M S, Vandenberghe L, Boyd S, et al. Applications of second-order cone

programming[J]. Linear Algebra and Its Applications, 1998, 284: 193-228.

[26] Debnath R, Muramatsu M, Takahashi H. An efficient support vector machine learning method with second-order cone programming for large-scale problems [J]. Applied Intelligence, 2005, 23(3):219-239.

[27] Effati S, Moghadam M M. Conversion of some classes of fractional programming to second-order cone programming and solving it by potential reduction interior point method[J]. Applied Mathematics & Computation, 2006, 181(1):563-578.

[28] Sasakawa T, Tsuchiya T. Optimal magnetic shield design with second-order cone programming[J]. SIAM Journal on Scientific Computing, 2003, 24(6):1930-1950.

[29] Mccrimmon B K. Jordan algebras and their applications[J]. Bulletin of the American Mathematical Society, 1978, 84 (4): 612-627.

[30] Faybusovich L. Linear systems in Jordan algebras and primal-dual interior-point algorithms [J]. Journal of Computational & Applied Mathematics, 1996, 86(1):149-175.

[31] Faybusovich L. Euclidean Jordan algebras and interior-point algorithms[J]. Positivity, 1997, 1(4):331-357.

[32] Faraut J, Korányi A. Analysis on symmetric cones[M]. London and New York: Oxford University Press, 1994.

[33] Nemirovskii A, Scheinberg K. Extension of Karmarkar's algorithm onto convex quadrati-cally constrained quadratic problems[J]. Mathematical Programming, 1996, 72(3):273-289.

[34] Nesterov Y E, Todd M J. Self-scaled barriers and interior-point methods for convex programming[J]. Mathematics of Operations Research, 1997, 22 (1): 1-42.

[35] Nesterov Y E, Todd M J. Primal-dual interior-point methods for self-scaled cones[J]. SIAM Journal on Optimization, 1998, 8: 324-364.

[36] Adler I, Alizadeh F. Primal-dual interior point algorithms for convex quadratically constrained and semidefinite optimization problems. Technical Report RRR-111-95, Rutcor, Rutgers University, 1995.

[37] Schmieta S H, Alizadeh F. Extension of primal-dual interior point algorithms to symmetric cones[J]. Mathematical Programming, 2003, 96(3):409-438.

[38] Schmieta S H, Alizadeh F. Associative and Jordan algebras, and polynomial time interior-point algorithms for symmetric cones[J]. Mathematics of Operations Research, 2001, 26 (3): 543-564.

[39] Tang J, He G, D Li, et al. A smoothing Newton method for second-order cone optimization

based on a new smoothing function[J]. Applied Mathematics & Computation, 2011, 218(4): 1317-1329.

[40]Tang J, He G, Dong L, et al. A new one-step smoothing Newton method for second-order cone programming[J]. Applications of Mathematics, 2012, 57(4): 311-331.

[41]Liu X H, Huang Z H. A smoothing Newton algorithm based on a one-parametric class of smoothing functions for linear programming over symmetric cones[J]. Mathematical Methods of Operations Research, 2009, 70(2):385-404.

[42]Kato H, Fukushima M. An SQP-type algorithm for nonlinear second-order cone programs[J]. Optimization Letters, 2007, 1(2):129-144.

[43]Yu X, Alizadeh. The Q method for second order cone programming[J]. Computers & Operations Research, 2008, 35: 1510-1538.

[44]Bai Y Q, Wang G Q. Primal-dual interior-point algorithms for second-order cone optimization based on a new parametric kernel function[J]. Acta Mathematica Sinica (English Series), 2007, 23(11): 2027-2042.

[45]Bai Y Q, Wang G Q, Roos C. Primal-dual interior-point algorithms for second-order cone optimization based on kernel functions[J]. Nonlinear Analysis: Theory, Methods and Applications, 2009, 70(10): 3584-3602.

[46]迟晓妮. 二次锥规划的算法研究[D]. 西安: 西安电子科技大学, 2008.

[47]Zhang X S, Liu S Y, Liu Z H. A predictor-corrector smoothing method for second-order cone programming[J]. Journal of Applied Mathematics and Computing,2010,32: 369-381.

[48]房亮. 二阶锥规划和二阶锥互补问题的算法研究[D]. 上海:上海交通大学, 2010.

[49]曾友芳. 二阶锥规划的理论与算法研究[D]. 上海:上海大学, 2011.

[50]汤京永. 二阶锥规划的若干算法研究[D]. 上海:上海交通大学, 2012.

[51]Ghaoui L E, Lebret H. Robust solutions to least squares problems with uncertain data[J]. SIAM Journal on Matrix Analysis & Applications, 1997, 18(4): 1035-1064.

[52]Kwak B M. Complementarity problem formulation of three-dimensional frictional contact[J]. Journal of Applied Mechanics, 1991, 58(1): 134-140.

[53]Xue G L, Ye Y Y. An effcient algorithm for minimizing a sum of euclidean norms with applications[J]. SIAM Journal on Optimization, 1997, 7(4): 1017-1036.

[54]Lebret H, Boyd S. Antenna array pattern synthesis via convex optimization[J]. IEEE Transactions on Signal Processing, 1997, 45(3): 526-532.

[55]Fukushima M, Luo Z Q, Tseng P. Smoothing functions for second-order cone

complementarity problems [J]. SIAM Journal on Optimization, 2002, 12(2): 436-460.

[56] Chen X D, Sun D, Sun J. Complementarity functions and numerical experiments on some smoothing Newton methods for second-order-cone complementarity problems [J]. Computational Optimization & Applications, 2003, 25(1-3): 39-56.

[57] Chen J S, Tseng P. An unconstrained smooth minimization reformulation of the second-order cone complementarity problem[J]. Mathematical Programming, 2005, 104(2-3): 293-327.

[58] Hayashi S, Yamashita N, Fukushima M. A combined smoothing and regularization method for monotone second-order cone complementarity problems [J]. SIAM Journal on Optimization, 2006, 15(2): 593-615.

[59] Zhang X, Liu S, Liu Z. A smoothing method for second order cone complementarity problem[J]. Journal of Computational & Applied Mathematics, 2009, 228(1): 83-91.

[60] Narushima Y, Sagara N, Ogasawara H. A smoothing Newton method with Fischer-Burmeister function for second-order cone complementarity problems[J]. Journal of Optimization Theory & Applications, 2011, 149(1): 79-101.

[61] Tang J, He G, Dong L, et al. A smoothing Newton method for the second-order cone complementarity problem[J]. Applications of Mathematics, 2013, 58(2): 223-247.

[62] Pan S, Chen J S. A damped Gauss-Newton method for the second-order cone complementarity problem [J]. Applied Mathematics & Optimization, 2009, 59 (3): 293-318.

[63] Pan S, Chen J S. Asemismooth Newton method for SOCCPs based on a one-parametric class of SOC complementarity functions[J]. Computational Optimization & Applications, 2010, 45 (1): 59-88.

[64] Pan S, Chen J S. A least-square semismooth Newton method for the second-order cone complementarity problem[J]. Optimization Methods & Software, 2011, 26(1): 1-22.

[65] Cruz J Y B, Ferreira O P, Németh S Z , et al. A semi-smooth Newton method for projection equations and linear complementarity problems with respect to the second order cone[J]. Linear Algebra & Its Applications, 2016, 513: 160-181.

[66] Luo Z Q, Tseng P. A new class of merit functions for the nonlinear complementarity problem[J]. Complementarity and Variational Problems: State of the Art Siam, 1997: 204-225.

[67] Tseng P. Merit functions for semi-definite complemetarity problems [J]. Mathematical Programming, 1998, 83(1-3): 159-185.

[68] Chen J S. Two classes of merit functions for the second-order cone complementarity problem[J]. Mathematical Methods of Operations Research, 2006, 64(3): 495-519.

[69] Chen J S. A new merit function and its related properties for the second-order cone complementarity problem[J]. Pacific Journal of Optimization, 2006, 2(1): 167-179.

[70] Yamada K, Yamashita N, Fukushima M. A new derivative-free descent method for the nonlinear complementarity problem [M]// Nonlinear Optimization and Related Topics. Boston: Springer, 2000: 463-487.

[71] Chen J S, Pan S. A one-parametric class of merit functions for the second-order cone complementarity problem[J]. Computational Optimization & Applications, 2010, 45(3): 581-606.

[72] Chi X, Wan Z, Hao Z. A two-parametric class of merit functions for the second-order cone complementarity problem[J]. Journal of Applied Mathematics, 2013(4): 183-189.

[73] O' Leary D P, White R E. Multi-splittings of matrices and parallel solution of linear systems[J]. SIAM Journal on Algebraic & Discrete Methods, 1985, 6(4): 630-640.

[74] Golub G, Ortega J M. Scientific Computing: An Introduction with Parallel Computing[M]. Boston: Academic Press, 1993.

[75] Luo Z Q, Tseng P. Error bound and convergence analysis of matrix splitting algorithms for the affine variational inequality problem[J]. SIAM Journal on Optimization, 1990, 2(1): 43-54.

[76] Iusem A N. On the convergence of iterative methods for symmetric linear complementarity problems[J]. Mathematical Programming, 1993, 59(1-3): 33-48.

[77] Hayashi S, Yamaguchi T, Yamashita N, et al. A matrix-splitting method for symmetric affine second-order cone complementarity problem [J]. Journal of Computational & Applied Mathematics, 2005, 175(2): 335-353.

[78] Xu H, Zeng J. Amultisplitting method for symmetrical affine second-order cone complementarity problem[J]. Computers & Mathematics with Applications, 2008, 55(3): 459-469.

[79] Duan B X, Fan L Q, Wu J Y. A parallel relaxed multisplitting method for affine second-order cone complementarity problem[C]// International Workshop on Education Technology and Computer Science. IEEE, 2009: 318-324.

[80] Zhang L, Yang W H. An efficient matrix splitting method for the second-order cone complementarity problem[J]. SIAM Journal on Optimization, 2014, 24(3): 1178-1205.

[81]段班祥，张爱萍，朱小平. 对称仿射二次锥互补问题的二级迭代算法[J]. 科学技术与工程，2008，8(14)：3730-3733.

[82]王勇，黄正海. 一类非单调二阶锥互补问题解集的非空性与有界性[J]. 应用数学学报，2009，32(6)：961-968.

[83]张杰，徐成贤，芮绍平. 线性二阶锥互补问题的一种非精确光滑算法[J]. 运筹学学报，2011，15(2)：95-102.

[84] Kanno Y, Martins J A C, Costa A P D. Second-order cone linear complementarity formulation of quasi-static incremental frictional contact problem[C]// European Congress on Computational Methods in Applied Sciences and Engineering, 2004.

[85] Hayashi S, Yamashita N, Fukushima M. Robust Nash equilibria and second-order cone complementarity problems[J]. Journal of Nonlinear & Convex Analysis, 2005, 6(2): 283-296.

[86]李建宇，潘少华，张洪武. 解三维摩擦接触问题的一个二阶锥线性互补法[J]. 力学学报，2009，41(6)：869-877.

[87]李建宇，张洪武，潘少华. 正交各向异性摩擦接触分析的一个二阶锥线性互补法[J]. 固体力学学报，2010，31(2)：109-118.

[88]Zhang H W, Li J Y, Pan S H. New second-order cone linear complementarity formulation and semi-smooth Newton algorithm for finite element analysis of 3D frictional contact problem[J]. Computer Methods in Applied Mechanics & Engineering, 2011, 200(1-4): 77-88.

[89]Zhang L L, Li J Y, Zhang H W, et al. A second order cone complementarity approach for the numerical solution of elastoplasticity problems[J]. Computational Mechanics, 2013, 51(1): 1-18.

[90]Chen J S. Conditions for error bounds and bounded level sets of some merit functions for the second-order cone complementarity problem[J]. Journal of Optimization Theory & Applications, 2007, 135(3): 459-473.

[91] Chen J S, Pan S. A descent method for a reformulation of the second-order cone complementarity problem[J]. Journal of Computational & Applied Mathematics, 2008, 213(2): 547-558.

[92]Pan S, Chen J S. A regularization method for the second-order cone complementarity problem with the Cartesian P_0-property[J]. Nonlinear Analysis, 2009, 70(4): 1475-1491.

[93]Hu S L, Huang Z H, Lu N. Smoothness of a class of generalized merit functions for the

second-order cone complementarity problem[J]. Pacific Journal of Optimization, 2010, 6(3): 551-571.

[94] Wu J, Chen J S. A proximal point algorithm for the monotone second-order cone complementarity problem[J]. Computational Optimization & Applications, 2012, 51(3): 1037-1063.

[95] Pan S, Kum S, Lim Y, et al. On the generalized Fischer-Burmeister merit function for the second-order cone complementarity problem[J]. Mathematics of Computation, 2014, 83(83): 1143-1171.

[96] Tang J, Dong L, Zhou J, et al. A smoothing-type algorithm for the second-order cone complementarity problem with a new nonmonotone line search[J]. Optimization, 2015, 64(9): 1935-1955.

[97] Tang J, Zhou J, Fang L. A non-monotone regularization Newton method for the second-order cone complementarity problem[J]. Applied Mathematics & Computation, 2015, 271(C): 743-756.

[98] Chen X, Fukushima M. Expected residual minimization method for stochastic linear complementarity problems[J]. Mathematics of Operations Research, 2005, 30(4): 1022-1038.

[99] Lin G H, Fukushima M. New reformulations for stochastic nonlinear complementarity problems[J]. Optimization Methods & Software, 2006, 21(4): 551-564.

[100] 黄正海, 林贵华, 修乃华. 变分不等式与互补问题、双层规划与平衡约束数学规划问题的若干进展[J]. 运筹学学报, 2014, 18(1): 113-133.

[101] Gürkan G, Özge A Y, Robinson S M. Sample-path solution of stochastic variational inequalities, with applications to option pricing[C]// Proceedings of the 28th Conference on Winter Simulation. IEEE Computer Society, 1996: 337-344.

[102] Wolf D D, Smeers Y. A stochastic version of a Stackelberg-Nash-Cournot equilibrium model[J]. Management Science, 1997, 43(2): 190-197.

[103] Gürkan G, Özge A Y, Robinson S M. Sample-path solution of stochastic variational inequalities[J]. Mathematical Programming, 1999, 84(2): 313-333.

[104] Belknap M H, Chen C H, Harker P T. A gradient-based method for analyzing stochastic variational inequalities with one uncertain parameter[M]// OPIM Working Paper 00-03-13. Department of Operations and Information Management, Wharton School, University of Pennsylvania, 2000.

[105] Haurie A, Moresino F. S-adapted oligopoly equilibria and approximations in stochastic variational inequalities[J]. Annals of Operations Research, 2002, 114(1-4): 183-201.

[106] Fang H, Chen X, Fukushima M. Stochastic R_0 matrix linear complementarity problems[J]. SIAM Journal on Optimization, 2007, 18(2): 482-506.

[107] Zhou G L, Caccetta L. Feasible semismooth Newton method for a class of stochastic linear complementarity problems[J]. Journal of Optimization Theory & Applications, 2008, 139(2): 379-392.

[108] Zhang C, Chen X. Stochastic nonlinear complementarity problem and applications to traffic equilibrium under uncertainty[J]. Journal of Optimization Theory & Applications, 2008, 137(2): 277-295.

[109] Zhang C, Chen X. Smoothing projected gradient method and its application to stochastic linear complementarity problems[J]. SIAM Journal on Optimization, 2009, 20(2): 627-649.

[110] Chen X, Zhang C, Fukushima M. Robust solution of monotone stochastic linear complementarity problems[J]. Mathematical Programming, 2009, 117(1-2): 51-80.

[111] Lin G H. Combined Monte Carlo sampling and penalty method for Stochastic nonlinear complementarity problems[J]. Mathematics of Computation, 2009, 78(267): 1671-1686.

[112] Lin G H, Fukushima M. Stochastic equilibrium problems and stochastic mathematical programs with equilibrium constraints: a survey[J]. Pacific Journal of Optimization, 2010, 6(3): 455-482.

[113] Wang M, Ali M M. Stochastic nonlinear complementarity problems: stochastic programming reformulation and penalty-based approximation method[J]. Journal of Optimization Theory & Applications, 2010, 144(3): 597-614.

[114] Xie Y, Ma C. A smoothing Levenberg-Marquardt algorithm for solving a class of stochastic linear complementarity problem[J]. Applied Mathematics & Computation, 2011, 217(9): 4459-4472.

[115] Liu H, Huang Y, Li X. Partial projected Newton method for a class of stochastic linear complementarity problems[J]. Numerical Algorithms, 2011, 58(4): 593-618.

[116] 李向利, 刘红卫, 黄亚魁. 随机 P 矩阵和随机 P_0 矩阵线性互补问题[J]. 系统科学与数学, 2011, 31(1): 123-128.

[117] Hamatani K, Fukushima M. Pricing American options with uncertain volatility through stochastic linear complementarity models[J]. Computational Optimization and Applications,

2011, 50(2): 263-286.

[118]Wang M, Ali M M, Lin G. Sample average approximation method for stochastic complementarity problems with applications to supply chain supernetworks[J]. Journal of Industrial & Management Optimization, 2012, 7(2): 317-345.

[119]Huang Y, Liu H, Zhou S. A Barzilai-Borwein type method for stochastic linear complementarity problems[J]. Numerical Algorithms, 2014, 67(3): 477-489.

[120]Xu L, Yu B, Liu W. The distributionally robust optimization reformulation for stochastic complementarity problems[J]. Abstract and Applied Analysis, 2014(2014-11-6): 1-7.

[121]瑛瑛, 韩金桩. 求解随机非线性互补问题的一种光滑化样本均值逼近方法[J]. 内蒙古师大学报(自然汉文版), 2015(1): 29-34.

[122]吴丹, 韩继业. 随机对称不确定集下的线性互补问题[J]. 应用数学进展, 2016, 5(1): 1-7.

[123]卓峻峰. 电力系统最优潮流新算法研究[D]. 北京:华北电力大学(北京), 2003.

[124]柳焯. 最优化原理及其在电力系统中的应用[M]. 哈尔滨:哈尔滨工业大学出版社, 1988.

[125]Carpentier J. Contribution to the economic dispatch problem[J]. Bulletin de la Societe Francoise des Electriciens, 1962, 3(8): 431-447.

[126]Dommel H W, Tinney W F. Optimal power flow solutions[J]. IEEE Transactions on Power Apparatus & Systems, 1968, 87(10): 1866-1876.

[127]Mehra R K, Peschon J. Correspondence item: An innovations approach to fault detection and diagnosis in dynamic systems[J]. Automatica, 1971, 7(5): 637-640.

[128]Rashed A M H, Kelly D H. Optimal load flow solution using Lagrangian multipliers and the Hessian matrix[J]. IEEE Transactions on Power Apparatus & Systems, 1974, 94(5): 1292-1297.

[129]Reid G F, Hasdorff L. Economic dispatch using quadratic programming[J]. IEEE Transactions on Power Apparatus & Systems, 1973, 92(6): 2015-2023.

[130]Bala J L, Thanikachalam A. An improved second order method for optimal load flow[J]. IEEE Transactions on Power Apparatus & Systems, 1978, 97(4): 1239-1244.

[131]Talukdar S N, Giras T C. A fast and robust variable metric method for optimum power flows[J]. IEEE Power Engineering Review, 1981, 101(2): 415-420.

[132]Sun D I, Ashley B, Brewer B, et al. Optimal power flow by Newton approach[J]. IEEE Transactions on Power Apparatus & Systems, 1984, 103(10): 2864-2880.

[133] Karmarkar N. A new polynomial-time algorithm for linear programming[C]// Proceedings of the Sixteenth Annual ACM Symposium on Theory of Computing. ACM, 1984: 302-311.

[134] 刘明波, 王晓村. 内点法在求解电力系统优化问题中的应用综述[J]. 电网技术, 1999, 23(8): 61-64.

[135] Ponnambalam K, Quintana V H, Vannelli A. A fast algorithm for power system optimization problems using an interior point method[J]. IEEE Transactions on Power Systems , 1992, 7(2): 892-899.

[136] Momoh J A, Austin R F, Adapa R, et al. Application of interior point method to economic dispatch[C]// IEEE International Conference on Systems, Man and Cybernetics. IEEE, 1992, 2: 1096-1101.

[137] Momoh J A, Zhu J Z. Improved interior point method for OPF problems[J]. IEEE Transactions on Power Systems, 1999, 14(3): 1114-1120.

[138] Wei H, Sasaki H, Kubokawa J, et al. Large scale hydrothermal optimal power flow problems based on interior point nonlinear programming[J]. IEEE Transactions on Power Systems, 2000, 15(1): 396-403.

[139] 刘明波, 段晓军. 一种求解多目标最优潮流的模糊优化算法[J]. 电网技术, 1999, 23(9): 23-26.

[140] Yuryevich J, Wong K P. Evolutionary programming based optimal power flow algorithm[J]. IEEE Transactions on Power Systems, 1999, 14(4): 1245-1250.

[141] Shoults R R, Sun D T. Optimal power flow based upon P-Q decomposition[J]. IEEE Transactions on Power Apparatus & Systems , 1982, 101(2): 397-405.

[142] El-Kady M A, Bell B D, Carvalho V F, et al. Assessment of real-time optimal voltage control[J]. IEEE Transactions on Power Systems, 1986, 1(2): 98-105.

[143] Gan L, Li N, Topcu U, et al. Exact convex relaxation of optimal power flow in radial networks[J]. IEEE Transactions on Automatic Control, 2015, 60(1): 72-87.

[144] 李文沅. 增量罚有限元位移法分析非线性橡胶类材料[J]. 重庆大学学报(自然科学版), 1982, 5(1): 95-111.

[145] 胡珠光, 傅书逷. 带有安全约束的电力系统有功功率、无功功率和电压的最优控制[J]. 电网技术, 1986(3): 49-56.

[146] 蔡兴国, 陈小虎, 柳焯. 电力系统负荷分配中可靠性、机组组合与最优潮流的协调[J]. 哈尔滨工业大学学报, 1993(3): 63-67.

[147] 王宪荣, 包丽明, 柳焯, 等. 快速解耦牛顿法最优潮流[J]. 中国电机工程学报, 1994

(4): 26-32.

[148]孙洪波, 徐国禹, 秦翼鸿. 多目标模糊优化潮流模型及其基于神经网络的算法[J]. 重庆大学学报(自然科学版), 1995, 18(3): 52-58.

[149]李胜渊. 牛顿法最优潮流算法的研究及实践[D]. 北京:电力工业部电力科学研究院 & 中国电力科学研究院, 1996.

[150]林声宏, 刘明波, 王晓村. 含 UPFC 的电力系统最优潮流计算[J]. 电力系统及其自动化学报, 2001, 13(2): 11-15.

[151]薛志方, 李光熹. 基于最优潮流的实时电价及其遗传算法实现[J]. 电网技术, 2001, 25(6): 25-28.

[152]侯芳, 吴政球, 王良缘. 基于内点法的快速解耦最优潮流算法[J]. 电力系统及其自动化学报, 2001, 13(6): 8-12.

[153]袁越, 久保川淳司, 佐佐木博司, 等. 基于内点法的含暂态稳定约束的最优潮流计算[J]. 电力系统自动化, 2002, 26(13): 14-19.

[154]卓峻峰, 赵冬梅. 基于混沌搜索的多目标模糊优化潮流算法[J]. 电网技术, 2003, 27(2): 41-44.

[155]Madrigal M, Ponnambalam K, Quintana V H. Probabilistic optimal power flow[C]// IEEE Canadian Conference on Electrical and Computer Engineering. IEEE, 1998, 1: 385-388.

[156]Schellenberg A, Rosehart W, Aguado J. Cumulant-based probabilistic optimal power flow (P-OPF) with Gaussian and Gamma distributions[J]. IEEE Transactions on Power Systems, 2005, 20(2): 773-781.

[157]Verbic G, Canizares C A. Probabilistic optimal power flow in electricity markets based on a two-point estimate method[J]. IEEE Transactions on Power Systems, 2006, 21(4): 1883-1893.

[158]武鹏, 程浩忠, 邢洁, 等. 基于可信性理论的输电网规划[J]. 电力系统自动化, 2009, 33(12): 22-27.

[159]Beyer H G, Sendhoff B. Robust optimization-A comprehensive survey[J]. Computer Methods in Applied Mechanics & Engineering, 2007, 196(33-34): 3190-3218.

[160]Yu H, Chung C Y, Wong K P, et al. A chance constrained transmission network expansion planning method with consideration of load and wind farm uncertainties[J]. Automation of Electric Power Systems, 2009, 24(3): 1568-1576.

[161]Gong J, Xie D, Jiang C, et al. A new solution for stochastic optimal power flow[J]. Journal of Electrical Engineering & Technology, 2014, 9: 80-89.

[162]Jiang C,Hana X, Liu G P. A nonlinear interval number programming method for uncertain optimization problems[J]. European Journal of Operational Research, 2008, 188(1): 1-13.

[163]Al-Othman A K, Irving M R. A comparative study of two methods for uncertainty analysis in power system state estimation[J]. IEEE Transactions on Power Systems, 2005, 20(2): 1181-1182.

[164]丁涛, 郭庆来,等. 考虑风电不确定性的区间经济调度模型及空间分支定界法[J]. 中国电机工程学报, 2014, 34(22): 3707-3715.

[165]胡泽春, 王锡凡. 考虑负荷概率分布的随机最优潮流方法[J]. 电力系统自动化, 2007, 31(16): 14-18.

[166]易驰韡, 胡泽春, 宋永华. 考虑注入功率分布的随机最优潮流方法[J]. 电网技术, 2013, 37(2): 367-371.

[167]郭小璇, 鲍海波, 龙东. 考虑新能源接入的电力系统机会约束最优潮流的二阶锥规划方法[C]// 中国电机工程学会年会, 2014.

[168]王彬, 何光宇, 卢建刚, 等. 考虑电网运行状态不确定性的最优潮流研究[J]. 电力建设, 2014, 35(10): 1-6.

[169]卫春峰, 符杨, 李振坤, 等. 基于随机最优潮流的主动配电网 DG 渗透率规划[J]. 华东电力, 2014, 42(10): 1989-1995.

[170]Masao Fukushima. 非线性最优化基础[M]. 林贵华, 译. 北京: 科学出版社, 2011.

[171]Mifflin R. Semismooth and semiconvex functions in constrained optimization[J]. SIAM Journal on Control and Optimization, 1977, 15(6):959-972.

[172]Qi L Q, Sun J. Anonsmooth version of Newton's method[J]. Mathematical Programming, 1993, 58(1):353-367.

[173]Sun D, Sun J. Strong semismoothness of the Fischer-Burmeister SDC and SOC complementarity functions[J]. Mathematical Programming, 2005, 103(3):575-581.

[174]Chen J S, Sun D, Sun J. The SC1 property of the squared norm of the SOC Fischer-Burmeister function[J]. Operations Research Letters, 2008, 36(3):385-392.

[175]Chen J S , Pan S. Lipschitz continuity of the gradient of a one-parametric class of SOC merit functions[J]. Optimization, 2010, 59(5):661-676.

[176]Bi S , Pan S , Chen J S. The same growth of FB and NR symmetric cone complementarity functions[J]. Springer-Verlag, 2012, 6(1):153-162.

[177]Chen J S, Pan S. A survey on SOC complementarity functions and solution methods for

SOCPs and SOCCPs[J]. Pacific Journal of Optimization, 2012, 8(1):33-74.

[178] Chen C. A class of smoothing functions for nonlinear and mixed complementarity problems[J]. Computational Optimization and Applications, 1996, 5: 97-138.

[179] Chen B, Harker P T. A non-interior-point continuation method for linear complementarity problems[J]. SIAM Journal on Matrix Analysis & Applications, 1993, 14(4):1168-1190.

[180] Chen J S, Chen X, Tseng P. Analysis of nonsmooth vector-valued functions associated with second-order cones[J]. Mathematical Programming, 2004, 101(1):95-117.

[181] Qi L, Sun D, Zhou G. A new look at smoothing Newton methods for nonlinear complementarity problems and box constrained variational inequalities[J]. Mathematical Programming, 2000, 87(1):1-35.

[182] Mangasarian O L, Solodov M V. Nonlinear complementarity as unconstrained and constrained minimization[J]. Mathematical Programming, 1993, 62(1-3): 277-297.

[183] Kong L, Tuncel L, Xiu N. Vector-valued implicit Lagrangian for symmetric cone complementarity problems[J]. Asia-Pacific Journal of Operational Research, 2009, 26(2): 199-233.

[184] Tseng P, Yamashita N, Fukushima M. Equivalence of complementarity problems to differentiable minimization: a unified approach[J]. Siam Journal on Optimization, 2006, 6(2):446-460.

[185] Peng J M. Equivalence of variational inequality problems to unconstrained minimization[J]. Mathematical Programming: Series A and B, 1997, 78(3): 347-355.

[186] Yamashita N, Fukushima M. A new merit function and a descent method for semidefinite complementarity problems, in Reformulation-Nonsmooth, Piecewise Smooth, Semismooth and Smoothing Methods, M. Fukushima and L. Qi (eds). Boston: Kluwer Academic Publishers, 1999: 405-420.

[187] Wang G X, Lin G H. Regularized parallel matrix-splitting method for symmetric linear second-order cone complementarity problems[J]. Pacific Journal of Optimization, 2021, 17(4): 565-575.

[188] Horn R A, Johnson C R. Matrix analysis[M]. Cambridge: Cambridge University Press, 1985.

[189] Harker P T, Pang J S. Finite-dimensional variational inequality and nonlinear complementarity problems: A survey of theory, algorithms and applications[J]. Mathematical Programming, 1990, 48(1-3):161-220.

[190]Chen Y, Florian M. The nonlinear bilevel programming problem: Formulations, regularity and optimality conditions[J]. Optimization, 1995, 32(3): 193-209.

[191]Chen X, Wets R J B, Zhang Y. Stochastic variational inequalities: Residual minimization smoothing sample average approximations[J]. SIAM Journal on Optimization, 2012, 22(2): 649-673.

[192]Xie Y, Shanbhag U V. On robust solutions to uncertain linear complementarity problems and their variants[J]. SIAM Journal on Optimization, 2016, 26(4): 2120-2159.

[193]Egging R. Benders decomposition for multi-stage stochastic mixed complementarity problems — Applied to a global natural gas market model[J]. European Journal of Operational Research, 2013, 226(2): 341-353.

[194]Ravat U, Shanbhag U V. On the existence of solutions to stochastic quasi-variational inequality and complementarity problems[J]. Mathematical Programming, 2013, 165(1): 291-330.

[195]张宏伟, 贾红, 陈爽, 等. 求解随机二阶锥线性互补问题的期望残差最小化方法[J]. 大连理工大学学报, 2015(4): 431-435.

[196]Lin G H, Luo M J, Zhang D, et al. Stochastic second-order cone complementarity problems: expected residual minimization formulation and its applications[J]. Mathematical Programming, 2017, 165(1): 197-233.

[197]Luo M J, Zhang Y, Li Y J. Expected value and sample average approximation method for solving stochastic second-order cone complementarity problems[J]. Numerical Functional Analysis & Optimization, 2017, 38(7): 911-925.

[198]Salazar J M, Diwekar U, Constantinescu E, et al. Stochastic optimization approach to water management in cooling-constrained power plants[J]. Applied Energy, 2013, 112(4): 12-22.

[199]Xu H. An implicit programming approach for a class of stochastic mathematical programs with complementarity constraints[J]. SIAM Journal on Optimization, 2006, 16(3): 670-696.

[200]Dentcheva D, Ruszczynski A. Optimization with stochastic dominance constraints[J]. SIAM Journal on Optimization, 2003, 14(2): 548-566.

[201]Ruszczynski A, Shapiro A. Stochastic programming[M]. Handbooks in Operations Research and Management Science. Amsterdam: Elsevier, 2003.

[202]Lobo M S, Vandenberghe L, Boyd S, et al. Applications of second order cone

programming[J]. Linear Algebra & Its Applications, 1998, 284(1-3): 193-228.

[203] Shapiro A, Dentcheva D, Ruszczynski A. Lectures on stochastic programming: modeling and theory[M]. Philadelphia, PA: SIAM, 2009.

[204] Shapiro A, Xu H. Stochastic mathematical programs with equilibrium constraints, modelling and sample average approximation[J]. Optimization, 2008, 57(3): 395-418.

[205] Billingsley P. Probability and measure[M]. New York: Wiley-Interscience, 1995.

[206] Xu H. Uniform exponential convergence of sample average random functions under general sampling with applications in stochastic programming[J]. Journal of Mathematical Analysis & Applications, 2010, 368(2): 692-710.

[207] Pang J S, Qi L. Nonsmooth equations: motivation and algorithms[J]. SIAM Journal on Optimization, 1993, 3(3): 443-465.

[208] Miao X H, Chen J S. Error bounds for symmetric cone complementarity problems[J]. Numerical Algebra, Control and Optimization, 2013, 3(4): 627-641.

[209] Wang G X, Zhang J, Zeng B, et al. Expected residual minimization formulation for a class of stochastic linear second-order cone complementarity problems[J]. European Journal of Operational Research, 2018, 265(2): 437-447.

[210] 王国欣. 随机线性二阶锥互补问题及其在最优潮流中的应用研究[D]. 上海: 上海大学, 2018: 41-62.

[211] Farivar M, Low S H. Branch flow model: relaxations and convexification[C]// In Proceedings of the IEEE 51st Annual Conference on Decision and Control, 2012, 8350(2): 3672-3679.

[212] Lopez M, Still G. Semi-infinite programming[J]. European Journal of Operational Research, 2007, 180(2): 491-518.

[213] Clarke F H. Optimization and nonsmooth analysis[M]. New York: Wiley, 1983.

[214] Tang C L, Wu X P. Periodic solutions for second order systems with not uniformly coercive potential[J]. Journal of Mathematical Analysis and Applications, 2001, 259: 386-397.

[215] Frank M, Wolfe P. An algorithm for quadratic programming[J]. Naval Research Logistics, 1956, 3: 95-110.

[216] Rios-Mercado R Z, Wu S, Scott L R, et al. A reduction technique for natural gas transmission network optimization problems[J]. Annals of Operations Research, 2002, 117:217-234.

[217] Rømo F, Tomasgard A, Hellemo L, et al. Optimizing the Norwegian natural gas

production and transport[J]. Interfaces, 2009, 39(1):46-56.

[218]Thompson M, Davison M, Rasmussen H. Natural gas storage valuation and optimization: a real options application[J]. Naval Research Logistics, 2009, 56: 226-238.

[219]Wong P J, Larson R E. Optimization of natural-gas pipeline systems via dynamic programming [J]. IEEE Transactions on Automatic Control, 2003, 13(5):475-481.

[220]Adeosun T A, Olatunde O A, Aderohunmu J O, et al. Development of unsteady-state Weymouth equations for gas volumetric flow rate in horizontal and inclined pipes [J]. Journal of Natural Gas Science & Engineering, 2009, 1(4-5):113-117.

[221]Sun G, Zhang J, Yu L Y, et al. A class of stochastic second-order-cone complementarity problems[J]. Pacific Journal of Optimization, 2020, 16(2): 261-287.

[222]Ye J J, Ye X Y. Necessary optimality conditions for optimization problems with variational inequality constraints[J]. Mathematics of Operations Research, 1997, 22(4): 977-997.

[223]Ye J J. Constraint qualifications and necessary optimality conditions for optimization on problems with wariational inequality constraints[J]. SIAM Journal on Optimization, 2000, 10(4): 943-962.

[224]Mordukhovich B S. Variational Analysis and Generalized Differentiation: I and II[M]. Berlin: Springer, 2006.

[225]Mordukhovich B S. Generalized differential calculus for nonsmooth and set-valued mappings [J]. Journal of Mathematical Analysis & Applications, 1994, 183(1): 250-288.

[226]Robinson S M. Some continuity properties of polyhedral multifunctions[J]. Mathematical Programming Studies, 1981, 14: 206-214.